普通高等教育"十三五"规划教材

现代通信技术与原理

田广东　主　编

尚雅琴　张　良　副主编

中国铁道出版社有限公司
CHINA RAILWAY PUBLISHING HOUSE CO., LTD.

内 容 简 介

本书紧扣通信原理的基本主线,结合实际应用系统和系统的仿真对一些抽象的概念和难以理解的内容给予直观清晰的解释;系统阐述了现代通信技术的基本概念、基本原理、基本方法,并在重点论述传统通信技术基本理论的基础上,力求反映通信理论和通信技术的最新发展。在一些新技术及其应用上,如现代数字调制技术、网格编码调制技术、正交频分复用技术、空时编码、扩频通信技术等,结合相应物理模型给出基本的、易懂的解析,做到既通俗易懂,又不失严谨。

本书参考学时为40~60学时,可作为高等学校计算机、通信工程和其他相近专业教材,也可供从事通信工程等工作的广大科技人员及对通信技术感兴趣的读者阅读和参考。

图书在版编目(CIP)数据

现代通信技术与原理/田广东主编 . —北京:中国
铁道出版社,2018.9(2019.6重印)
普通高等教育"十三五"规划教材
ISBN 978-7-113-24772-0

Ⅰ.①现… Ⅱ.①田… Ⅲ.①通信技术-高等教育-
教材②通信原理-高等教育-教材 Ⅳ.①TN91

中国版本图书馆 CIP 数据核字(2018)第 172805 号

书　　名:现代通信技术与原理	
作　　者:田广东　主编	

策　　划:翟玉峰	读者热线:(010)63550836
责任编辑:翟玉峰　鲍　闻	
封面设计:付　巍	
封面制作:刘　颖	
责任校对:张玉华	
责任印制:郭向伟	

出版发行:中国铁道出版社有限公司(100054,北京市西城区右安门西街8号)
网　　址:http://www.tdpress.com/51eds/
印　　刷:三河市宏盛印务有限公司
版　　次:2018 年 9 月第 1 版　2019 年 6 月第 2 次印刷
开　　本:787 mm×1 092 mm　1/16　印张:14　字数:336 千
书　　号:ISBN 978-7-113-24772-0
定　　价:39.80 元

Preface

前　言

　　通信是人类传递信息、传播知识和相互交流的重要手段。从人类文明诞生以来，通信方式的改变一直在不断影响着人们的生产生活方式。在当今飞速发展的信息化时代，通信技术正以惊人的速度不断向前发展。近年来，伴随着智能终端的迅速发展，通信技术与计算机技术的结合更加紧密，使得现代通信的应用领域更加广泛，因此，学习和掌握通信理论和技术是信息社会时代科技工作者的迫切需求。

　　本书紧扣通信原理的基本主线，结合实际应用系统和系统的仿真对一些抽象的概念和难以理解的内容给予直观清晰的解释；系统阐述了现代通信技术的基本概念、基本原理、基本方法，并在重点论述传统通信技术基本理论的基础上，力求反映通信理论和通信技术的最新发展。在一些新技术及其应用上，如现代数字调制技术、网格编码调制技术、正交频分复用技术、空时编码、扩频通信技术等，结合相应物理模型给出基本的、易懂的详解，做到既通俗易懂，又不失严谨。总之，能让读者感到通信原理是一门有用的、有趣的课程，让读者真正有所收获。

　　全书共 9 章。第 1 章论述了通信的基本概念和信息的度量，通信系统的构成和分类及其性能的指标，并对通信的发展趋势进行了展望；第 2 章详细介绍了模拟通信技术，包括模拟通信系统概述以及调制的概念，着重阐述了几种线性调制和非线性调制技术，并对这些调制方式的抗噪声性能进行了详细的分析；第 3 章介绍了数字通信技术，包括数字通信技术概述、脉冲编码调制技术，并着重介绍了数字信号的基带传输和频带传输，最后介绍了几种数字调制技术；第 4 章对信道的定义、模型、噪声以及信道容量做了详细的阐述，并针对信道复用和多址技术做了详细介绍；第 5 章介绍了同步的概念，并介绍了四种同步技术及其原理；第 6 章阐述了差错控制编码技术，着重介绍了通信系统中常见的五种信道编码技术；第 7 章介绍了几种典型的通信系统；第 8 章对于未来的 5G 移动通信技术做了简单的介绍；第 9 章概述了现代通信网并着重介绍了几种典型的通信网。

　　本书可作为高等学校通信工程、计算机和其他相近专业教材，参考学时为 40～60 学时，也可供从事这方面工作的广大科技人员以及对通信技术感兴趣的读者阅读和参考。

　　鉴于编者水平有限，书中难免存在一些疏漏和论述不当之处，恳请广大读者批评指正。

编　者
2018 年 6 月

Contents

目　录

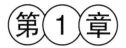

第①章

➡ 现代通信技术概论

通信技术，特别是数字通信技术近年来发展非常迅速，应用也越来越广泛。本章主要介绍通信的概念及其发展简史、通信的频段划分、现代通信的发展方向等。这些基本概念是学习和理解现代通信技术与原理的基础。

1.1 通信的定义与发展

从远古时代到现在高度文明发达的信息时代，人类的各种活动都与通信密切相关。特别是进入信息时代以来，随着通信技术、计算机技术和控制技术的不断发展与相互融合，极大地扩展了通信的功能，使得人们可以随时随地通过各种信息手段获取和交换各种各样的信息。通信进入社会生产和生活的各个领域，已经成为现代文明的标志之一，对人们日常生活和社会活动的影响越来越大。

1.1.1 通信的定义

一般地说，通信(Communication)是指不在同一地点的双方或多方之间进行迅速有效的信息传递。我国古代的烽火传警、击鼓作战、鸣金收兵以及古希腊用火炬位置表示字母等，都是人类最早的利用光或声音进行通信的实例。当然，这些原始通信方式在传输距离的远近以及速度的快慢等方面都不能和今天的通信相提并论。各种各样的通信方式中，利用电磁波或光波来传递各种消息的通信方法就是我们通常所说的电信(Telecommunication)。由于电信具有信息传递迅速、准确、可靠而且几乎不受时间和空间距离限制等特点，电信技术得到了飞速发展和广泛应用。现在所说的"通信"在通常意义上都是指的"电信"，本书也是如此。因此，我们不妨在这里对现代通信的概念进行重新定义：利用光、电技术手段，借助光波或电磁波，实现从一地向另一地迅速而准确的信息传递或交换。通信从本质上讲就是实现信息有效传递的一门科学技术。随着社会的发展，人们对信息的需求量日益增加，要求通信传递的信息内容已从单一的语音或文字转换为集声音、文字、数据、图像等多种信息融合在一起的多媒体信息，对传递速度的要求也越来越高。当今的通信网不仅能有效地传递信息，还可以存储、处理、采集及显示信息，实现了可视图文、电子信箱、可视电话、会议电视等多种信息业务功能。通信已成为信息科学技术的一个重要组成部分。

1.1.2 通信的方式

信号在信道中的传输方式从不同的角度考虑，可以有许多种。按照信息在信道中的传输方向，可以把通信方式分为单工通信、半双工通信和全双工通信；按照通信双方传输信息的路数，通信方式又可分为串行通信和并行通信；按照信息在信道中传输的控制方式，通信的方式可分为同步传输和异步传输；根据信源、信宿之间不同的线路连接与信号交互方式，通信又可以分为点到点通信、点到多点通信以及多点到多点通信等。下面就这些传输方式进行简单介绍。

1. 单工传输、半双工传输和全双工传输

如果通信仅在两点之间进行，根据信号的传输方向与时间的关系，信号的传输方式可分为单工传输、半双工传输和全双工传输三类。

（1）单工传输

信号只能单方向传送，在任何时候都不能进行反向传输的通信方式称为单工传输，如图 1-1（a）所示。广播、电视系统就是典型的单工传输系统，收音机、电视机都只能接收信号，而不能向电台、电视台发送信号。

（2）半双工传输

半双工传输方式中，信号可以在两个方向上传输，但时间上不能重叠，即通信双方不能同时既发送信号又接收信号，而只能交替进行。即同一时间内一方不允许向两个方向传送，即只能有一个发送方，一个接收方，如对讲机。这种方式使用的是双向信道，如图 1-1（b）所示。

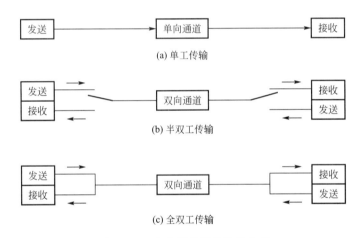

(a) 单工传输

(b) 半双工传输

(c) 全双工传输

图 1-1　两点之间信号的传输方式

（3）全双工传输

全双工传输方式中，信号可以同时在两个方向上传输，如图 1-1（c）所示。这种方案使用的也是双向信道，这种通信方式使用得最多。

2. 串行传输和并行传输

（1）串行传输

在串行传输中，数据流的各个码元是一位接一位地在一条信道上传输的，如图 1-2（a）所示。对采用这种通信方式的系统而言，同步极为重要，收发双方必须要保持位同步和字同步，才能在接收端正确恢复原始信息。串行传输中，收发双方只需要一条传输通道。因此，该传输方式实现容易，也是实际系统中比较常用的一种传输方式。

（2）并行传输

并行传输中，构成一个编码的所有码元都是同时传送的，码组中的每一位都单独使用一条通道,如图 1-2(b)所示。并行传输通常用于现场通信或计算机与外设之间的数据传输。

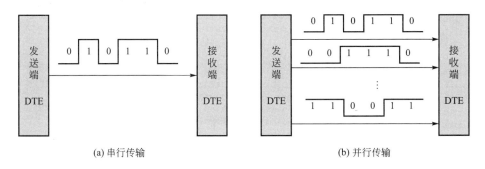

(a) 串行传输   (b) 并行传输

图 1-2 串行传输和并行传输

3. 同步传输和异步传输

根据信息传输过程中,收、发两端的同步与否,可将信号的传输方式分为同步传输和异步传输两类。

(1) 异步传输

异步传输每次只传送一个字符,用起始位和停止位来指示被传输字符的开始和结束。在异步传输中,字符的传输由起始位(如逻辑电平 1)引导,占一位码元时间。在每个传送的信息码之后加一个停止位(如逻辑电平 0),表示一个字符的结束,通常取停止位的宽度为 1、1.5 或 2 位码元宽度,可根据不同的需要选择。如图 1-3 所示。

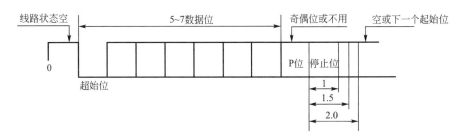

图 1-3 异步传输

异步传输将比特分成小组进行传送,小组可以是 8 位的 1 个字符或更长。发送方可以在任何时刻发送这些比特组,而接收方从不知道它们会在什么时候到达。一个常见的例子是计算机键盘与主机的通信。按下一个字母键、数字键或特殊字符键,就发送一个 8 位的 ASCII 代码。键盘可以在任何时刻发送代码,这取决于用户的输入速度,内部的硬件必须能够在任何时刻接收一个键入的字符。

(2) 同步传输

同步传输不是以一个字符而是以一个数据块为单位进行信息传输的。为了使接收方能准确地确定每个数据块的开始和结束,需在数据块的前面加上一个前文(Preamble),表示传输数据块的开始;在数据块的后面再加上一个后文(Postamble),表示数据块的结束,这种加有前文和后文的一个数据块称为一帧(Frame),如图 1-4 所示。

同步传输方式中发送方和接收方的时钟是统一的、字符与字符间的传输是同步无间隔的。异步传输方式并不要求发送方和接收方的时钟完全一样,字符与字符间的传输是异步的。

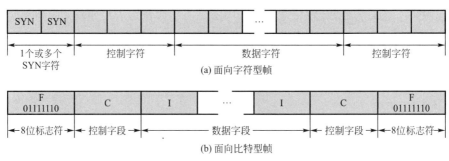

(a) 面向字符型帧

(b) 面向比特型帧

图 1-4 同步传输

同步与异步传输的区别:

① 异步传输是面向字符的传输,而同步传输是面向位的传输。

② 异步传输的单位是字符而同步传输的单位是帧。

③ 异步传输通过字符起止的开始和停止码抓住再同步的机会,而同步传输则是以数据中抽取同步信息。

④ 异步传输对时序的要求较低,同步传输往往通过特定的时钟线路协调时序。

⑤ 异步传输相对于同步传输效率较低。

4. 两点间直通传输、分支传输和交换传输

按照信息在通信网中的传递方式,可以将信息传输方式分为两点间直通传输、分支传输和交换传输三种,如图 1-5 所示。直通方式是通信网中最简单的一种形式,终端 A 与终端 B 之间的线路是专用的,可以直接进行信息交流。在分支方式中,它的每一个终端(如 A,B,C,……,N 等)经过同一个信道与转接站相互连接,各终端之间不能直通信息,而必须经过转接站转接,此种方式只在数字通信系统中出现。交换方式是终端之间通过交换设备灵活地进行线路交换的一种通信方式,既可以把要求通信的两个终端之间的线路(自动)接通,也可以通过程序控制,先把发来的消息存储起来,然后再转发至收方。这种消息转发可以是实时的,也可是延时的。分支方式及交换方式均属于网络通信的范畴。和点到点的直通方式相比,这两种网络通信方式既存在信息控制问题,也有网同步的问题。

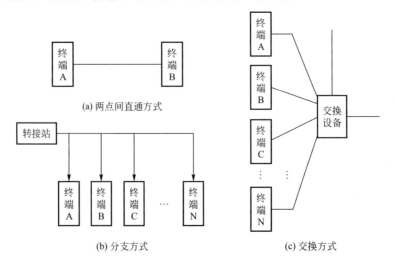

(a) 两点间直通方式

(b) 分支方式

(c) 交换方式

图 1-5 信息在通信网中的传递方式

1.1.3　通信的发展

人类自存在以来,为了生存从未停止过劳动和斗争,而这一过程是必须要进行思想交流和信息传递的。所以说,有人类就有通信。最初人类利用表情和动作进行信息交换,这就是最原始的通信。在漫长的生活和劳动进化中,人类创造了语言和文字,进而用它们进行消息的传递,并一直沿用至今。在电信号出现之前,人们还创造了许多种消息传递的方式,如古代的烽火台、金鼓、旌旗,航行用的信号灯等等。从 1800 年伏特(Volta)发明电源以来,人们就开始努力试图利用电来进行通信了。

1837 年,莫尔斯(Morse)发明了有线电报;1876 年,贝尔(A. G. Bell)利用电磁感应原理发明了电话机;1864 年,麦克斯韦(Maxwell)预言了电磁波辐射的存在,1887 年,赫兹(Hertz)通过实验加以证实;20 世纪初,出现了用消息的电信号去控制高频正弦信号的振幅的调制方式;1936 年,频率调制 FM 技术出现了;从 1928 年奈奎斯特(Nyquist)定理被提出;1937 年瑞维斯(A. H. Reeves)发明 PCM(脉冲编码调制)通信;1948 年晶体管出现,贝尔实验室于 1950 年试制出第一台实用 PCM 设备;1955 年皮尔斯(Pierce)提出了卫星通信的设想;1960 年,人类历史上第一颗通信卫星(TELSTAR)发射成功;20 世纪 60 年代,出现了电缆电视、激光通信、雷达、计算机网络和数字技术,光电处理技术和射电天文学飞速发展;20 世纪70 年代,大规模集成电路、商用卫星通信、程控数字交换机、光纤通信、微处理机迅猛发展;20世纪 80 年代,超大规模集成电路、移动通信、光纤通信得到广泛应用,综合业务数字网迅速崛起;1990 年以后,卫星通信、移动通信和光纤通信进一步飞速发展,高清晰彩色数字电视技术不断成熟,全球定位系统(GPS)得到广泛应用。目前,有线通信、无线通信都在向传输大数据发展,一场新的通信革命即将到来,我们的生活方式也将随之而改变。

1.2　信息及其度量

1.2.1　消息和信息

消息由信源产生,它具有与信源相应的特征及属性,常见的消息有语音、文字、数据和图像消息等。不同的信源要求有不同的通信系统与之对应,从而形成了多种多样的通信系统,如电话通信系统、图像通信系统等。信息是抽象的消息,一般是用数据来表示的。表示信息的数据通常都要经过适当的变换和处理,变成适合在信道上传输的信号(电或光信号)才可以传输。可以说,信号是信息的一种电磁表示方法,它利用某种可以被感知的物理参量(如电压、电流、光波强度或频率等)来携带信息,即信号是信息的载体。

1.2.2　信号

信号一般以时间为自变量,以表示信息的某个参量(如电信号的振幅、频率或相位等)为因变量。根据信号的因变量的取值是否连续,可以分为模拟信号和数字信号。模拟信号就是因变量完全连续地随信息的变化而变化的信号,其自变量可以是连续的,也可以是离散的,但因变量一定是连续的。电视图像信号、语音信号、温度压力传感器的输出信号及许多遥感遥测信号等都是模拟信号;脉冲幅度调制信号(PAM)、脉冲相位调制信号(PPM)以及脉冲宽度调制信号(PWM)等也属于模拟信号。这两类信号的差异只是在于它们的自变量取值连续与否。模拟信号的特点是信号的强度(如电压或电流)取值随时间而发生连续的变化,数字信号是指信号的因变量和自变量取值都是离散的信号。由于因变量离散取值,其状态数量即强度的取值个数必然有限,故通常又把数字信号称为离散信号.

由于模拟信号与数字信号物理特性不同,它们对信号传输通路的要求及其各自的信号传输处理过程也各不相同,但两者之间在一定条件下也可以相互转化。模拟信号可以通过抽样、编码等处理过程变成数字信号,而数字信号也可以通过解码、平滑处理后作为模拟信号输出。

1.2.3 信息量

前文已指出,信号是消息的载体,而信息则是其内涵。任何信源产生的输出都是随机的,也就是说,信源输出是用统计方法来定性的。对接收者来说,只有消息中不确定的内容才构成信息;否则,信源输出已确切知晓,就没有必要再传输它了。因此,信息含量就是对消息中这种不确定性的度量。首先,让我们从常识的角度来感觉三条消息:①太阳从东方升起;②太阳比往日大两倍;③太阳将从西方升起。第一条几乎没有带来任何信息,第二条带来了大量信息,第三条带来的信息多于第二条。究其原因,第一个事件是一个必然事件,人们不足为奇;第三个事件几乎不可能发生,它使人感到惊奇和意外,也就是说,它带来更多的信息。因此,信息含量是与惊奇这一因素相关联的,这是不确定性或不可预测性的结果。越是不可预测的事件,越会使人感到惊奇,带来的信息量越大。

根据概率论知识,事件的不确定性可用事件出现的概率来描述。可能性越小,概率越小;反之,概率越大。因此,消息中包含的信息量与消息发生的概率密切相关。消息出现的概率越小,消息中包含的信息量就越大。假设 $P(x)$ 是一个消息发生的概率,I 是从该消息获悉的信息,根据上面的认知,显然 I 与 $P(x)$ 之间的关系反映为如下规律:

(1) 信息量是概率的函数,即 $I=f[P(x)]$。

(2) $P(x)$ 越小,I 越大;反之,I 越小,且

$$P(x) \to 1 \text{ 时},I \to 0;P(x) \to 0 \text{ 时},I \to +\infty。$$

(3) 若干个互相独立事件构成的消息,所含信息量等于各独立事件信息量之和,也就是说,信息具有相加性,即

$$I[P(x_1)P(x_2)\cdots]=I[P(x_1)]+I[P(x_2)]+\cdots$$

综上所述,信息量 I 与消息出现的概率 $P(x)$ 之间的关系应为

$$I=\log_a \frac{1}{P(x)}=-\log_a P(x) \tag{1.2-1}$$

信息量的单位与对数底数 a 有关。$a=2$ 时,信息量的单位为比特(bit);$a=e$ 时,信息量的单位为奈特(nit);$a=10$ 时,信息量的单位为十进制单位,叫哈特莱。目前广泛使用的单位为比特。下面举例说明信息量的对数度量是一种合理的度量方法。例如:设二进制离散信源,以相等的概率发送数字 0 或 1,则信源每个输出的信息含量为

$$I(0)=I(1)=-\log_2 \frac{1}{2}=1(\text{bit}) \tag{1.2-2}$$

可见,传送等概率的二进制波形之一($P=1/2$)的信息量为 1 bit。同理,传送等概率的四进制波形之一($P=1/4$)的信息量为 2 bit,这时每一个四进制波形需要用 2 个二进制脉冲表示;传送等概率的八进制波形之一($P=1/8$)的信息量为 3 bit,这时至少需要 3 个二进制脉冲。

综上所述,对于离散信源,M 个波形等概率($P=1/M$)发送,且每一个波形的出现是独立的,即信源是无记忆的,则传送 M 进制波形之一的信息量为

$$I = -\log_2 \frac{1}{M} = \log_2 M(\text{bit}) \tag{1.2-3}$$

式中:P 为每一个波形出现的概率;M 为传送的波形数。若 M 是 2 的整数幂,比如 $M=2^k$ ($k=1,2,3,\cdots$),则式(1.2-3)可改写为

$$I = \log_2 2^k = k(\text{bit}) \tag{1.2-4}$$

式中,k 是二进制脉冲数目,也就是说,传送每一个 $M(M=2^k)$ 进制波形的信息量就等于用二进制脉冲表示该波形所需的脉冲数目 k。如果是非等概情况,设离散信源是一个由 n 个符号组成的符号集,其中每个符号 $x_i(i=1,2,3,\cdots,n)$ 出现的概率为 $P(x_i)$,则 $x_1,x_2,\cdots,x_n$ 所包含的信息量分别为 $-\log_2 P(x_1),-\log_2 P(x_2),\cdots,-\log_2 P(x_n)$。于是,每个符号所含信息量的统计平均值,即平均信息量为

$$H(x) = P(x_1)[-\log_2 P(x_1)] + P(x_2)[-\log_2 P(x_2)] + \cdots + P(x_n)[-\log_2 P(x_n)]$$

$$= -\sum_{i=1}^{n} P(x_i)\log_2 P(x_i)(\text{bit}/\text{符号}) \tag{1.2-5}$$

由于 H 同热力学中的熵形式一样,故通常又称它为信息源的熵,其单位为 bit/符号。显然,当信源中每个符号等概独立出现时,此时信源的熵有最大值。可见,这种算法的结果有一定误差,但当消息很长时,用熵的概念来计算比较方便。而且随着消息序列长度的增加,这种计算误差将趋于零。以上我们介绍了离散消息所含信息量的度量方法。对于连续消息,信息论中有一个重要结论,就是任何形式的待传信息都可以用二进制形式表示而不丢失主要内容。抽样定理告诉我们:一个频带受限的连续信号,可以用每秒一定数目的抽样值代替。而每个抽样值可以用若干个二进制脉冲序列来表示。因此,以上信息量的定义和计算同样适用于连续信号。

1.3　通 信 系 统

1.3.1　通信系统的基本模型

尽管通信系统种类繁多、形式各异,但其实质都是完成从一端到另一端的信息传递或交换。因此,可以把通信系统概括为一个统一的模型,如图 1-6 所示,即通信系统包括信源、变换器、信道、反变换器、信宿和噪声源六个部分,如图 1-6 所示。

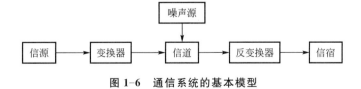

图 1-6　通信系统的基本模型

1. 模拟通信系统

信源发出的消息经变换器变换处理后,送往信道上传输的是模拟信号的通信系统就称为模拟通信系统。图 1-7 所示是根据早期模拟电话通信系统结构画出的模拟通信系统模型。

图中的送话器和受话器相当于变换器和反变换器,分别完成语音/电信号和电信号/语音的转换,使通话双方的话音信号得以以电信号的形式传送,不再受到距离的约束和限制。

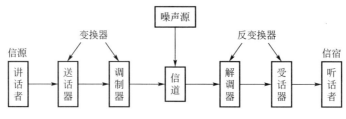

图 1-7 模拟通信系统模型

2. 数字通信系统

信源发出的信息经变换处理后,送往信道上传输的是数字信号的通信系统就是数字通信系统,即传送和处理数字信号的系统就是数字通信系统,图 1-8 所示为根据数字电话传输系统的结构画出的数字通信系统模型。

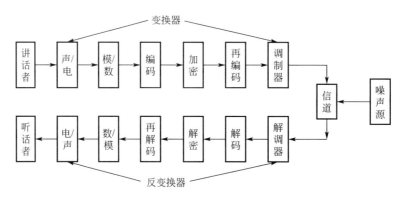

图 1-8 数字通信系统模型

1.3.2 通信系统分类

1. 按通信业务分类

按通信业务分,通信系统有话务通信和非话务通信。电话业务在电信领域中一直占主导地位,它属于人与人之间最基本的通信。近年来,非话务通信发展迅速,非话务通信主要是分组数据业务、计算机通信、数据库检索、电子信箱、电子数据交换、传真存储转发、可视图文及会议电视、图像通信等。由于电话通信最为发达,因而其他通信常常借助于公共的电话通信系统进行。未来的综合业务数字通信网中各种用途的消息都能在一个统一的通信网中传输。此外,还有遥测、遥控、遥信和遥调等控制通信业务。

2. 按调制方式分类

根据是否采用调制,可将通信系统分为基带传输和频带(调制)传输。基带传输是将未经调制的信号直接传送,如音频市内电话。频带传输是对各种信号调制后传输的总称。调制方式很多,表 1-1 列出了一些常见的调制方式。

表 1-1 常见的调制方式

调制方式			用　途
连续波调制	线性调制	常规双边带调制	广播
		抑制载波双边带调幅	立体声广播
		单边带调幅 SSB	载波通信、无线电台、数传
		残留边带调幅 VSB	电视广播、数传、传真
	非线性调制	频率调制 FM	微波中继、卫星通信、广播
		相位调制 PM	中间调制方式
	数字调制	幅度键控 ASK	数据传输
		相位键控	数据传输
脉冲数字调制	数字调制	相位键控 PSK、DPSK、QPSK 等	数据传输、数字微波、空间通信
		其他高效数字调制 QAM、MSK 等	数字微波、空间通信
	脉冲模拟调制	脉幅调制 PAM	中间调制方式、遥测
		脉宽调制 PDM(PWM)	中间调制方式
		脉位调制 PPM	遥测、光纤传输
	脉冲数字调制	脉码调制 PCM	市话、卫星、空间通信
		增量调制 DM	军用、民用电话
		差分脉码调制 DPCM	电视电话、图像编码
		其他语言编码方式 ADPCM、APC、LPC	中低速数字电话

3. 按信号特征分类

按照信道中所传输的是模拟信号还是数字信号,相应地把通信系统分成模拟通信系统和数字通信系统。

4. 按传输媒质分类

按传输媒质分,通信系统可分为有线通信系统和无线通信系统两大类。有线通信是用导线(如架空明线、同轴电缆、光导纤维、波导等)作为传输媒质完成通信的,如市内电话、有线电视、海底电缆通信等。无线通信是依靠电磁波在空间传播达到传递消息目的的,如短波电离层传播、微波视距传播、卫星中继等。

5. 按工作波段分类

按通信设备的工作频率不同可分为长波通信、中波通信、短波通信、远红外线通信等。表 1-2 列出了通信使用的频段、常用的传输媒质及主要用途。

表 1-2 通信波段与常用传输媒质

频率范围	波　长	符　号	传输媒质	用　途
3 Hz~30 kHz	10^4~10^8 m	甚低频 VLF	有线线对长波无线电	音频、电话、数据终端长距离导航、时标
30~300 kHz	10^3~10^4 m	低频 LF	有线线对长波无线电	导航、信标、电力线通信

频率范围	波　长	符　号	传输媒质	用　途
300 kHz～3 MHz	10^2～10^3 m	中频 MF	同轴电缆短波无线电	调幅广播、移动陆地通信、业余无线电
3～30 MHz	10～10^2 m	高频 HF	同轴电缆短波无线电	移动无线电话、短波广播定点军用通信、业余无线电
30～300 MHz	1～10 m	甚高频 VHF	同轴电缆米波无线电	电视、调频广播、空中管制、车辆、通信、导航
300 MHz～3 GHz	10～100 cm	特高频 UHF	波导分米波无线电	微波接力、卫星和空间通信、雷达
3～30 GHz	1～10 cm	超高频 SHF	波导厘米波无线电	微波接力、卫星和空间通信、雷达
30～300 GHz	1～10 mm	极高频 EHF	波导毫米波无线电	雷达、微波接力、射电天文学
43～430 THz	0.7～7 μm	红外线		
43～750 THz	0.4～0.7 μm	可见光	光纤激光空间传播	光通信
75～3 000 THz	0.1～0.4 μm	紫外线		

6. 按信号复用方式分类

传输多路信号有三种复用方式,即频分复用、时分复用和码分复用。频分复用是用频谱搬移的方法使不同信号占据不同的频率范围;时分复用是用脉冲调制的方法使不同信号占据不同的时间区间;码分复用是用正交的脉冲序列分别携带不同信号。传统的模拟通信中都采用频分复用,随着数字通信的发展,时分复用通信系统的应用愈来愈广泛,码分复用主要用于空间通信的扩频通信中。

工作频率和工作波长的关系如下:

$$\lambda = \frac{c}{f}$$

式中:λ 为工作波长;f 为工作频率;c 为光速。

1.4　通信系统的主要性能指标

通信的任务是快速、准确地传递信息。因此,评价一个通信系统优劣的主要性能指标是系统的有效性和可靠性。有效性是指在给定信道内所传输的信息内容的多少,或者说是传输的"速度"问题;而可靠性是指接收信息的准确程度,也就是传输的"质量"问题。这两个问题相互矛盾而又相对统一,通常还可以进行互换。

模拟通信系统的有效性可用有效传输频带来度量,同样的消息用不同的调制方式,则需要不同的频带宽度。可靠性用接收端最终输出信噪比来度量。不同调制方式在同样信道信噪比下所得到的最终解调后的信噪比是不同的。如调频信号抗干扰能力比调幅好,但调频信号所需传输频带却宽于调幅。

数字通信系统的有效性可用传输速率来衡量。可靠性可用差错率来衡量。

1. 传输速率

码元传输速率 R_B 简称传码率,又称符号速率等。它表示单位时间内传输码元的数目,单位是波特(Baud),记为 Bd。例如,若 1 s 内传 2 400 个码元,则传码率为 2 400 Bd。数字信号有多进制和二进制之分,但码元速率与进制数无关,只与传输的码元宽度 T 有关:

$$R_{\mathrm{B}} = \frac{1}{T}(\mathrm{Bd}) \tag{1.4-1}$$

通常在给出码元速率时,有必要说明码元的进制。由 M 进制的一个码元可以用 $\log_2 M$ 个二进制码元去表示,因而在保证信息速率不变的情况下,M 进制的码元速率 R_{BM} 与二进制的码元速率 R_{B2} 之间有以下转换关系:

$$R_{\mathrm{B2}} = R_{\mathrm{BM}} \log_2 M(\mathrm{B}) \tag{1.4-2}$$

信息传输速率 R_{b} 简称传信率,又称比特率等。它表示单位时间内传递的平均信息量或比特数,单位是比特/秒,可记为 bit/s、b/s 或 bps。

每个码元或符号通常都含有一定比特的信息量,因此码元速率和信息速率有确定的关系,即

$$R_{\mathrm{b}} = R_{\mathrm{B}} \cdot H(\mathrm{bit/s}) \tag{1.4-3}$$

式中,H 为信源中每个符号所含的平均信息量(熵)。等概传输时,熵有最大值 $\log_2 M$,信息速率也达到最大,即

$$R_{\mathrm{b}} = R_{\mathrm{B}} \log_2 M(\mathrm{bit/s}) \tag{1.4-4}$$

或

$$R_{\mathrm{B}} = \frac{R_{\mathrm{b}}}{\log_2 M}(\mathrm{B})$$

式中,M 为符号的进制数。例如码元速率为 1 200 Bd,采用八进制($M = 8$)时,信息速率为 3 600 bit/s;采用二进制($M = 2$)时,信息速率为 1 200 bit/s,可见,二进制的码元速率和信息速率在数量上相等,有时简称它们为数码率。通过频带利用率 η 比较不同通信系统的有效性时,单看它们的传输速率是不够的,还应看在这样的传输速率下所占的信道的频带宽度。所以,真正衡量数字通信系统传输效率的应当是单位频带内的码元传输速率,即

$$\eta = \frac{R_{\mathrm{B}}}{B}(\mathrm{Bd/Hz}) \tag{1.4-5}$$

数字信号的传输带宽 B 取决于码元速率 R_{B},而码元速率和信息速率 R_{b} 有着确定的关系。为了比较不同系统的传输效率,又可定义频带利用率为

$$\eta = \frac{R_{\mathrm{b}}}{B}(\mathrm{bit/s \cdot Hz}) \tag{1.4-6}$$

2. 差错率

衡量数字通信系统可靠性的指标是差错率,常用误码率和误信率表示。

误码率(码元差错率)P_{e} 是指发生差错的码元数在传输总码元数中所占的比例,更确切地说,误码率是码元在传输系统中被传错的概率。误信率(信息差错率)P_{b} 是指发生差错的比特数在传输总比特数中所占的比例,即

$$P_{\mathrm{e}} = \frac{错误码元数}{传输码元总数}$$

$$P_{\mathrm{b}} = \frac{错误比特数}{传输总比特数}$$

1.5　通信发展趋势

在过去三四十年间,对数据传输需求的增长以及大规模集成电路的发展,促进了数字通信的发展。目前数字通信在卫星通信、光纤通信、移动通信、微波通信等领域有了新的进展。

下面我们就从这几个方面来了解通信的现状和未来发展趋势。

1. 卫星通信系统

卫星通信系统是将通信卫星作为空中中继站,它能够将地球上某一地面站发射来的无线电信号转发到另一个地面站,从而实现两个或多个地域之间的通信。根据通信卫星与地面之间的位置关系,可以分为静止通信卫星(或同步通信卫星)和移动通信卫星。静止通信卫星是轨道在赤道平面上的卫星,它离地面高度为 35 780 km,采用三个相差 120°的静止通信卫星就可以覆盖地球的绝大部分地域(两极盲区除外)。卫星通信系统由通信卫星、地球站、上行线路及下行线路组成。上行线路和下行线路是地球站至通信卫星及通信卫星至地球站的无线电传播路径,通信设备集中于地球站和通信卫星中。

卫星通信的特点是:通信距离远、覆盖地域广、不受地理条件限制、通信容量大、可靠性高等。自从 1957 年 10 月第一颗卫星发射成功以来,卫星通信作为一种重要的通信手段被广泛用于国际、国内和区域通信。21 世纪的卫星通信将向更高频段、更大容量方向发展。卫星间的通信将采用速度快、频带宽、保密性强的激光通信,地面终端设备将日益小型化,甚小天线卫星地球站(VSAT)将会继续发展。

2. 光纤通信系统

光纤通信是以光导纤维(简称光纤)作为传输媒质、以光波为运载工具(载波)的通信方式。光纤通信具有容量大、频带宽、传输损耗小、抗电磁干扰能力强、通信质量高等优点,且成本低,与同轴电缆相比可以大量节约有色金属和能源。自从 1977 年世界上第一个光纤通信系统投入运营以来,光纤通信发展迅速,已成为各种通信干线的主要传输手段。

目前,单波长光通信系统速率已达 10 Gbit/s,其潜力已不大,采用密集波分复用(DWDM)技术来扩容是当前实现超大容量光传输的重要技术。近年来,DWDM 技术取得了较大的进展,美国 AT&T 实验室等机构已成功地完成了太比特每秒级别的传输实验。

光传送网是通信网未来的发展方向,它可以处理高速率的光信号、摆脱电子瓶颈,实现灵活、动态的光层联网,透明地支持各种格式的信号以及实现快速网络恢复。因此,世界上许多国家纷纷进行研究、试验,验证了由波分复用、光交叉连接设备及色散位移光纤组成的高容量通信网今后的可行性。

3. 数字蜂窝移动通信系统

数字蜂窝移动通信系统是将通信范围分为若干相距一定距离的小区,移动用户可以从一个小区运动到另一个小区,依靠终端对基站的跟踪,使通信不中断。移动用户还可以从一个城市漫游到另一个城市,甚至到另一个国家与原注册地的用户终端通话。

数字蜂窝移动通信系统主要由三部分组成:控制交换中心、若干基地台、诸多移动终端。通过控制交换中心进入公用有线电话网,从而实现移动电话与固定电话、移动电话与移动电话之间的通信。

第二代移动通信系统采用窄带时分多址(TDMA)和窄带码分多址(CDMA)数字接入技术,已形成的国家和地区标准有欧洲的 GSM 系统、美国的 IS-95 系统、日本的 PDC 系统。我国主要采用欧洲的 GSM 系统。

第二代移动通信系统实现了区域内制式的统一,覆盖了大中小城市,为人们的信息交流提供了极大的便利。随着移动通信终端的普及,移动用户数量成倍地增长,第二代移动通信系统的缺陷也逐渐显现,如全球漫游问题、系统容量问题、频谱资源问题、支持宽带业务问题等。为此,从 20 世纪 90 年代中期开始,各国和世界组织又开展了对第三代移动通信系统的研究,它包括地面系统和卫星系统,移动终端既可以连接到地面的网络,也可以连接到卫星的网络。

第三代移动通信系统工作在 2 000 MHz 频段,已投入商用多年,为此国际电信联盟正式将其命名为 IMT-2000。IMT-2000 的目标和要求是:统一频段,统一标准,达到全球无缝隙覆盖,提供多媒体业务,传输速率最高应达到 2 Mbit/s,其中车载为 144 kbit/s,步行为 384 kb/s,室内为 2 Mbit/s;频谱利用率高,服务质量高,保密性能好;易于向第二代系统过渡和演进;终端价格低。第三代移动通信系统有多个标准,我国所提出的 TD-SCDMA 标准也是其中之一。这充分体现了我国在移动通信领域的研究已达到国际领先水平。

第四代移动电话行动通信标准规定了第四代移动通信技术,即 4G 技术。该技术包括 TD-LTE 和 FDD-LTE 两种制式。(严格意义上来讲,LTE 只是 3.9G,尽管被宣传为 4G 无线标准,但它其实并未被 3GPP 认可为国际电信联盟所描述的下一代无线通信标准 IMT-Advanced,因此在严格意义上其还未达到 4G 的标准。只有升级版的 LTE-Advanced 才满足国际电信联盟对 4G 的要求。)

4G 是集 3G 与 WLAN 于一体,并能够快速传输数据,以及高质量音频、视频和图像等。4G 能够以 100 Mbit/s 以上的速度下载,并能够满足几乎所有用户对于无线服务的要求。此外,4G 可以在 DSL 和有线电视调制解调器没有覆盖的地方部署,然后再扩展到整个地区。很明显,4G 有着不可比拟的优越性。

人类对新技术的追求是无止境的,对新的通信系统和通信技术的研究仍在不断进行,新的通信系统和通信技术也将会不断服务于人类。

思考与练习

1-1　模拟信号和数字信号的特点及其根本区别是什么?

1-2　按调制方式,通信系统的分类有几种?

1-3　衡量通信系统的性能指标有哪些?

1-4　设有四个符号,其中前三个符号的出现概率分别为 $1/4$,$1/8$,$1/8$,且各符号的出现是相对独立的,试求该符号集的平均信息量。

1-5　假设频带宽度为 1 024 kHz,传输的比特率为 2 048 kbit/s,试问其传输效率为多少?

1-6　如果二进制独立等概信号的码元宽度为 0.5 ms,求 R_B 和 R_b;若改为四进制信号,码元宽度不变,求传码率 R_B 和独立等概时的传信率 R_b。

1-7　已知某四进制数字传输系统的传信率为 2 400 bit/s,接收端在 0.5 h 内共收到 216 个错误码元,试计算该系统的误码率 P_e。

1-8　设数字信号码元时间长度为 1 s,如采用 4 电平传输,求信息传输速率和符号速率;若传输过程中每 2 s 错一个比特,试求误比特率。

第2章

→ 模拟通信技术

2.1 模拟通信系统概述

2.1.1 模拟通信系统的构成

1. 通信系统

通信系统是用以完成信息传输过程技术系统的总称。现代通信系统主要借助电磁波在自由空间的传播或在导引媒体中的传输机理来实现,前者称为无线通信系统,后者称为有线通信系统。

2. 通信系统的构成

信源(即信息源,也称发终端)的作用是把待传输的消息转换成原始电信号,如电话系统中电话机可看成是信源。信源输出的信号称为基带信号。所谓基带信号是指没有经过调制(进行频谱搬移和变换)的原始电信号,其特点是信号频谱从零频附近开始,具有低通形式。根据原始电信号的特征,基带信号可分为数字基带信号和模拟基带信号,相应地,信源也分为数字信源和模拟信源。

发送设备的基本功能是将信源和信道匹配起来,即将信源产生的原始电信号(基带信号)变换成适合在信道中传输的信号。变换方式是多种多样的,在需要频谱搬移的场合,调制是最常见的变换方式;对传输数字信号来说,发送设备又常常包含信源编码和信道编码等。

信道是指信号传输的通道,可以是有线的,也可以是无线的,甚至还可以包含某些设备。系统中的噪声源,是信道中的所有噪声以及分散在通信系统中其他各处噪声的集合。在接收端,接收设备的功能与发送设备相反,即进行解调、译码、解码等。它的任务是从带有干扰的接收信号中恢复出相应的原始电信号来。

信宿(也称受信者或收终端)是将复原的原始电信号转换成相应的消息,如电话机将对方传来的电信号还原成了声音。

2.1.2 调制的意义与分类

1. 调制的概念

调制(Modulation)就是对信号源的信息进行处理加到载波上,使其变为适合于信道传输形式的过程,就是使载波随信号而改变的技术。一般来说,信号源的信息(即信源)含有直流分量和频率较低的频率分量,称为基带信号。基带信号往往不能作为传输信号,因此必须把基带信号转变为一个相对基带频率而言频率非常高的信号以适合于信道传输。这个信号称为已调信号,而基带信号称为调制信号。调制是通过改变高频载波即消息的载体信号的幅度、相位或者频率,使其随着基带信号幅度的变化而变化来实现的。而解调则是将基带信号从载波中提取出来以便预定的接收者(即信宿)处理和理解的过程。

2. 调制定理

有了调制的概念,我们就会关心下一个问题:如何对信号进行调制。在傅里叶变换中我们知道,若一个信号 $f(t)$ 与一个正弦型信号 $\cos \omega_c t$ 相乘,从频谱上看,相当于把 $f(t)$ 的频谱搬移到 ω_c 处。设 $f(t)$ 的傅里叶变换(也可称为频谱)为 $F(\omega)$,则有:

$$f(t) \leftrightarrow F(\omega)$$
$$\cos \omega_c t \leftrightarrow \pi[\delta(\omega+\omega_c)+\delta(\omega-\omega_c)]$$
$$s_m(t) = f(t)\cos \omega_c t \leftrightarrow \frac{1}{2}[F(\omega+\omega_c)+F(\omega-\omega_c)]$$

上式称为调制定理,是调制技术的理论基础。式中,$f(t)$ 称为调制信号或基带信号(原始信号);$\cos \omega_c t$ 称为载波;$s_m(t)$ 称为已调信号。通常,载波频率比调制信号的最高频率要高得多。

3. 调制的分类

按照调制的划分依据,调制有很多种类。

(1) 根据调制信号分类

根据调制信号的不同,可将调制分为模拟和数字两类。在模拟调制中,调制信号是模拟信号;反之,调制信号是数字信号的调制就是数字调制。

(2) 根据载波分类

由于用于携带信息的高频载波既可以是正弦波,也可以是脉冲序列,其相应的调制也可以由此进行分类。以正弦波信号作载波的调制称连续载波调制;以脉冲序列作为载波的调制就是脉冲载波调制。在脉冲载波调制中,载波信号是时间间隔均匀的矩形脉冲。

(3) 根据调制器的功能分类

根据调制器对载波信号的参数改变,可把调制分为幅度调制、频率调制和相位调制。

4. 调制的意义

调制在通信系统中有十分重要的作用。通过调制,不仅可以进行频谱搬移,把调制信号的频谱搬移到所希望的位置上,从而将调制信号转换成适合于传播的已调信号,而且它对系统的传输有效性和传输的可靠性有着很大的影响,调制方式往往决定了一个通信系统的性能。

2.2　线　性　调　制

幅度调制是用调制信号去控制高频载波的振幅,使其按调制信号的规律而变化的过程。幅度调制器的一般模型如图 2-1 所示。

设调制信号 $m(t)$ 的频谱为 $M(\omega)$,冲激响应为 $h(t)$ 的滤波器特性为 $H(\omega)$,则该模型输出已调信号的时域和频域一般表示式为

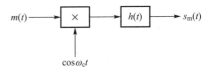

图 2-1　幅度调制器的一般模型

$$s_{\mathrm{m}}(t) = [m(t)\cos \omega_{\mathrm{c}}t] * h(t) \tag{2.2-1}$$

$$s_{\mathrm{m}}(\omega) = \frac{1}{2}[M(\omega+\omega_{\mathrm{c}})+M(\omega-\omega_{\mathrm{c}})]H(\omega) \tag{2.2-2}$$

式中,ω_{c} 为载波角频率。

由以上表示式可见,对于幅度调制信号,在波形上,它的幅度随基带信号规律而变化;在频谱结构上,它的频谱完全是基带信号频谱结构在频域内的简单搬移(精确到常数因子)。由于这种搬移是线性的,因此幅度调制通常又称为线性调制。

图 2-1 之所以称为幅度调制器的一般模型,是因为在该模型中,适当选择滤波器的特性 $H(\omega)$,便可以得到各种幅度调制信号。例如,调幅、双边带、单边带及残留边带信号等。

2.2.1 振幅调制(AM)

在线性调制系统中,最先应用的一种幅度调制是全调幅或常规调幅,简称为调幅(AM)。不但在频域中已调波频谱是基带调制信号频谱的线性位移,而且在时域中,已调波包络与调制信号波形呈线性关系。在图 2-1 中,假设 $h(t)=\delta(t)$,即滤波器($H(\omega)=1$)为全通网络,调制信号 $m(t)$ 叠加直流 A_0 后与载波相乘(见图 2-2),就可形成调幅(AM)信号,其时域和频域表示式分别为

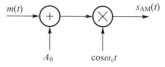

图 2-2   AM 调制器模型

$$s_{\mathrm{AM}}(t) = [A_0 + m(t)]\cos \omega_{\mathrm{c}}t = A_0\cos \omega_{\mathrm{c}}t + m(t)\cos \omega_{\mathrm{c}}t \tag{2.2-3}$$

$$s_{\mathrm{AM}}(\omega) = \pi A_0[\delta(\omega+\omega_{\mathrm{c}})+\delta(\omega-\omega_{\mathrm{c}})] + \frac{1}{2}[M(\omega+\omega_{\mathrm{c}})+M(\omega-\omega_{\mathrm{c}})] \tag{2.2-4}$$

式中,A_0 为外加的直流分量,$m(t)$ 可以是确知信号,也可以是随机信号(此时,已调信号的频域表示必须用功率谱描述),但通常认为其平均值 $\overline{m(t)}=0$。其波形和频谱如图 2-3 所示。

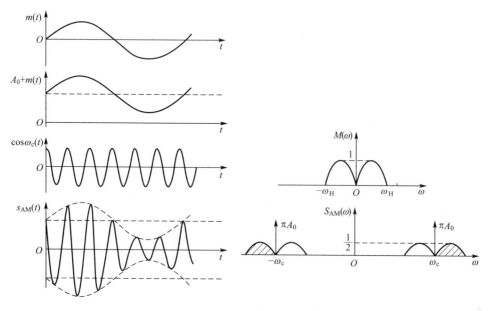

图 2-3   AM 信号的波形和频谱

由图 2-3 的时间波形可知,当满足条件 $|m(t)|_{\max} \leqslant A_0$ 时 AM 信号的包络与调制信号成正比,所以用包络检波的方法很容易恢复出原始的调制信号,否则,将会出现过调幅现象而

产生包络失真。这时不能用包络检波器进行解调,为保证无失真解调,可以采用同步检波器。

由图 2-3 的频谱图可知,AM 信号的频谱 $s_{\mathrm{AM}}(\omega)$ 由载频分量和上、下两个边带组成,上边带的频谱结构与原调制信号的频谱结构相同,下边带是上边带的镜像。因此,AM 信号是带有载波的双边带信号,它的带宽是基带信号带宽 f_{H} 的两倍,即 $B_{\mathrm{AM}}=2f_{\mathrm{H}}$。

AM 信号在 $1\ \Omega$ 电阻上的平均功率应等于 $s_{\mathrm{AM}}(t)$ 的均方值。当 $m(t)$ 为确知信号时, $s_{\mathrm{AM}}(t)$ 的均方值即为其平方的时间平均,即

$$
\begin{aligned}
P_{\mathrm{AM}} &= \overline{s_{\mathrm{AM}}^2(t)} \\
&= \overline{[A_0+m(t)]^2\cos^2\omega_c t} \\
&= \overline{A_0^2\cos^2\omega_c t} + \overline{m^2(t)\cos^2\omega_c t} + \overline{2A_0 m(t)\cos^2\omega_c t}
\end{aligned}
\tag{2.2-5}
$$

通常假设调制信号没有直流分量,即 $\overline{m(t)}=0$。因此有

$$
P_{\mathrm{AM}} = \frac{A_0^2}{2} + \frac{\overline{m^2(t)}}{2} = P_c + P_s
\tag{2.2-6}
$$

式中, $P_c=\dfrac{A_0^2}{2}$ 为载波功率, $P_s=\dfrac{\overline{m^2(t)}}{2}$ 为边带功率。由此可见,AM 信号的总功率包括载波功率和边带功率两部分。只有边带功率才与调制信号有关。也就是说,载波分量不携带信息。即使在"满调幅"($|m(t)|_{\max}=A_0$ 时,也称 100% 调制)条件下,载波分量仍占据大部分功率,而含有用信息的两个边带占有的功率较小。因此,从功率上讲,AM 信号的功率利用率比较低。

2.2.2　双边带调制(DSB)

双边带调制属于模拟信号幅度调制的一种方法,基带信号调制后会在坐标轴 Y 轴两边分成两个部分,双边带调制会把原来的振幅利用算法分解成两个频率相对较高的部分,以便传输,接收端利用调制技术可以把信号解调为原始信号。在 AM 信号中,载波分量并不携带信息,信息完全由边带传送。如果将载波抑制,只需在图 2-2 中将直流分量 A_0 去掉,即可输出抑制载波双边带信号,简称双边带(DSB)信号,其时域和频域表示式分别为

$$
s_{\mathrm{DSB}}(t) = m(t)\cos\omega_c t
\tag{2.2-7}
$$

$$
S_{\mathrm{DSB}}(\omega) = \frac{1}{2}\left[M(\omega+\omega_c)+M(\omega-\omega_c)\right]
\tag{2.2-8}
$$

其波形和频谱如图 2-4 所示。

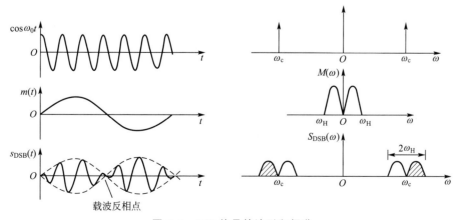

图 2-4　DSB 信号的波形和频谱

由时间波形可知,DSB 信号的包络不再与调制信号的变化规律一致,因而不能采用简单的包络检波来恢复调制信号,需采用相干解调(同步检波)。另外,在调制信号 $m(t)$ 的过零点处,高频载波相位有 180° 的突变。

由频谱图可知,DSB 信号虽然节省了载波功率,功率利用率提高了,但它的频带宽度仍是调制信号带宽的两倍,与 AM 信号带宽相同。由于 DSB 信号的上、下两个边带是完全对称的,它们都携带了调制信号的全部信息,因此仅传输其中一个边带即可,这就是单边带调制能解决的问题。

2.2.3 单边带调制(SSB)

DSB 信号包含有两个边带,即上、下边带。由于这两个边带包含的信息相同,因而,从信息传输的角度来考虑,传输一个边带就够了。这种只传输一个边带的通信方式称为单边带通信。单边带信号的产生方法通常有滤波法和相移法。

1. 用滤波法形成单边带信号

产生 SSB 信号最直观的方法是让双边带信号通过一个边带滤波器,保留所需要的一个边带,滤除不要的边带。这只需将滤波器 $H(\omega)$ 设计成图 2-5 所示的理想低通特性 $H_{LSB}(\omega)$ 或理想高通特性 $H_{USB}(\omega)$,就可分别取出下边带信号频谱 $S_{LSB}(\omega)$ 或上边带信号频谱 $S_{USB}(\omega)$,如图 2-6 所示。

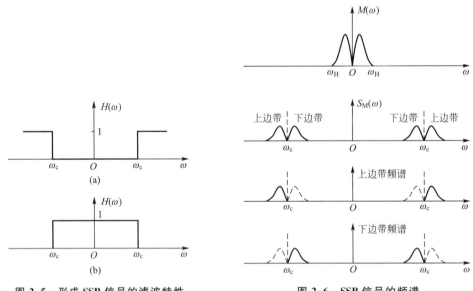

图 2-5 形成 SSB 信号的滤波特性   图 2-6 SSB 信号的频谱

用滤波法形成 SSB 信号的技术难点:由于一般调制信号都具有丰富的低频成分,经调制后得到的 DSB 信号的上、下边带之间的间隔很窄,这就要求单边带滤波器在 f_c 附近具有陡峭的截止特性,才能有效地抑制无用的一个边带。这就使滤波器的设计和制作很困难,有时甚至难以实现。为此,在工程中往往采用多级调制滤波的方法。

2. 用相移法形成单边带信号

SSB 信号的时域表示式的推导比较困难,一般需借助希尔伯特变换来表述。但可以从简单的单频调制出发,得到 SSB 信号的时域表示式,然后再推广到一般表示式。

设单频调制信号为 $m(t) = A_m \cos \omega_m t$,载波为 $c(t) = \cos \omega_c t$,两者相乘得 DSB 信号的时域表达式为

$$S_{DSB}(t) = A_m \cos \omega_m t \cos \omega_c t$$
$$= \frac{1}{2} A_m \cos(\omega_c + \omega_m)t + \frac{1}{2} A_m \cos(\omega_c - \omega_m)t \qquad (2.2\text{-}9)$$

保留上边带,则

$$S_{USB}(t) = \frac{1}{2} A_m \cos(\omega_c + \omega_m)t$$
$$= \frac{1}{2} A_m \cos \omega_m t \cos \omega_c t - \frac{1}{2} A_m \sin \omega_m t \sin \omega_c t \qquad (2.2\text{-}10)$$

保留下边带,则

$$S_{LSB}(t) = \frac{1}{2} A_m \cos(\omega_c - \omega_m)t$$
$$= \frac{1}{2} A_m \cos \omega_m t \cos \omega_c t + \frac{1}{2} A_m \sin \omega_m t \sin \omega_c t \qquad (2.2\text{-}11)$$

把上下边带公式合并起来可以写成

$$S_{SSB}(t) = \frac{1}{2} A_m \cos \omega_m t \cos \omega_c t \mp \frac{1}{2} A_m \sin \omega_m t \sin \omega_c t \qquad (2.2\text{-}12)$$

式中:"-"表示上边带信号;"+"表示下边带信号。

式(2.2-12)中,$A_m \sin \omega_m t$ 可以看成是 $A_m \cos \omega_m t$ 相移 $\frac{\pi}{2}$ 的结果,而幅度大小保持不变。把这一过程称为希尔伯特变换,记为"^",则有

$$A_m \hat{\cos} \omega_m t = A_m \sin \omega_m t \qquad (2.2\text{-}13)$$

故式(2.1-12)可写为　　　$S_{SSB}(t) = \frac{1}{2} A_m \cos \omega_m t \cos \omega_c t \mp \frac{1}{2} A_m \hat{\cos} \omega_m t \sin \omega_c t \qquad (2.2\text{-}14)$

上述关系虽然是在单频调制下得到的,但是它不失一般性,因为任意一个基带波形总可以表示成许多正弦信号之和。因此,把上述表述方法运用到式(2.2-12),就可以得到调制信号为任意信号的 SSB 信号的时域表示式:

$$S_{SSB}(t) = \frac{1}{2} m(t) \cos \omega_c t \mp \frac{1}{2} \hat{m}(t) \sin \omega_c t \qquad (2.2\text{-}15)$$

SSB 信号通常有滤波法和相移法两种产生方法。解调一般采用同步解调。

单边带调制的优点:

(1) 节省了发射功率。因为只发射一个边带,相比较其他幅度调制,节约了发射功率。

(2) 减少了占用的信道带宽。SSB 信号的带宽 $B_{SSB} = f_m$,即与基带信号的带宽相同,比 AM 和 DSB 信号的带宽减少了一半。

2.2.4　残留边带调制(VSB)

如果基带信号的频谱很宽,并且低频分量的振幅又很大,比如电视图像基带信号的频谱带宽达 6 MHz,且低频分量振幅很大,上、下边带连在一起,在这种情况下,不论是滤波法 SSB 调制还是相移法 SSB 调制均不易实现,这时一般采用残留边带调制。

残留边带调制是介于双边带调制与单边带调制之间的一种调制方式,它既克服了 DSB

信号占用频带宽的缺点,又解决了 SSB 信号实现上的难题。在 VSB 中,不是完全抑制一个边带(如同 SSB 中那样),而是逐渐切割,使其残留一小部分,如图 2-7(d)所示。DSB、SSB 和 VSB 信号的频谱如图 2-7 所示。

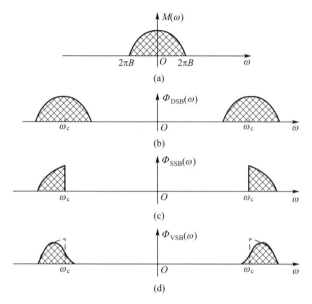

图 2-7   DSB、SSB 和 VSB 信号的频谱

VSB 信号通常用滤波法产生,用同步检波器解调。用滤波法实现残留边带调制的原理如图 2-8(a)所示。图中,滤波器的特性应按残留边带调制的要求来进行设计。现在我们来确定残留边带滤波器的特性。假设 $H_{VSB}(\omega)$ 是所需的残留边带滤波器的传输特性。由图 2-8(a)可知,残留边带信号的频谱为

$$S_{VSB}(\omega) = \frac{1}{2} \left[M(\omega + \omega_c) + M(\omega - \omega_c) \right] H_{VSB}(\omega) \tag{2.2-16}$$

为了确定上式中残留边带滤波器传输特性 $H_{VSB}(\omega)$ 应满足的条件,我们来分析一下接收端是如何从该信号中恢复原基带信号的。VSB 信号显然也不能简单地采用包络检波,而必须采用如图 2-8(b)所示的相干解调。

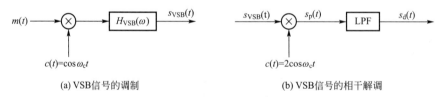

(a) VSB信号的调制   (b) VSB信号的相干解调

图 2-8   VSB 信号的调制和相干解调

图 2-8 中,残留边带信号 $s_{VSB}(t)$ 与相干载波 $2\cos \omega_c t$ 的乘积为

$$s_p(t) = 2s_{VSB}(t)\cos \omega_c t \tag{2.2-17}$$

又因为

$$s_{VSB}(t) \Leftrightarrow S_{VSB}(\omega) \quad \cos \omega_c t \Leftrightarrow \pi \left[\delta(\omega + \omega_c) + \delta(\omega - \omega_c) \right] \tag{2.2-18}$$

根据频域卷积定理,$s_p(t)$ 对应的频谱为

$$S_p(\omega) = S_{VSB}(\omega + \omega_c) + S_{VSB}(\omega - \omega_c) \tag{2.2-19}$$

代入上式得

$$S_p(\omega)=\frac{1}{2}[M(\omega+2\omega_c)+M(\omega)]H(\omega+\omega_c)+\frac{1}{2}[M(\omega)+M(\omega-2\omega_c)]H(\omega-\omega_c)$$

$$(2.2\text{-}20)$$

式中，$M(\omega+2\omega_c)$ 和 $M(\omega-2\omega_c)$ 是 $M(\omega)$ 搬移 $\pm 2\omega$ 处的频谱，它们可以由解调器中的低通滤波器滤除。于是低通滤波器的输出 $S_d(\omega)$ 为

$$S_d(\omega)=\frac{1}{2}M(\omega)[H(\omega+\omega_c)+H(\omega-\omega_c)]$$

$$(2.2\text{-}21)$$

显然，为了保证相干解调的输出无失真地恢复调制信号 $m(t)$，必须要求

$$H(\omega+\omega_c)+H(\omega-\omega_c)=常数 \quad |\omega|\leqslant\omega_H$$

$$(2.2\text{-}22)$$

式中：ω_H 是调制信号的截止角频率。

式 (2.2-22) 就是确定残留边带滤波器特性 $H(\omega)$ 所必须遵循的条件。该条件的含义：残留边带滤波器的特性 $H(\omega)$ 在 $\pm\omega$ 处必须具有互补对称（奇对称）特性，相干解调时才能无失真地从残留边带信号中恢复所需的调制信号。

满足式 (2.2-22) 的残留边带滤波器特性 $H(\omega)$ 有两种形式，如图 2-9 所示。注意：每一种形式的滚降特性曲线并不是唯一的。

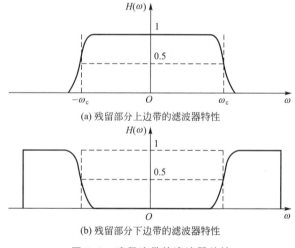

(a) 残留部分上边带的滤波器特性

(b) 残留部分下边带的滤波器特性

图 2-9　残留边带的滤波器特性

2.3　线性调制系统的抗噪声性能

2.3.1　分析模型

2.2 节中的分析都是在没有噪声的条件下进行的。实际中，任何通信系统都避免不了噪声的影响。我们知道，各种信道中的加性高斯白噪声是普遍存在和经常存在的一种噪声，因此，本节将要研究的问题是，在加性高斯白噪声的背景下，各种线性调制系统的抗噪声性能。

由于加性噪声通常被认为只对已调信号的接收产生影响，因而通信系统的抗噪声性能可以用解调器的抗噪声性能来衡量。解调器的抗噪声性能模型如图 2-10 所示。$s_m(t)$ 为已调信号，$n(t)$ 为加性高斯白噪声。带通滤波器的作用是滤除已调信号频带以外的噪声，因此，

经过带通滤波器后到达解调器输入端的信号仍可认为是 $s_m(t)$，而噪声为 $n_i(t)$。解调器输出的有用信号为 $m_0(t)$，噪声为 $n_0(t)$。

图 2-10　解调器抗噪声性能分析模型

对于不同的调制系统，将有不同形式的信号 $s_m(t)$，但解调器输入端的噪声 $n_i(t)$ 形式却是相同的，它是由平稳高斯白噪声 $n(t)$ 经过带通滤波得到的。我们知道，当带通滤波器的带宽远小于其中心频率 ω_0 时，可视为窄带滤波器，故 $n_i(t)$ 为平稳窄带高斯噪声，可以表示为

$$n_i(t) = n_c(t)\cos \omega_0 t - n_s \sin \omega_0 t \tag{2.3-1}$$

或者

$$n_i(t) = V(t)\cos[\omega_0 t + \theta(t)] \tag{2.3-2}$$

由随机过程知识可知，窄带噪声 $n_i(t)$ 及其同相分量 $n_c(t)$ 和正交分量 $n_s(t)$ 的均值都为 0，且具有相同的方差，即

$$\overline{n_i^2(t)} = \overline{n_c^2(t)} = \overline{n_s^2(t)} = N_i \tag{2.3-3}$$

式中，N_i 为解调器输入噪声的平均功率。

若白噪声的单边功率谱密度为 n_0，带通滤波器是高度为 1、带宽为 B 的理想矩形函数，则解调器的输入噪声功率为

$$N_i = n_0 B \tag{2.3-4}$$

这里的带宽 B 应等于已调信号的频带宽度，即保证已调限号无失真地进入解调器，同时又最大限度地抑制噪声。

模拟通信系统的主要质量指标是解调器的输出信噪比。因此在已调信号的平均功率相同，而且信道噪声功率谱密度也相同的情况下，输出信噪比 S_0/N_0 反映了解调器的抗噪声性能，显然，该比值越大越好。

为了便于比较同类调制系统采用不同解调器时的性能，还可以用输出信噪比和输入信噪比的比值来表示，即

$$G = \frac{S_0/N_0}{S_i/N_i} \tag{2.3-5}$$

这个比值 G 称为调制制度增益或信噪比增益。显然，同一调制方式，信噪比增益 G 越大，则解调器的抗噪声性能越好；同时，G 的大小也反映了这种调制制度的优劣。式中的 S_i/N_i 为输入信噪比，定义为

$$\frac{S_i}{N_i} = \frac{解调器输入已调信号的平均功率}{解调器输入噪声的平均功率} = \frac{\overline{s_m^2(t)}}{\overline{n_i^2(t)}}$$

现在的任务就是在给定 $s_m(t)$ 和 $n_i(t)$ 的情况下，推导出各种解调器的输入及输出信噪比，并在此基础上对各种调制系统的抗噪声性能做出评述。

2.3.2　DSB 调制系统的性能

在分析 DSB、SSB、VSB 系统的抗噪声性能时，图 2-10 模型中的解调器采用相干解调器，其分析模型如图 2-11 所示。相干解调属于线性解调，故在解调过程中，输入信号及噪声可以分别单独解调。

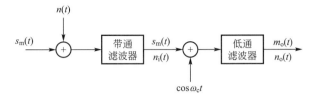

图 2-11　线性调制相干解调的抗噪声性能分析模型

设解调器输入信号为

$$s_{\mathrm{m}}(t) = m(t)\cos \omega_{\mathrm{c}}t \tag{2.3-6}$$

与相干载波 $\cos \omega_{\mathrm{c}}t$ 相乘后,得

$$m(t)\cos^2 \omega_{\mathrm{c}}t = \frac{1}{2}m(t) + \frac{1}{2}m(t)\cos 2\omega_{\mathrm{c}}t \tag{2.3-7}$$

经低通滤波器后,输出信号为

$$m_{\mathrm{o}}(t) = \frac{1}{2}m(t) \tag{2.3-8}$$

因此,解调器输出端的有用信号功率为

$$S_{\mathrm{o}} = \overline{m_{\mathrm{o}}^2(t)} = \frac{1}{4}\overline{m^2(t)} \tag{2.3-9}$$

解调 DSB 信号时,接收机中的带通滤波器的中心频率 ω_0 与载波频率 ω_{c} 相同,因此解调器输入端的窄带噪声 $n_{\mathrm{i}}(t)$ 可表示为

$$n_{\mathrm{i}}(t) = n_{\mathrm{c}}(t)\cos \omega_{\mathrm{c}}t - n_{\mathrm{s}}(t)\sin \omega_{\mathrm{c}}t \tag{2.3-10}$$

与相干载波相乘后,得

$$n_{\mathrm{i}}(t)\cos \omega_{\mathrm{c}}t = \frac{1}{2}n_{\mathrm{c}}(t) + \frac{1}{2}[n_{\mathrm{c}}(t)\cos 2\omega_{\mathrm{c}}t - n_{\mathrm{s}}(t)\sin 2\omega_{\mathrm{c}}t] \tag{2.3-11}$$

经低通滤波后,解调器的最终输出噪声为

$$n_{\mathrm{o}}(t) = \frac{1}{2}n_{\mathrm{c}}(t) \tag{2.3-12}$$

故输出噪声功率为

$$N_{\mathrm{o}} = \overline{n_{\mathrm{o}}^2(t)} = \frac{1}{4}\overline{n_{\mathrm{c}}^2(t)} \tag{2.3-13}$$

根据 $\overline{n_{\mathrm{i}}^2(t)} = \overline{n_{\mathrm{c}}^2(t)} = \overline{n_{\mathrm{s}}^2(t)} = N_{\mathrm{i}}$ 和 $N_{\mathrm{i}} = n_0 B$ 有

$$N_{\mathrm{o}} = \frac{1}{4}\overline{n_{\mathrm{i}}^2(t)} = \frac{1}{4}N_{\mathrm{i}} = \frac{1}{4}n_0 B \tag{2.3-14}$$

式中,$B = 2f_{\mathrm{H}}$,为 DSB 信号的带通滤波带宽。

解调器输入信号平均功率为

$$S_{\mathrm{i}} = \overline{s_{\mathrm{m}}^2(t)} = \overline{[m(t)\cos \omega_{\mathrm{c}}t]^2} = \frac{1}{2}\overline{m^2(t)} \tag{2.3-15}$$

因此,可得解调器的输入信噪比为

$$\frac{S_{\mathrm{i}}}{N_{\mathrm{i}}} = \frac{\dfrac{1}{2}\overline{m^2(t)}}{n_0 B} \tag{2.3-16}$$

解调器的输出信噪比为

$$\frac{S_o}{N_o} = \frac{\frac{1}{4}\overline{m^2(t)}}{\frac{1}{4}N_i} = \frac{\overline{m^2(t)}}{n_0 B} \tag{2.3-17}$$

因此,制度增益为

$$G_{DSB} = \frac{S_o/N_o}{S_i/N_i} = 2 \tag{2.3-18}$$

由此可见,DSB 调制系统的制度增益为 2。也就是说,DSB 信号的解调器使信噪比提高了 1 倍。这是因为采用相干解调,使输入噪声中的一个正交分量 $n_s(t)$ 被消除的缘故。

2.3.3　SSB 调制系统的性能

SSB 信号的解调方法与 DSB 信号相同,其区别仅在于解调器之前的带通滤波器的带宽和中心频率不同。前者的带通滤波器的带宽是后者的一半。

由于 SSB 信号的解调器与 DSB 信号的相同,故计算解调器输入及输出信噪比的方法也相同,SSB 信号解调器的输出噪声与输入噪声可直接给出,即

$$N_o = \frac{1}{4}N_i = \frac{1}{4}n_0 B \tag{2.3-19}$$

式中,$B = f_H$ 为 SSB 信号的带通滤波器的带宽。对于单边带解调器的输入及输出信号功率,不能简单地照搬双边带时的结果。这是因为 SSB 信号的表示式与 DSB 信号的不同,由上一节内容可知

$$s_m(t) = \frac{1}{2}m(t)\cos \omega_c t \mp \frac{1}{2}\hat{m}(t)\sin \omega_c t \tag{2.3-20}$$

与相干载波相乘后,再经低通滤波器可得解调器输出信号

$$m_o(t) = \frac{1}{4}m(t) \tag{2.3-21}$$

因此,输出信号平均功率为

$$S_o = \overline{m_o^2(t)} = \frac{1}{16}\overline{m^2(t)} \tag{2.3-22}$$

输入信号平均功率为

$$S_i = \overline{s_m^2(t)} = \frac{1}{4}\overline{[m(t)\cos \omega_c t \mp \hat{m}(t)\sin \omega_c t]^2} = \frac{1}{4}\left[\frac{1}{2}\overline{m^2(t)} + \frac{1}{2}\overline{\hat{m}^2(t)}\right] \tag{2.3-23}$$

又 $m(t)$ 与 $\hat{m}(t)$ 幅度相同,所以两者具有相同的平均功率,故上式又可写为

$$S_i = \frac{1}{4}\overline{m^2(t)} \tag{2.3-24}$$

于是,单边带解调器的输入信噪比为

$$\frac{S_i}{N_i} = \frac{\frac{1}{4}\overline{m^2(t)}}{n_0 B} = \frac{\overline{m^2(t)}}{4n_0 B} \tag{2.3-25}$$

输出信噪比为

$$\frac{S_o}{N_o} = \frac{\frac{1}{16}\overline{m^2(t)}}{\frac{1}{4}n_0 B} = \frac{\overline{m^2(t)}}{4n_0 B} \tag{2.3-26}$$

因而制度增益为

$$G_{\text{SSB}} = \frac{S_\text{o}/N_\text{o}}{S_\text{i}/N_\text{i}} = 1 \qquad (2.3\text{-}27)$$

这是因为在 SSB 系统中,信号和噪声有相同的表示形式,所以相干解调过程中,信号和噪声中的正交分量均被抑制掉,故信噪比没有改善。

比较可知,DSB 信号的制度增益为 SSB 信号制度增益的 2 倍,这能否说明 DSB 系统的抗噪声性能比 SSB 系统好呢? 答案是否定的,因为两者的输入信号功率不同、带宽不同,在相同的噪声功率谱密度 n_0 条件下,输入噪声功率也不同,所以两者的输出信噪比实在不同的条件下得到的。如果我们在相同的输入信号功率 S_i,相同的输入噪声功率谱密度 n_0,相同的基带信号带宽 f_H 条件下,对这两种调制方式进行比较,可以发现它们的输出信噪比是相等的。这就是说,两者的抗噪声性能是相同的,但 SSB 所需的传输带宽仅是 DSB 的一半,因此 SSB 得到普遍应用。

VSB 调制系统的抗噪声性能的分析方法与上面的相似,但是,由于采用的残留边带滤波器的频率特性形状不同,所以,抗噪声性能的计算是比较复杂的。但是在残留部分不是太大的时候,可以近似认为其抗噪声性能与 SSB 调制系统的抗噪声性能相同。

2.3.4　AM 包络检波的性能

AM 信号可用相干解调和包络检波两种方法解调。AM 信号相干解调系统的性能分析与前面双边带(或单边带)的相同,读者可自行分析。这里,我们将对 AM 信号采用包络检波的性能进行讨论。此时,图 2-10 分析模型中的解调器为一包络检波器,如图 2-12 所示,其检波输出电压正比于输入信号的包络变化。

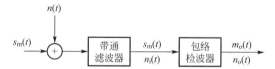

图 2-12　AM 包络检波的抗噪声性能分析模型

设解调器输入信号为

$$s_\text{m}(t) = [A_0 + m(t)]\cos \omega_c t \qquad (2.3\text{-}28)$$

其中,A_0 为载波幅度,$m(t)$ 为调制信号。这里仍假设 $m(t)$ 的均值为 0,且 $A_0 \geqslant |m(t)|_{\max}$。解调器输入噪声为

$$n_\text{i}(t) = n_\text{c}(t)\cos \omega_c t - n_\text{s}(t)\sin \omega_c t \qquad (2.3\text{-}29)$$

则解调器输入的信号功率 S_i 和噪声功率 N_i 分别为

$$S_\text{i} = \overline{s_\text{m}^2(t)} = \frac{A_0^2}{2} + \frac{\overline{m^2(t)}}{2} \qquad (2.3\text{-}30)$$

$$N_\text{i} = \overline{n_\text{i}^2(t)} = n_0 B \qquad (2.3\text{-}31)$$

由于解调器输入是信号加噪声的混合波形,即

$$s_\text{m}(t) + n_\text{i}(t) = [A_0 + m(t) + n_\text{c}(t)]\cos \omega_c t - n_\text{s}(t)\sin \omega_c t$$

$$= E(t)\cos[\omega_c t + \varphi(t)] \qquad (2.3\text{-}32)$$

式中,

$$E(t) = \sqrt{[A_0 + m(t) + n_\text{c}(t)]^2 + n_\text{s}^2(t)} \qquad (2.3\text{-}33)$$

$$\psi(t) = \arctan\left[\frac{n_s(t)}{A_0 + m(t) + n_c(t)}\right] \tag{2.3-34}$$

很明显，$E(t)$ 便是所求的合成包络。当包络检波器的传输系数为 1 时，则检波器的输出就是 $E(t)$，由其表示式可以看出，检波输出中的信号和噪声存在非线性关系。因此，计算输出信噪比是件困难的事。为使讨论简明，我们来考虑两种特殊情况。

1. 大信噪比情况

此时，输入信号幅度远大于噪声幅度，即

$$[A_0 + m(t)] \gg \sqrt{n_c^2(t) + n_s^2(t)}$$

因而式(2.3-33)可以化简为

$$
\begin{aligned}
E(t) &= \sqrt{[A_0 + m(t)]^2 + 2[A_0 + m(t)]n_c(t) + n_c^2(t) + n_s^2(t)} \\
&\approx \sqrt{[A_0 + m(t)]^2 + 2[A_0 + m(t)]n_c(t) + n_c^2(t)} \\
&\approx [A_0 + m(t)]^2 \left[1 + \frac{2n_c(t)}{A_0 + m(t)}\right]^{1/2} \\
&\approx [A_0 + m(t)]^2 \left[1 + \frac{n_c(t)}{A_0 + m(t)}\right] \\
&= A_0 + m(t) + n_c(t)
\end{aligned}
\tag{2.3-35}
$$

这里利用了近似公式

$$(1 + x)^{\frac{1}{2}} \approx 1 + \frac{x}{2}, \quad |x| \ll 1 \tag{2.3-36}$$

式(2.3-35)中直流分量 A_0 被电容器阻隔，有用信号与噪声独立地分成两项，因而可分别计算出输出有用信号功率及噪声功率。输出信号功率 $S_o = \overline{m_0^2(t)}$，输出噪声功率 $N_o = \overline{n_i^2(t)} = \overline{n_c^2(t)} = n_0 B$，输出信噪比为

$$\frac{S_o}{N_o} = \frac{\overline{m^2(t)}}{n_0 B} \tag{2.3-37}$$

因而可得调制制度增益为

$$G_{AM} = \frac{S_o/N_o}{S_i/N_i} = \frac{2\overline{m^2(t)}}{A_0 + \overline{m^2(t)}} \tag{2.3-38}$$

显然，AM 信号的调制制度增益 G_{AM} 随 A_0 的减小而增加。但对包络检波器来说，为了不发生过调制现象，应有 $A_0 \geqslant |m(t)|_{\max}$，所以 G_{AM} 总是小于 1。这说明包络检波器对输入信噪比没有改善，反而恶化了。例如：100% 的调制，即 $A_0 = |m(t)|_{\max}$，且 $m(t)$ 又是单频正弦型信号，此时 AM 的最大信噪比为

$$G_{AM} = \frac{2}{3}$$

可以证明，若采用同步检波法解调 AM 信号，则得到的调制制度增益 G_{AM} 与式(2.3-38)给出的结果相同。由此可见，对于 AM 调制系统，在大信噪比时，采用包络检波器解调时的性能与同步检波器时的性能几乎一样。但应该注意，后者的调制制度增益不受信号与噪声相对幅度假设条件的限制。

2. 小信噪比情况

此时，输入信号幅度远小于噪声幅度，即

$$[A_0 + m(t)] \ll \sqrt{n_c^2(t) + n_s^2(t)}$$

式(2.3-33)变成

$$E(t) = \sqrt{[A_0 + m(t)]^2 + n_c^2(t) + n_s^2(t) + 2n_c(t)[A_0 + m(t)]}$$

$$\approx \sqrt{n_c^2(t) + n_s^2(t) + 2n_c(t)[A_0 + m(t)]}$$

$$= \sqrt{[n_c^2(t) + n_s^2(t)] \left\{ 1 + \frac{2n_c(t)[A_0 + m(t)]}{n_c^2(t) + n_s^2(t)} \right\}}$$

$$= \sqrt{1 + \frac{2[A_0 + m(t)]}{R(t)} \cos \theta(t)} \tag{2.3-39}$$

其中,$R(t)$ 及 $\theta(t)$ 代表噪声 $n_i(t)$ 的包络及相位:

$$R(t) = \sqrt{n_c^2(t) + n_s^2(t)} \tag{2.3-40}$$

$$\theta(t) = \arctan \left[\frac{n_s(t)}{n_c(t)} \right] \tag{2.3-41}$$

$$\cos \theta(t) = \frac{n_c(t)}{R(t)} \tag{2.3-42}$$

因为 $[A_0 + m(t)] \ll R(t)$,所以可以利用数学近似式 $(1 + x)^{\frac{1}{2}} \approx 1 + \frac{x}{2} (|x| \ll 1$ 时),近一步把 $E(t)$ 近似表示为

$$E(t) \approx R(t) \left[1 + \frac{A + m(t)}{R(t)} \cos \theta(t) \right]$$

$$= R(t) + [A_0 + m(t)] \cos \theta(t) \tag{2.3-43}$$

这时,$E(t)$ 中没有单独的信号项,只有受到 $\cos \theta(t)$ 调制的 $m(t)\cos \theta(t)$ 项。由于 $\cos \theta(t)$ 是一个随机噪声,因而,有用信号 $m(t)$ 被噪声扰乱,致使 $m(t)\cos \theta(t)$ 也只能看作噪声。因此,输出信噪比急剧下降,这种现象称为解调器的门限效应。开始出现门限效应的输入信噪比称为门限值。这门限效应是由包络检波器的非线性解调作用所引起的。

有必要指出,用相干解调的方法解调各种线性调制信号时不存在门限效应。原因是信号与噪声可分别进行解调,解调器输出端总是单独存在有用信号项。

由以上分析可得如下结论:大信噪比情况下,AM 信号包络检波器的性能几乎与相干解调法相同;但随着信噪比的减小,包络检波器将在一个特定输入信噪比值上出现门限效应;一旦出现门限效应,解调器的输出信噪比将急剧恶化,系统将无法正常工作。

2.4 非线性调制

2.4.1 角度调制的概念及分类

1. 角度调制的概念

角度调制是频率调制和相位调制的总称。角度调制是使正弦载波信号的角度随着基带调制信号的幅度变化而改变的。

例如,在调频信号中,载波信号的频率随着基带调制信号的幅度变化而改变。调制信号幅度变大时,载波信号的频率也变大(或变小),调制信号幅度变小时,载波信号的频率也变小(或变大);而在调相信号中,载波信号的相位随着基带调制信号的幅度变化而改变。

调制信号幅度变大时,载波信号的相位也变大(或变小),调制信号幅度变小时,载波信号的相位也变小(或变大);实际上,在某种意义上,调频和调相是等同的,所以我们都称之为角度调制。而在这种调制方式中,载波的幅度保持不变。角度调制中已调信号的频谱不像线性调制那样还和调制信号频谱之间保持某种线性关系,其频谱结构已经完全变化,出现许多新频谱分量。因此,也称角度调制为非线性调制。任何一个正弦时间函数,若期振幅不变,有 $c(t) = A_0 \cos \theta(t)$,其中,$\theta(t)$ 为正弦波的瞬时相位,或称总相角,是时间 t 的函数。

瞬时相位与瞬时角频率关系为

$$\omega(t) = \frac{\mathrm{d}\theta(t)}{\mathrm{d}t}$$

$$\theta(t) = \int_{-\infty}^{t} \omega(\tau) \mathrm{d}\tau$$

角度调制信号的一般表示为

$$S_\mathrm{m}(t) = A\cos[\omega_c t + \varphi(t)] \tag{2.4-1}$$

式中,A 为载波的恒定振幅;$\omega_c t + \varphi(t)$ 为信号的瞬时相位;$\varphi(t)$ 为相对于载波相位 $\omega_c t$ 的瞬时相位偏移;$\mathrm{d}[\omega_c t + \varphi(t)]/\mathrm{d}t$ 是信号的瞬时角频率,记为 $\omega(t)$。$\mathrm{d}\varphi(t)/\mathrm{d}t$ 称为相对于载频 ω_c 的瞬时频偏。

2. 角度调制的分类

根据调制信号控制的是载波信号还是相位,可将角度调制分为频率调制(Frequency Modulation)和相位调制(Phase Modulation)。其中,频率调制简称调频,记为 FM;相位调制简称调相,记为 PM。

相位调制是指瞬时相位偏移 $\varphi(t)$ 是调制信号 $f(t)$ 的线性函数。瞬时相位偏移:$\varphi(t) = K_\mathrm{PM} f(t)$,其中,$K_\mathrm{PM}$ 为相移常数或调相灵敏度,单位 rad/V,表示单位调制信号幅度引起 PM 信号的相位偏移量。

因此调相信号时域表达式为

$$s_\mathrm{PM}(t) = A\cos[\omega_c t + K_\mathrm{PM} f(t)] \tag{2.4-2}$$

频率调制是指瞬时角频率偏移是调制信号 $f(t)$ 的线性函数。瞬时频率偏移:

$\Delta\omega = \dfrac{\mathrm{d}\varphi(t)}{\mathrm{d}t} = K_\mathrm{FM} f(t)$,其中,$K_\mathrm{FM}$ 为频偏常数或调频灵敏度,单位 rad/(V·s),设调制信号为 $f(t)$,则有 $\dfrac{\mathrm{d}\varphi(t)}{\mathrm{d}t} = K_\mathrm{FM} f(t)$。

因此调频信号时域表达式为

$$s_\mathrm{FM}(t) = A\cos[\omega_c t + \varphi(t)] = A\cos\left[\omega_c t + K_\mathrm{FM}\int f(\tau)\mathrm{d}\tau\right] \tag{2.4-3}$$

显然,调相信号和调频信号不满足线性关系,所以它们都属于非线性调制。从以上时域表达式可知,不管是调频还是调相,调制信号的变化最终都反映在瞬时相位 $\varphi(t)$ 的变化上。所以,从已调信号的波形上分不出是调相信号还是调频信号。

下面以调制信号为一单频余弦波的特殊情况为例,给出调相信号和调频信号的波形示意图如图 2-13 所示。

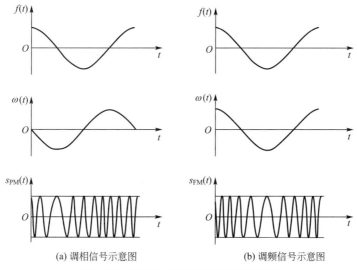

(a) 调相信号示意图　　　　　　　　(b) 调频信号示意图

图 2-13　调相信号和调频信号的波形图

　　从时域表达式还可看出,调相信号与调频信号在数学上只差一个积分运算,也就是说,若对调制信号 $f(t)$ 先进行一次积分运算,然后再进行调相,则调相器的输出就变成了调频信号;反之,若先对 $f(t)$ 进行微分再调频,则调频器的输出就变成了调相信号。调相与调频这种互相转换的关系如图 2-14 所示。

$f(t)$ → [积分器] → [调相器] → $s_{FM}(t)$ 　　　　$f(t)$ → [微分器] → [调频器] → $s_{PM}(t)$

(a) 用调相器产生调频信号　　　　　　　　(b) 用调频器产生调相信号

图 2-14　调相与调频的互相转换

　　由于调频和调相存在这种天然的"血缘"关系,因此,它们在理论和技术上有着很多相似的地方,所以,以后我们只介绍和讨论有关调频的内容,读者若对调相感兴趣可从调频知识中自行推导或参阅其他书籍。

2.4.2　窄带调频

　　如果 FM 信号的最大瞬时相移满足以下条件

$$\left| K_{FM}\left[\int_{-\infty}^{t} m(\tau)d\tau \right] \right| \ll \frac{\pi}{6}(或\ 0.5) \tag{2.4-4}$$

时,FM 信号的频谱宽度比较窄,称为窄带调频(NBFM)。当上式条件不满足时,FM 信号的频谱宽度比较宽,称为宽带调频(WBFM)。

　　将 FM 信号的一般表达式展开得到

$$\begin{aligned}
s_{FM}(t) &= A\cos\left[\omega_c t + K_{FM}\int f(\tau)d\tau \right] \\
&= A\cos\omega_c t\cos\left[K_{FM}\int m(\tau)d\tau \right] - A\sin\omega_c t\sin\left[K_{FM}\int m(\tau)d\tau \right]
\end{aligned} \tag{2.4-5}$$

当满足式(2.4-4)时有

$$\cos\left[K_{FM}\int m(\tau)d\tau \right] \approx 1$$

$$\sin\left[K_{FM}\int m(\tau)d\tau \right] \approx K_{FM}\int m(\tau)d\tau$$

故式(2.4-5)可简化为

$$s_{\text{NBFM}}(t) = A\cos \omega_c t - A\left[K_{\text{FM}}\int m(\tau)\text{d}\tau\right]\sin \omega_c t \tag{2.4-6}$$

通过傅里叶变换可得 NBFM 的频域表达式

$$S_{\text{NBFM}}(\omega) = \pi A\left[\delta(\omega+\omega_c)+\delta(\omega-\omega_c)\right]+\frac{AK_{\text{FM}}}{2}\left[\frac{M(\omega-\omega_c)}{\omega-\omega_c}-\frac{M(\omega+\omega_c)}{\omega+\omega_c}\right]$$

$$\tag{2.4-7}$$

而 AM 信号的频谱为

$$S_{\text{AM}}(\omega)=\pi A_0\left[\delta(\omega+\omega_c)+\delta(\omega-\omega_c)\right]+\frac{1}{2}\left[M(\omega+\omega_c)+M(\omega-\omega_c)\right]$$

通过比较可以清楚地看出,NBFM 和 AM 这两种调制的相似性和不同处。两者都含有一个载波位于 $\pm\omega_c$ 处的两个边带,所以它们的带宽相同,都是调制信号最高频率的两倍。不同的是,NBFM 的两个边频分别乘了 $1/(\omega-\omega_c)$ 和 $1/(\omega+\omega_c)$,由于因式是频率的函数,所以这种加权是频率加权,加权的结果引起调制信号频谱的失真。另外,NBFM 的一个边带和 AM 相反。

由于 NBFM 信号的最大频率偏移较小,占据的带宽较窄,但是其抗干扰能力比 AM 系统要好得多,因此得到较广泛的应用。对于高质量通信(调频立体声广播、电视伴音等)需要采用宽带调频。

2.4.3 宽带调频

当不满足式(2.4-4)的条件时,调频信号的时域表达式不能简化,因而给宽带调频的频谱分析带来了困难。为使问题简化,我们只研究单音调制的情况,然后把分析的结论推广到多音调制的情况。

设单音调制信号

$$m(t)=A_m\cos \omega_m t=A_m\cos 2\pi f_m t$$

则调频信号的瞬时频率偏移是

$$\text{d}\varphi(t)/\text{d}t=K_{\text{FM}}m(t)=K_{\text{FM}}A_m\cos \omega_m t \tag{2.4-8}$$

$K_{\text{FM}}A_m$ 为最大频偏,而调频信号的瞬时相位偏移是

$$\varphi(t) = A_m K_{\text{FM}}\int_{-\infty}^{t} \cos \omega_m \tau\text{d}\tau = \frac{A_m K_{\text{FM}}}{\omega_m}\sin \omega_m t \tag{2.4-9}$$

将 $K_{\text{FM}}A_m$ 记为 $\Delta\omega$,定义

$$m_f = \frac{A_m K_{\text{FM}}}{\omega_m}=\frac{\Delta\omega}{\omega_m}=\frac{\Delta f}{f_m} \tag{2.4-10}$$

m_f 称为调制指数,宽带信号调频信号的时域表达式为

$$s_{\text{FM}}(t)=A\cos \omega_c t+m_f\sin \omega_m t \tag{2.4-11}$$

令 $A=1$,利用三角函数公式将上式展开得

$$s_{\text{FM}}(t)=\cos \omega_c t\cos(m_f\sin \omega_m t)-\sin \omega_c t\sin(m_f\sin \omega_m t)$$

进一步展开为

$$s_{\text{FM}}(t) = J_0(m_f)\cos_c t - J_1(m_f)\left[\cos(\omega_c-\omega_m)t-\cos(\omega_c-\omega_m)t\right]+$$
$$J_2(m_f)\left[\cos(\omega_c-2\omega_m)t+\cos(\omega_c+2\omega_m)t\right]-$$
$$J_3(m_f)\left[\cos(\omega_c-3\omega_m)t-\cos(\omega_c-3\omega_m)t\right]+\cdots$$

$$= \sum_{n=-\infty}^{+\infty} J_n(m_f) \cos(\omega_c + n\omega_m)t$$

其中,$J_n(m_f)$ 为第一类 n 阶贝塞尔函数,它是调制指数 m_f 的函数。$J_n(m_f)$ 的曲线如图 2-15 所示,且有如下性质

n 为奇数时 $\qquad\qquad J_{-n}(m_f) = -J_n(m_f)$

n 为偶数时 $\qquad\qquad J_{-n}(m_f) = J_n(m_f)$

它的傅里叶变换即为调频信号的频谱

$$s_{FM}(t) = \pi A \sum_{-\infty}^{+\infty} [J_n(m_f) + \delta(\omega + \omega_c + n\omega_m)] \delta(\omega - \omega_c - n\omega_m) \qquad (2.4-12)$$

可见,调频波的频谱包含无穷多个频率分量,谱线间的间隔为 ω_m。

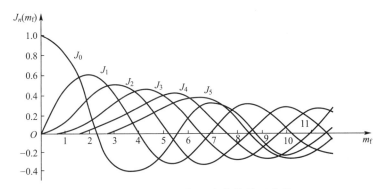

图 2-15　$J_n(m_f)$ 随 m_f 变化的关系曲线

由于调频波的频谱包含无穷多个频率分量,因此,理论上调频波的频带宽度为无限宽。

然而实际上边频幅度 $J_n(m_f)$ 随着的 n 增大而逐渐减小,因此只要取适当的 n 值使边频分量小到可以忽略的程度,调频信号可近似为具有有限带宽频谱。根据经验认为,当 $m_f \geqslant 1$ 之后,取边频数 $n = m_f + 1$ 即可。因为 $n > m_f + 1$ 以上的边频幅度 $J_n(m_f)$ 均小于 0.1,相应产生的功率均在总功率的 2% 以下,可以忽略不计。根据这个原则,调频波的带宽为

$$B_{FM} = 2(m_f + 1)f_m = 2(\Delta f + f_m) \qquad (2.4-13)$$

它说明调频信号的带宽取决于最大频偏和调制信号的频率,该式称为卡森公式。

当 $m_f \ll 1$ 时,式(2.4-13)可近似为

$$B_{FM} \approx 2f_m \quad (\text{NBFM}) \qquad (2.4-14)$$

这就是窄带调频的带宽,与前面分析的一致。这时,带宽由第一对边频分量决定,带宽只随调制频率 f_m 变化,而与最大频偏 Δf 无关。

当 $m_f \gg 1$ 时,式(2.4-13)可近似为

$$B_{FM} \approx 2\Delta f \quad (\text{WBFM}) \qquad (2.4-15)$$

这时,带宽由最大频偏 Δf 决定,而与调制频率 f_m 无关。以上讨论的是单音调频情况。对于多音或其他任意信号调制的调频波的频谱分析是很复杂的。根据经验把卡森公式推广,即可得到任意限带信号调制时的调频信号带宽的估算公式

$$B_{FM} = 2(D + 1)f_m \qquad (2.4-16)$$

这里,f_m 是调制信号的最高频率,D 是最大频偏 Δf 与 f_m 的比值。实际应用中,当 $D > 2$ 时,用式

$$B_{FM} = 2(D+2)f_m \tag{2.4-17}$$

计算调频带宽更符合实际情况。

2.5 调频系统的抗噪声性能

调频系统抗噪声性能的分析方法和分析模型与线性调制系统的相似,可用图 2-16 所示的模型,但其中的解调器应是调频解调器。

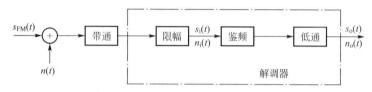

图 2-16 调频系统抗噪声性能的分析模型

从前面的分析可知,调频信号的解调有相干解调和非相干解调两种。相干解调适用于窄带调频信号,需同步信号;而非相干解调适用于窄带和宽带调频信号,无须同步信号,因而是 FM 系统的主要解调方式。其分析模型如图 2-16 所示,限幅器是为了消除接收信号在幅度上可能出现的畸变;带通滤波器的作用是抑制信号带宽以外的噪声。$n(t)$ 是均值为零,单边功率谱密度为 n_0 的高斯白噪声,经过带通滤波器变为窄带高斯噪声。

先计算解调器的输入信噪比。设输入调频信号为

$$s_{FM}(t) = A\cos\left[\omega_c t + K_{FM}\int f(\tau)d\tau\right] \tag{2.5-1}$$

因而输出信号功率

$$S_i = \frac{A^2}{2} \tag{2.5-2}$$

理想带通滤波器的带宽与调频信号的带宽 B_{FM} 相同,所以输入噪声功率为

$$N_i = n_0 B_{FM} \tag{2.5-3}$$

输入信噪比

$$\frac{S_i}{N_i} = \frac{A^2}{2n_0 B_{FM}} \tag{2.5-4}$$

计算输出信噪比时,由于非相干解调不满足叠加性,无法分别计算信号与噪声的功率。因此,也和 AM 信号的非相干解调一样,考虑两种极端情况,即大信噪比和小信噪比的情况,使计算简化,以便得到一些有用的结论。

1. 大信噪比情况

在大信噪比条件下,信号和噪声的相互作用可以忽略,这时可以把信号和噪声分开计算,经过分析,我们直接给出解调器的输出信噪比

$$\frac{S_o}{N_o} = \frac{3A^2 K_{FM}^2 \overline{m^2(t)}}{8\pi^2 n_0 f_m^3} \tag{2.5-5}$$

为了使上式具有简明结果,考虑 $m(t)$ 为单一频率余弦的情况,即

$$m(t) = \cos\omega_m t \tag{2.5-6}$$

这时调频信号为

$$S_{FM}(t) = A\cos \omega_c t + m_f \sin \omega_m t \tag{2.5-7}$$

式中

$$m_f = \frac{A_m K_{FM}}{\omega_m} = \frac{\Delta \omega}{\omega_m} = \frac{\Delta f}{f_m}$$

则得

$$\frac{S_o}{N_o} = \frac{3}{2} m_f^2 \frac{A^2/2}{n_0 f_m} \tag{2.5-8}$$

解调器的调制制度增益

$$G_{FM} = \frac{S_o/N_o}{S_i/N_i} = \frac{3}{2} m_f^2 \frac{B_{FM}}{f_m} \tag{2.5-9}$$

宽带调频时,信号带宽为

$$B_{FM} = 2(m_f+1)f_m = 2(\Delta f + f_m)$$

所以

$$G_{FM} = 3m_f^2(m_f+1) \approx 3m_f^3 \tag{2.5-10}$$

上式表明,大信噪比时宽带调频系统的制度增益是很高的,它与调制指数的三次方成正比。例如调频广播中常取 $m_f = 5$,则调制制度增益 $G_{FM} = 450$。也就是说,加大调制指数 m_f,使调频系统的抗噪声性能迅速改善。

应当指出,调频系统的这一优越性是以增加传输带宽来换取的。

$$B_{FM} = 2(m_f+1)f_m = (m_f+1)B_{AM} \tag{2.5-11}$$

当 $m_f \gg 1$ 时,$B_{FM} \approx B_{AM}$,对于调幅信号,

$$\frac{S_o}{N_o} = \frac{\overline{m^2(t)}}{n_0 B} = \frac{A^2}{2n_0 B} = \frac{A^2/2}{2n_0 f_m} \tag{2.5-12}$$

于是得

$$\frac{(S_o/N_0)_{FM}}{(S_o/N_0)_{AM}} = 3m_f^2 = \left[\frac{B_{FM}}{B_{AM}}\right]^2 \tag{2.5-13}$$

这说明宽带调频输出信噪比相对于调幅的改善与它们带宽比的二次方成正比。这就意味着,对于调频系统来说,增加传输带宽就可以改善抗噪声性能。调频方式的这种以带宽换取信噪比的特性是十分有益的。在调幅制中,由于信号带宽是固定的,无法进行信噪比的互换,这也正是在抗噪声性能方面调频系统优于调幅系统的重要原因。

2. 小信噪比情况与门限效应

应该指出,前面的分析都是在 $(S_i/N_i)_{FM}$ 足够大的条件下进行的。当 $(S_i/N_i)_{FM}$ 减小至一定程度时,解调器的输出中不存在单独的有用信号项,信号被噪声扰乱,因而信噪比急剧下降。这种情况与 AM 包络检波时相似,我们称之为门限效应。出现门限效应时所对应的 $(S_i/N_i)_{FM}$ 值被称为门限值。这表明,FM 系统以带宽换取输出信噪比改善并不是无止境的。随着传输带宽的增加(相当于 m_f 加大),输入噪声功率增大,在输入信号功率不变的条件下,输入信噪比下降,当输入信噪比降到一定程度时就会出现门限效应,输出信噪比将急剧恶化。

在空间通信等领域中,对调频接收机的门限效应十分关注,希望在接收到最小信号功率时仍能满意地工作,这就要求门限点向低输入信噪比方向扩展。采用比鉴频器更优越的一些解调方法可以达到改善门限效应的要求,目前用得较多的有锁相环鉴频法和调频负反馈鉴频法。

思考与练习

2-1 何谓调制？调制在通信系统中的作用是什么？

2-2 如何比较两个通信系统的抗噪声性能？

2-3 频率调制和相位调制有什么关系？

2-4 比较调幅系统和调频系统的抗噪声性能。

2-5 已知调制信号 $m(t) = \cos(200\pi t) + \cos(400\pi t)$ 载波为 $\cos 10^4 \pi t$，进行单边带调制，试确定该单边带信号的表达式，并画出频谱图。

2-6 已知某单频调频波的振幅是 10 V，瞬时频率为

$$f(t) = 10^6 + 10^4 \cos 2\pi \times 10^3 t \, (\text{Hz})$$

试求：

（1）此调频波的表达式；

（2）此调频波的频率偏移、调频指数和频带宽度；

（3）若调制信号频率提高到 2×10^3 Hz，则调频波的频偏、调频指数和频带宽度如何变化？

第 ③ 章

→ 数字通信技术

3.1 数字通信概述

数字通信是指用数字信号作为载体来传输信息,或者用数字信号对载波进行数字调制后再传输的通信方式。它的主要技术设备包括发射器、接收器以及传输介质。数字通信系统的通信模式主要包括数字频带传输通信系统、数字基带传输通信系统以及模拟信号数字化传输通信系统三种。

数字信号与传统的模拟信号不同。它是一种无论在时间上还是幅度上都属于离散的负载数据信息的信号。与传统的模拟通信相比其具有以下优势:首先是数字信号有极强的抗干扰能力,由于在信号传输的过程中不可避免地会受到系统外部以及系统内部的噪声干扰,而且噪声会跟随信号的传输而放大,这无疑会干扰到通信质量。但是数字通信系统传输的是离散性的数字信号,虽然在整个过程中也会受到噪声干扰,但只要噪声绝对值在一定的范围内就可以消除噪声干扰。其次是在进行远距离的信号传输时,通信质量依然能够得到有效保证。因为在数字通信系统当中利用再生中继方式,能够消除长距离传输噪声对数字信号的影响,而且再生的数字信号和原来的数字信号一样,可以继续进行传输,这样一来数字通信的质量就不会因为距离的增加而产生很大的影响,所以它也比传统的模拟信号更适合进行高质量的远距离通信。此外数字信号要比模拟信号具有更强的保密性,而且与现代技术相结合的形式非常简便,目前的终端接口都采用数字信号,同时数字通信系统还能够适应各种类型的业务要求,例如电话、电报、图像以及数据传输等等,它的普及应用也方便实现统一的综合业务数字网,便于采用大规模集成电路,便于实现信息传输的保密处理,便于实现计算机通信网的管理等。

要进行数字通信就必须进行模数变换.也就是把信号发射器发出的模拟信号转换为数字信号。基本的方法包括:首先把连续形的模拟信号用相等的时间间隔抽取出模拟信号的样值。然后将这些抽取出来的模拟信号样值转变成最接近的数字值。这些抽取出的样值虽然在时间上进行了离散化处理,但是在幅度上仍然保持着连续性,而量化过程就足将这些样值在幅度上也进行离散化处理。最后把量化过后的模拟信号样值转化为一组二进制数字代码,并最终实现模拟信号数字化地转变,然后将数字信号送人通信网进行传输。在接收端则是一个还原过程,也就是把收到的数字信号变为模拟信号,通过数模变换恢复出原信号。如果信号发射器发出的信号本来就是数字信号,则不用再进行数/模转换,可以直接进入数字网进行传输。

3.1.1 数字通信系统的组成

数字通信系统通常由用户设备、编码和解码、调制和解调、加密和解密、传输和交换设备等组成。发信端来自信源的模拟信号必须先经过信源编码转变成数字信号,并对这些信号进行加密处理,以提高其保密性;为提高抗干扰能力需再经过信道编码,对数字信号进行调制,变成适合于信道传输的已调载波数字信号并送入信道。在收信端,对接收到的已调载波数字信号经解调得到基带数字信号,然后经信道解码、解密处理和信源解码等恢复为原来的模拟信号,送到信宿。

3.1.2 数字通信主要技术概述

数字通信的关键性技术包括编码、调制、解调、解码及过滤等,其中数字信号的调制以及解调是整个系统的核心也是最基本、最重要的技术。现代通信的数字化技术主要表现在以下所述几个方面。

1. 信源的数字量化

单路脉冲编码数字化(PCM)速率是 64 kbit/s;单路连续增量调制数字化(AM)速率是 32 kbit/s;目前流行的自适应差分脉冲编码调制数字化(ADPCM),其单路速率则可以是 64 bit/s、32 bit/s 或 16 bit/s。语音编码技术的发展已可使一个话路从标准的 64 kbit/s 压缩到 16 kbit/s,仍不失良好的话音自然度。

2. 信道的数字编码

当传输速率低于信道容量时,通过某种编译码方法,使误码率任意小(或可检错、纠错)来提高信道传输的可靠性。通常,差错控制方式有前向纠错方式(FECM),反馈重发方式(ARQM),混合纠错方式(HECM)和信息反馈方式(IRQM),一般采用前两种,最好采用第三种。编码规则又有分组码和卷积码之分。译码也有多种多样,有捕错译码、代数译码、大数逻辑译码、维特比译码。目前,最流行的是卷积码,因为它是一类很有前途的差错控制码。译码较为规范的是维特比译码。现在的信道编译码的应用已经不仅仅局限在信息传输过程中差错控制方面,而是扩展到提高信道传输效率上,在限定带宽的信道上争取传输更多数据。典型的技术有数字线路倍增技术和数据分组交换技术。

3. 载波的数字调制

信息数字化后,要通过载波向空间传播,由此载波的数字调制技术也在不断发展。传统的数字调制技术有移频键控(FSK)和移相键控(PSK)。信息传输速率的不断提高,使移相键控(PSK)逐步代替移频键控(FSK),而居于数字调制技术的主导地位。移相键控也从二相移相键控发展到四相移相键控、八相移相键控幅相调制技术。数字调制技术发展的侧重点是在有限的信道带宽内传输尽可能多的信息量。采取的技术措施是压缩信息传输速率,使信息传输速率的 1 B 能够包含更多比特的信息元。例如,二相移相键控的信息传输速率 1 B 对应于 1 bit 信息元,则四相移相键控的信息传输速率 1 B 对应于 3 bit 信息元,而幅相信号对应的信息元则更多。

3.2 脉冲编码调制(PCM)

通过对模拟信号采样,使其成为一系列的离散抽样值,其信号为脉冲幅度调制(PAM)信号,PAM 信号虽然在时间上是离散的,但信号的幅度取值是连续的。因此,PAM 信号仍然

为模拟信号。如果直接将这种脉冲幅度调制信号送到信道中传输,其抗干扰性仍然很差,对
PAM 信号再进一步量化和编码处理使其成为数字信号将大大提高抗干扰性能。

脉冲编码调制(PCM)是用一组二进制代码来代替连续信号的抽样值,它是对模拟信号
的瞬时抽样值量化、编码,以将模拟信号转化为数字信号。若模/数变换的方法采用 PCM,由
此构成的数字通信系统称为 PCM 通信系统。采用基带传输的 PCM 通信系统构成框图如
图 3-1 所示。它由 3 个部分构成,即抽样、量化和编码。

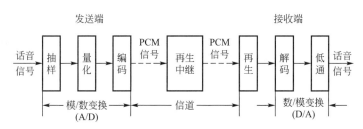

图 3-1　PCM 通信系统模型(基带传输)

3.2.1　抽样定理

1. 抽样的概念

所谓抽样,就是对时间连续的信号隔一定的时间间隔 T 抽取一个瞬时幅度值(样值)。
抽样由抽样门来完成,在抽样脉冲 $S_T(t)$ 的控制下,抽样门闭合或断开,如图 3-2(a)所示。每
当有抽样脉冲时,抽样门开关闭合,输出一个模拟信号的样值;当抽样脉冲幅度为零时,抽样
门开关断开,其输出为零。抽样后所得出的一串在时间上离散的样值称为样值序列或样值
信号,亦称为脉冲幅度调制(PAM)信号,由于幅度取值仍然是连续的,它仍然是模拟信号。
图 3-2(b)所示为模拟信号,图 3-2(c)所示为抽样脉冲序列,图 3-2(d)所示为样值序列。
图 3-2 所示的抽样为自然抽样,其抽样脉冲有一定的宽度,样值也就有一定的宽度,且样值
的顶部随模拟信号的幅度变化,实际系统中采用的是自然抽样。为了了解在什么条件下,接
收端能从解码后的样值序列中恢复出原始模拟信号,有必要分析样值序列的频谱。为了分
析方便,要借助于理想抽样分析。采用理想的单位冲激脉冲序列作为抽样脉冲(即用冲激脉
冲近似表示有一定宽度的抽样脉冲)时,称为理想抽样。

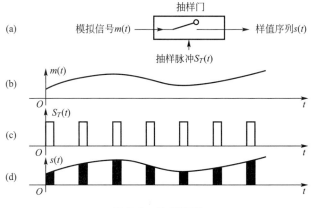

图 3-2　抽样过程

2. 理想抽样的频谱

设抽样脉冲 $S_T(t)$ 是单位冲激脉冲序列, 抽样值是模拟信号 $m(t)$ 在抽样时刻 nT 的值 $m(nT)$, 如图 3-2(a) 所示。现分析理想抽样时的样值序列 $s(t)$ 的频谱 $S(\omega)$ 与原始模拟信号 $m(t)$ 的频谱 $M(\omega)$ 之间的关系。单位冲激脉冲序列 $S_T(t)$ 可表示如下:

$$S_T(t) = \sum_{n=-\infty}^{+\infty} \delta(t - nT)$$

式中, T 为抽样周期。由于 $S_T(t)$ 是周期函数, 因此也可用傅里叶级数表示:

$$S_T(t) = \sum_{n=-\infty}^{+\infty} A_n e^{jn\omega_s t}$$

其中, $\omega_s = 2\pi f_s$, $f_s = \dfrac{1}{T}$, 即 f_s 为抽样频率, A_n 为傅里叶级数, 可以由 $S_T(t)$ 求出

$$A_n = \frac{1}{T} \int_{-\frac{T}{2}}^{\frac{T}{2}} S_T(t) e^{-jn\omega_s t} \mathrm{d}t$$

在 $\left[-\dfrac{T}{2}, \dfrac{T}{2}\right]$ 内, $S_T(t) = \delta(t)$, 故

$$A_n = \frac{1}{T} \int_{-\frac{T}{2}}^{\frac{T}{2}} \delta(t) e^{-jn\omega_s t} \mathrm{d}t = \frac{1}{T}$$

因此得
$$S_T(t) = \frac{1}{T} \sum_{n=-\infty}^{+\infty} e^{jn\omega_s t}$$

由于 $s(t) = m(t) S_T(t)$ 的关系, 可得

$$S(\omega) = \frac{1}{2\pi} [S_T(\omega) * M(\omega)] = \frac{1}{2\pi} \int_{-\infty}^{+\infty} S_T(\lambda) M(\omega - \lambda) \mathrm{d}\lambda$$

而

$$S_T(\omega) = \int_{-\infty}^{+\infty} \left[\frac{1}{T} \sum_{n=-\infty}^{+\infty} e^{jn\omega_s t} \right] e^{-j\omega t} \mathrm{d}t = \frac{1}{T} \sum_{n=-\infty}^{+\infty} \int_{-\infty}^{+\infty} e^{-j(\omega - n\omega_s t)} \mathrm{d}t$$

所以
$$S_T(\omega) = \frac{1}{T} \sum_{n=-\infty}^{+\infty} 2\pi \delta(\omega - n\omega_s) = \frac{2\pi}{T} \sum_{n=-\infty}^{+\infty} \delta(\omega - n\omega_s)$$

$$= \omega_s \sum_{n=-\infty}^{+\infty} \delta(\omega - n\omega_s)$$

上式表明, 周期为 T 的单位冲击序列的频谱也是冲击脉冲序列, 其强度增大至原来的 ω_s 倍, 频率周期为 ω_s。将上式带入后。得

$$S(\omega) = \frac{1}{2\pi} \int_{-\infty}^{+\infty} \sum_{n=-\infty}^{+\infty} \delta(\lambda - n\omega_s) M(\omega - \lambda) \omega_s \mathrm{d}\lambda$$

$$= \frac{1}{T} \sum_{n=-\infty}^{+\infty} \int_{-\infty}^{+\infty} M(\omega - \lambda) \delta(\lambda - n\omega_s) \mathrm{d}\lambda$$

所以

$$S(\omega) = \frac{1}{T} \sum_{n=-\infty}^{+\infty} M(\omega - n\omega_s) \qquad (3.2\text{-}1)$$

上式表示, 样值序列的频谱是原模拟信号频谱的周期延拓, 延拓周期为 ω_s。或者说, 抽样后的样值序列频谱 $S(\omega)$ 是由无限多个分布在 ω_s 各次谐波左右的上下边带所组成, 而其中位于 $n=0$ 处的频谱就是抽样前的信号频谱 $M(\omega)$ 本身(只差一个系数 $1/T$), 如图 3-3 所示。

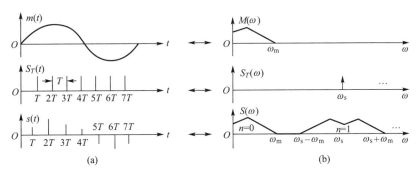

图 3-3　理想抽样信号及其频谱

设模拟信号是有限频带宽度的信号,在时域对信号进行抽样,则样值序列中含有原始模拟信号的信息,因此对模拟信号进行抽样处理是可行的。抽样处理后不仅便于量化、编码,同时对模拟信号进行了时域压缩,为时分复用创造条件。在接收端为了能恢复原始模拟信号,要求各次谐波频谱间不发生重叠,才能通过滤波器滤出原始模拟信号的频谱,恢复出原始模拟信号。

由式 3-1 容易看出,对频带为 $0\sim f_m$($\omega_m=2\pi f_m$)的模拟信号抽样,其抽样频率 f_s 必须满足条件,即一个频带限制在 f_m 以下的连续信号,可以唯一地用时间每隔 $T<1/(2f_m)$ 的抽样值序列来确定。这就是著名的奈奎斯特抽样定理。也就是说,对带限连续信号进行时间离散化处理时,抽样频率必须大于或等于连续信号最高频率的两倍,才能由抽样序列无失真地恢复出原连续信号。

设原始模拟信号的频带限制在 $0\sim f_m$(f_m 为模拟信号的最高频率),由图 3-4 可知,在接收端,只要用一个低通滤波器把原始模拟信号频谱(频带为 $0\sim f_m$)滤出,就可获得原始模拟信号的重建(即滤出图 3-2 中 $n=0$ 的成分)。但要获得模拟信号的重建,从图 3-4(b)可知,必须各次频谱之间有一定宽度的防卫带。否则,f_s 的下边带将与原始模拟信号的频带发生重叠而产生失真,见图 3-4(c)。这种失真所产生的噪声称为折叠噪声。

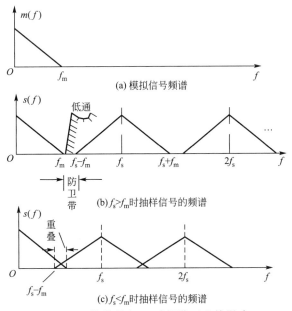

图 3-4　抽样频率 f_s 对频谱 $s(f)$ 的影响

抽样定理指出,由样值序列无失真恢复原信号的条件是 $f_s \geqslant 2f_m$,为了满足抽样定理,要求模拟信号的频谱限制在 $0 \sim f_m$ 以内。为此,在抽样之前,先设置一个前置低通滤波器,将模拟信号带宽限制在 f_m 以下,如果前置低通滤波器特性不良或者抽样频率过低都会产生折叠噪声。因此折叠噪声是与输入信号的频谱分布、滤波器特性以及抽样频率有密切关系的。

例如,话音信号的最高频率限制在 3 400 Hz,这时满足抽样定理的最低的抽样频率应为 $f_s = 6\ 800$ Hz,为了留有一定的防卫带,CCITT 规定话音信号的抽样频率为 $f_s = 8\ 000$ Hz,这样就留出了 8 000 Hz $-$ 6 800 Hz $=$ 1 200 Hz 作为滤波器的防卫带。应当指出,抽样频率 f_s 不是越高越好,f_s 太高时,将会降低信道的利用率,因为随 f_s 的升高,数据传输速率 R_b 也增大,则数字信号带宽变宽,导致信道利用率降低。所以只要能满足 $f_s \geqslant 2f_m$,并有一定频宽的防卫带即可。

以上讨论的抽样定理实际是对低通型信号的情况而言的。设模拟信号的频率范围为 $f_0 \sim f_m$,带宽 $B = f_m - f_0$,如果 $f_0 < B$,称之为低通型信号,例如,话音信号是低通型信号,若 $f_0 > B$,则称之为带通型信号。例如,载波 12 路群信号(频率范围为 60~108 kHz)、载波 60 路群信号(频率范围为 312~552 kHz)等属于带通型信号。

3. 带通信号的抽样

对于低通型信号来讲,应满足 $f_s \geqslant 2f_m$ 的条件。而对于带通型信号,如果仍按 $f_s \geqslant 2f_m$ 抽样,虽然仍能满足样值频谱不产生重叠的要求,但这样选择抽样频率 f_s 时,f_s 太高了(因为带通型信号的 f_m 高),将降低信道频带的利用率,这是不可取的。那么 f_s 怎样选取呢?

如某带通型信号的频带为 $f_0 \sim f_m$,$B = f_0 - f_m$,$f_0 > B$。若选取 $f_s = 2f_m$,则样值序列的频谱不会发生重叠现象,如图 3-5(a) 所示。但在频谱中从 $0 \sim f_0$ 频带有一段空隙,没有被充分利用,这样信道利用率不高。为了提高信道利用率,当 $f_0 \geqslant B$ 时,可将 n 次下边带($nf_s - f_m$,$nf_s - f_0$)移到 $0 \sim f_0$ 频段的空隙内,这样既不会发生重叠现象,又能降低抽样频率,从而减少了信道的传输频带。图 3-5(b) 给出了 $f_0 = 12.5$ kHz,$f_m = 17.5$ kHz,$B = 5$ kHz,采样频率 $f_m = 12$ kHz 时的频谱搬移示意图。

为了不发生频带重叠,抽样频率 f_s 应满足下列条件[见图 3-5(c)]。

条件 1:$nf_s - f_0 \leqslant f_0$,即 $f_{s上限} \leqslant \dfrac{2f_0}{n}$

条件 2:$(n+1)f_s - f_m \geqslant f_m$,即 $f_{s下限} \geqslant \dfrac{2f_m}{n+1}$

故
$$\frac{2f_m}{n+1} \leqslant f_s \leqslant \frac{2f_0}{n} \qquad nB \leqslant f_0 \leqslant (n+1)B$$

式中,n 为 $\dfrac{f_0}{B}$ 的整数部分,即

$$n = \left[\frac{f_0}{B}\right]$$

如要求原始信号频带与其相邻的频带间隔相等,应满足如下要求:

$$f_0 - (nf_s - f_0) = [(n+1)f_s - f_m] - f_m$$

即
$$2f_0 - nf_s = (n+1)f_s - 2f_m$$

$$f_s = \frac{2}{2n+1}(f_0 + f_m)$$

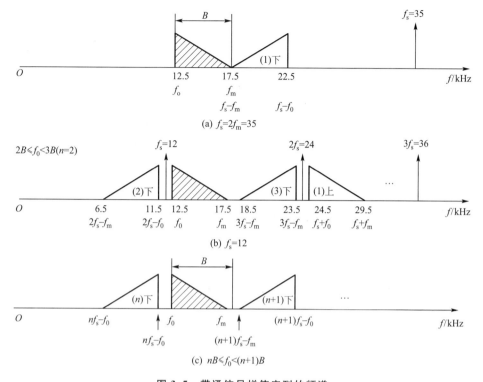

图 3-5 带通信号样值序列的频谱

3.2.2 量化

抽样后的脉幅调制信号的幅度仍随原信号改变,因此还是模拟信号。由于模拟信号的幅度是连续变化的,在一定范围内可取任意值,而用有限位数字的数字信号不可能精确地描述它。实际上并没有必要十分精确地描述它,因为信号在传送过程中必然会引入噪声,这将会掩盖信号的细微变化,而且接收信息的最终器官,如耳朵(对声音而言)和眼睛(对图像而言)区分信号细微差别的能力是有限的。由于数字量不可能也没有必要精确反映原信号的一切可能的幅度值,因此将 PAM 信号转换成 PCM 信号之前,可对信号样值幅度分层,将一定范围内变化的无限个值,用不连续变化的有限个值来代替,这个过程称为量化。量化的意思是将幅度连续的样值序列变换为幅度离散的样值序列信号,即量化值。

量化的物理过程可通过图 3-6 所示的例子加以说明,其中,$m(t)$ 是模拟信号;抽样速率为 $f_s = 1/T_s$,kT_s 时刻的抽样值为 $m(kT_s)$;将样值幅度区间划分为 M 个子区间,m_i 为第 i 个子区间的终点电平(分层电平),每个幅度子区间的范围是 $\Delta i = m_i - m_{i-1}$,称为量化间隔;M 个子区间对应 M 个量化电平 $q_1 \sim q_M$,$m_q(t)$ 表示量化信号;那么,量化就是将抽样值 $m(kT_s)$ 转换为 M 个量化电平 $q_1 \sim q_M$ 之一:

$$m_q(kT_s) = q_i \quad m_i \leqslant m(kT_s) \leqslant m_{i+1}$$

例如,图 3-6 中,$t = 6T_s$ 时的抽样值 $m(6T_s)$ 在 m_5、m_6 之间,此时按规定量化值为 q_6。量化器输出是图 3-6 中的阶梯波形 $m_q(t)$,其中

$$m_q(t) = m(kT_s) \quad kT_s \leqslant t \leqslant (k+1)T_s$$

注意:此时 $m_q(t)$ 为时间连续但幅度离散的信号。

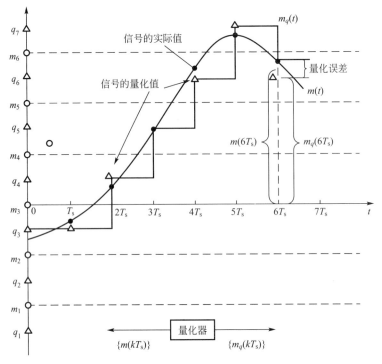

图 3-6 量化的物理过程

从上面结果可以看出,量化后的信号 $m_q(t)$ 是对原来信号 $m(t)$ 的近似,当抽样速率一定,量化级数目(量化电平数)增加并且量化电平选择适当时,可以使 $m_q(t)$ 与 $m(t)$ 的近似程度提高。$m_q(t)$ 与 $m(t)$ 之间的误差称为量化误差,用 $n(t)$ 表示,则 $n(t)=m_q(t)-m(t)$。

对于语音、图像等随机信号,量化误差也是随机的,它像噪声一样影响通信质量,因此又称为量化噪声,通常用均方误差来度量。为方便起见,假设 $m(t)$ 是均值为零,概率密度为 $f(x)$ 的平稳随机过程,并用简化符号 m 表示 $m(kT_s)$,m_q 表示 $m_q(kT_s)$,则量化噪声的均方误差(即平均功率)为

$$N_q = E\left[(m-m_q)\right]^2 = \int_{-\infty}^{+\infty} (x-m_q)^2 f(x)\mathrm{d}x \qquad (3.2\text{-}2)$$

若把积分区间分割成 M 个量化间隔,则上式可表示成

$$N_q = \sum_{i=1}^{M} \int_{m_{i-1}}^{m} (x-q_i)^2 f(x)\mathrm{d}x$$

这是不过载时(样值信号幅度在量化区间内)求量化误差的基本公式。在给定信息源统计特性的情况下,$f(x)$ 是已知的。因此,量化误差的平均功率与量化间隔的分割有关,如何使量化误差的平均功率最小或符合一定规律,是量化器理论所要研究的问题。

图 3-6 中,量化间隔是均匀的,这种量化称为均匀量化。还有一种是量化间隔不均匀的非均匀量化。非均匀量化克服了均匀量化的缺点,是语音信号实际应用的量化方式,下面分别加以讨论。

1. 均匀量化

均匀量化时全部量化子区间的量化间隔相等。通常每个量化区间的量化电平均取在各

区间的中点,图 3-6 即为均匀量化的例子。其量化间隔 Δi 取决于输入信号的变化范围和量化电平数。若设输入信号的最小值和最大值分别用 a 和 b 表示,量化电平数为 M,则均匀量化时的量化间隔为

$$\Delta i = \Delta = \frac{b-a}{M}$$

量化器输出为 $\qquad\qquad m_q = q_i \quad m_{i-1} \leqslant m \leqslant m_i$

式中,m_i 是第 i 个量化区间的终点(也称为分层电平),可写成

$$m_i = a + i\Delta$$

q_i 是第 i 个量化区间的量化电平,可表示为

$$q_i = \frac{m_i + m_{i-1}}{2}, \quad i = 1, 2, \cdots, M$$

　　量化器的输入与输出关系如图 3-7(a)所示,当输入样值 m 在量化区间 $m_{i-1} \leqslant m \leqslant m_i$ 内时,量化电平 $m_q = q_i$ 是该区间的中点值。而相应的量化误差 $e_q = m - m_q$ 与输入信号幅度 m 之间的关系曲线如图 3-7(b)所示。对于不同的输入范围,误差显示出两种不同的特性,量化范围(量化区)内,量化误差的绝对值 $e_q \leqslant \Delta/2$;当信号幅度超出量化范围,量化值 m_q 保持不变,$|e_q| > \Delta/2$,此时称为过载或饱和。过载区的误差特性是线性增长的,因而过载误差对重建信号有很坏的影响。在设计量化器时,应考虑输入信号的幅度范围,使信号幅度不进入过载区,或者只能以极小的概率进入过载区。

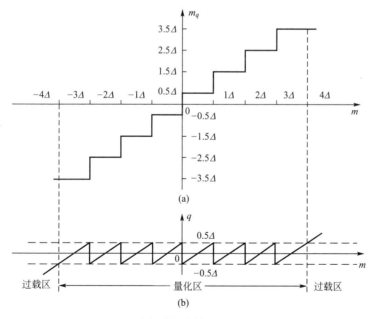

图 3-7　均匀量化特性及量化误差曲线

　　上述的量化误差 $e_q = m - m_q$,通常称为绝对量化误差,它在每一量化间隔内的最大值均为 $\Delta/2$。在衡量量化器性能时,单看绝对误差的大小是不够的,因为信号有大有小,同样大的噪声对大信号的影响可能不算什么,但对小信号而言有可能造成严重的后果,因此在衡量系统性能时应看噪声与信号的相对大小,可把绝对量化误差与信号之比称为相对量化误差。相对量化误差的大小反映了量化器的性能,通常用量化信噪比 S/N_q 来衡量,它被定义为信号功率与量化噪声功率之比,即

$$\frac{S}{N_q} = \frac{E(m^2)}{E[(m-m_q)^2]} \tag{3.2-3}$$

式中，E 表示求统计平均；S 为信号功率；N_q 为量化噪声功率。显然，S/N_q 越大，量化性能越好。下面来分析均匀量化时的量化信噪比。

设输入的模拟信号 $m(t)$ 是均值为零，概率密度为 $f(x)$ 的平稳随机过程，$m(t)$ 的取值范围为 (a, b)，且设不会出现过载量化，则由式(3.2-2)可得量化噪声功率 N_q：

$$N_q = E[(m-m_q)^2] = \int_a^b (x-m_q)^2 f(x) \mathrm{d}x$$

$$= \sum_{i=1}^M \int_{m_{i-1}}^m (x-q_i) f(x) \mathrm{d}x$$

式中，$m_i = a + i\Delta \quad q_i = a + i\Delta - \dfrac{\Delta}{2}$。

一般来说，量化电平数 M 很大，量化间隔 Δ 很小，因而可认为 $f(x)$ 在 Δ 内不变，以 p_i 表示第 i 个量化间隔的概率密度，且假设各层之间量化噪声相互独立，则 N_q 表示为

$$N_q = \sum_{i=1}^M \int_{m_{i-1}}^{m_i} (x-q_i)^2 \mathrm{d}x = \frac{\Delta^2}{12} \sum_{i=1}^M p_i \Delta = \frac{\Delta^2}{12} \tag{3.2-4}$$

因假设不出现过载现象，且输入信号在第 i 个量化间隔的概率为 p_i，所以式(3.2-4)中 $\sum\limits_{i=1}^M p_i \Delta = 1$。由式(3.2-4)可知，均匀量化器不过载量化噪声功率 N_q 仅与 Δ 有关，而与信号的统计特性无关，一旦量化间隔 Δ 给定，无论抽样值大小，均匀量化噪声功率 N_q 都是相同的。按照上面给定的条件，信号功率为

$$S = E[(m)^2] = \int_a^b x^2 f(x) \mathrm{d}x \tag{3.2-5}$$

若给出信号特性和量化特性，便可求出量化信噪比 S/N_q。

均匀量化器广泛应用于线性 A/D 变换接口，在遥测遥控系统、仪表、图像信号的数字化接口中，均匀量化器得到了广泛的应用。但均匀量化有一个明显的不足：量化信噪比随信号电平的减小而下降。产生这一现象的原因是均匀量化的量化间隔为固定值，量化电平分布均匀，因而无论信号大小，量化噪声功率固定不变，这样，小信号的量化信噪比就不能达到要求。对于语音信号，信号幅度范围较大，并且出现小幅值的概率大，出现大幅值的概率小，如果采用均匀量化器，则要求非常高的量化精度，否则量化信噪比就难以达到给定的要求。如果采用高精度量化器，量化级数高（量化区间多，量化间隔小），量化器输出的数据量大，进行数据通信时，要求较高的数据传输速率或占用较宽的信道带宽。通常，把满足信噪比要求的输入信号的取值范围定义为动态范围。因此，均匀量化时输入信号的动态范围将受到较大地限制。为了克服均匀量化的缺点，实际中往往采用非均匀量化。

2. 非均匀量化

非均匀量化是一种在整个信号幅度范围内量化间隔不相等的量化方法。根据输入信号的概率密度函数来分布量化电平，以改善量化性能。由均方误差式(3.2-2)，在 $f(x)$ 大的地方，设法降低量化噪声 $(m-m_q)^2$，也就是减小量化间隔，从而降低均方误差，提高信噪比。由于语音信号大部分能量分布在小幅值区域，因而在商业电话中，常采用的非均匀量化器为对数量化器，该量化器在出现频率高的低幅度语音信号处，运用较小的量化间隔，而在不经常

出现的高幅度语音信号处,运用较大的量化间隔。

实现非均匀量化的方法之一是先把输入量化器的信号 x 进行压缩处理,再把压缩的信号 y 进行均匀量化。所谓压缩器就是一个非线性变换电路,微弱的信号被放大,强的信号被压缩。压缩器的输入/输出关系表示为 $y=f(x)$。接收端采用一个与压缩特性相反的扩张器来恢复 $x=f^{-1}(x)$。图 3-8 画出了压缩与扩张特性的示意图。由图 3-8(a)看出,x 轴上 $[0,0.5]$ 区间,y 轴上为 $[0,1]$;x 轴上 $[0.5,1]$ 区间,y 轴上为 $[1,2]$,因此 x 轴上区域变换到 y 轴上后被扩张为原区域的两倍,而 x 轴上 $[2,4]$ 区间变换到 y 轴上为 $[3,4]$,区间大小被压缩为原来的 1/2。这样小信号区域被放大,大信号区域被压缩,从而实现了小信号区域有小的量化间隔,大信号区域有大的量化间隔。接收端采用一个与压缩特性相反的扩张器来恢复,如图 3-8(b)所示。

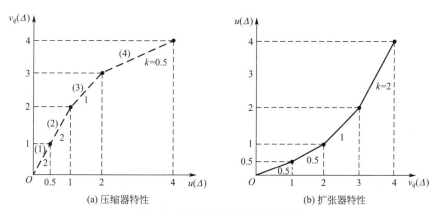

图 3-8　压缩器、扩张器特性曲线

广泛采用的两种对数压扩特性是 μ 律压扩和 A 律压扩。美国采用 μ 律压扩,我国和欧洲各国均采用 A 律压扩,下面分别讨论这两种压扩的原理。

(1) μ 律压扩特性

$$y=\frac{\ln(1+\mu x)}{\ln(1+\mu)}　0\leqslant x\leqslant 1 \tag{3.2-6}$$

式中:x 为归一化输入;y 为归一化输出。归一化是指信号电压与信号最大电压之比,所以归一化的最大值为 1。μ 为压扩参数,表示压扩程度。不同 μ 值压缩特性如图 3-9(a)所示。由图可见,$\mu=0$ 时,压缩特性是一条通过原点的直线,故没有压缩效果,小信号性能得不到改善;μ 值越大压缩效果越明显,一般当 $\mu=100$ 时,压缩效果就比较理想了。在国际标准中取 $\mu=255$。另外,需要指出的是,μ 律压缩特性曲线是以原点奇对称的,图 3-9 中只画出了正向部分。

(2) A 律压扩特性

$$y=\begin{cases}\dfrac{Ax}{1+\ln A}, & 0\leqslant x\leqslant\dfrac{1}{A} \\[3mm] \dfrac{1+\ln Ax}{1+\ln A}, & \dfrac{1}{A}\leqslant x\leqslant 1\end{cases} \tag{3.2-7}$$

A 为压扩参数,$A=1$ 时无压缩,A 值越大压缩效果越明显,国际标准取值 $A=87.6$。A 律压缩特性如图 3-9(b)所示。

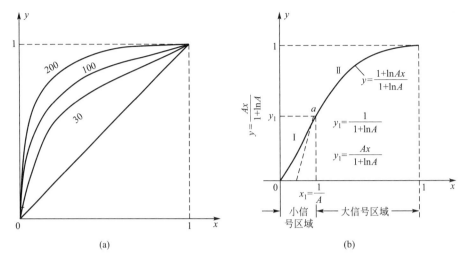

图 3-9 对数压缩特性

早期的 A 律和 μ 律压扩特性是用非线性模拟电路获得的。由于对数压扩特性是连续曲线，且随压扩参数而不同，在电路上实现这样的函数规律是相当复杂的，因而精度和稳定度都受到限制。随着数字电路，特别是大规模集成电路的发展，另一种压扩技术——数字压扩，日益获得广泛的应用。它是利用数字电路形成许多折线来逼近对数压扩特性。在实际中常采用的方法有两种，一种是采用 13 折线近似 A 律压缩特性，另一种是采用 15 折线近似 μ 律压缩特性。A 律 13 折线主要用于英、法、德等欧洲各国的 PCM30/32 路基群中，我国的 PCM30/32 路基群也采用 A 律 13 折线压缩特性。μ 律 15 折线主要用于美国、加拿大和日本等国的 PCM24 路基群中。CCITT 建议 G. 711 规定上述两种折线近似压缩律为国际标准，且在国际上数字系统相互连接时，要以 A 律标准。因此这里重点介绍 A 律 13 折线。A 律 13 折线的产生是从不均匀量化的基点出发，设法用 13 段折线逼近 $A=87.6$ 的 A 律压缩特性。具体方法是把输入 x 轴和输出 y 轴用两种不同的方法划分，对 x 轴在 $0\sim1$（归一化）范围内不均匀分成 8 段，分段的规律是每次以 $1/2$ 对分。第一次在 0 到 1 之间的 $1/2$ 处对分；第二次在 0 到 $1/2$ 之间的 $1/4$ 处对分；第三次在 0 到 $1/4$ 之间的 $1/8$ 处对分；其余类推。对 y 轴在 $0\sim1$（归一化）范围内采用等分法，均匀分成 8 段，每段间隔均为 $1/8$。然后把 x,y 各对应段的交点连接起来构成 8 条线段，得到图 3-10 所示的折线压扩特性。其中第 1、2 段斜率相同（均为 16），因此可视为一条直线段，故实际上只有 7 根斜率不同的折线。

以上分析的是正方向，由于语音信号是双极性信号，因此在负方向也有与正方向对称的一组折线，也是 7 根，其中靠近零点的 1、2 段斜率也都等于 16，与正方向的第 1、2 段斜率相同，又可以合并为一根。因此，正、负双向共有 $2\times(8-1)-1=13$ 折，故称其为 13 折线。但在定量计算时，仍以正、负各有 8 段为准。表 3-1 列出了 $A=87.6$ 的 A 律特性与 A 律 13 折线的特性对比。$A=87.6$ 的 A 律特性与 A 律 13 折线特性具有很好的近似。在段落 1，2，3，4，5 中，斜率大于 1，各个段落区间得到了不同程度的扩张，斜率越大，扩张程度越高；在段落 7、8 中，斜率小于 1，各个段落区间得到了不同程度的压缩，斜率越小，压缩程度越高。A 律 13 折线中，8 个段落量化分界点按 2 的幂次递减分割，有利于数字化实现。

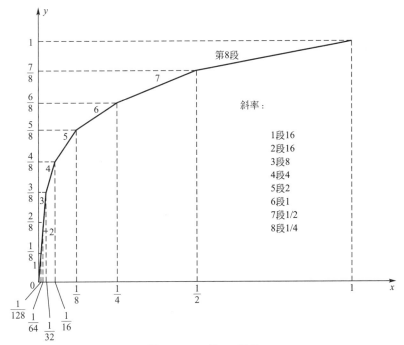

图 3-10　A 律 13 折线

表 3-1　$A=87.6$ 与 13 折线压缩特性的比较

y	0	$\frac{1}{8}$	$\frac{2}{8}$	$\frac{3}{8}$	$\frac{4}{8}$	$\frac{5}{8}$	$\frac{6}{8}$	$\frac{7}{8}$	1	
x	0	$\frac{1}{128}$	$\frac{1}{60.6}$	$\frac{1}{30.6}$	$\frac{1}{15.4}$	$\frac{1}{7.79}$	$\frac{1}{3.93}$	$\frac{1}{1.98}$	1	
折线分段时的 x	0	$\frac{1}{128}$	$\frac{1}{64}$	$\frac{1}{32}$	$\frac{1}{16}$	$\frac{1}{8}$	$\frac{1}{4}$	$\frac{1}{2}$	1	
段落	1		2	3	4	5	6	7	8	
斜率	16		16	8	4	2	1	1/2	1/4	

3.2.3　编码和译码

把量化后的信号电平值变换成二进制码组的过程称为编码,其逆过程称为解码或译码。模拟信息源输出的模拟信号 $m(t)$ 经抽样和量化后得到的输出脉冲序列是一个 M 进制(一般常用 128 或 256)的多电平数字信号,如果直接传输的话,抗噪声性能很差,因此还要经过编码器转换成二进制数字信号(PCM 信号)后,再经数字信道传输。在接收端,二进制码组经过译码器还原为 M 进制的量化信号,再经低通滤波器恢复原模拟基带信号 $m(t)$,完成这一系列过程的系统就是前面图 3-1 所示的脉冲编码调制(PCM)系统。其中,量化与编码的组合称为模/数变换器(A/D 变换器);译码与低通滤波的组合称为数/模变换器(D/A 变换器)。下面主要介绍二进制码及编、译码器的工作原理。

1. 码字和码型

二进制码具有抗干扰能力强,易于产生等优点,因此 PCM 中一般采用二进制码。对于

M 个量化电平,可以用 N 位二进制码来表示,其中的每一个码组称为一个码字。为保证通信质量,目前国际上多采用 8 位编码的 PCM 系统。

码型指的是代码的编码规律,其含义是把量化后的所有量化级,按其量化电平的大小次序排列起来,并列出各对应的码字,这种对应关系的整体就称为码型。在 PCM 中常用的二进制码型有 3 种,自然二进码、折叠二进码和格雷二进码(反射二进码)。表 3-2 列出了用 4 位码表示 16 个量化级时的这 3 种码型。

自然二进码就是一般的十进制正整数的二进制表示,编码简单、易记,而且译码可以逐比特独立进行。若把自然二进码从低位到高位依次给以 2 倍的加权,就可变换为十进制数。

如设二进码为

$$(a_{n-1}, a_{n-2}, \cdots, a_2, a_1, a_0)$$

则
$$D = a_{n-1}2^{n-1} + a_{n-2}2^{n-2} + \cdots + a_1 2^1 + a_0 2^0$$

D 便是其对应的十进制数(表示量化电平值)。这种"可加性"可简化译码器的结构。

折叠二进码是一种符号幅度码。左边第一位表示信号的极性,信号为正用 1 表示,信号为负用"0"表示,第二位至最后一位表示信号的幅度。由于正、负绝对值相同时,折叠码的上半部分与下半部分相对零电平对称折叠,故名折叠码。其幅度码从小到大按自然二进码规则编码。与自然二进码相比,折叠二进码的一个优点是,对于语音这样的双极性信号,只要绝对值相同,则可以采用单极性编码的方法,使编码过程大大简化。另一个优点是,在传输过程中出现误码,对小信号影响较小。例如,由大信号的 1111 误为 0111,从表 3-2 可见,自然二进码 15 误为 7,误差为 8 个量化级,而对于折叠二进码,误差为 15 个量化级。显见,大信号时误码对折叠二进码影响很大。如果误码发生在由小信号的 1000 误为 0000,这时情况就大不相同了,对于自然二进码误差还是 8 个量化级,而对于折叠二进码误差却只有 1 个量化级。这一特性是十分可贵的,因为语音信号小幅度出现的概率比大幅度的大,所以,着眼点放在小信号的传输效果。

表 3-2 常用二进制码

样值脉冲极性	格雷二进码				自然二进码				折叠二进码				量化级序号
	1	0	0	0	1	1	1	1	1	1	1	1	15
	1	0	0	1	1	1	1	0	1	1	1	0	14
	1	0	1	1	1	1	0	1	1	1	0	1	13
	1	0	1	0	1	1	0	0	1	1	0	0	12
正极性部分	1	1	1	0	1	0	1	1	1	0	1	1	11
	1	1	1	1	1	0	1	0	1	0	1	0	10
	1	1	0	1	1	0	0	1	1	0	0	1	9
	1	1	0	0	1	0	0	0	1	0	0	0	8
	0	1	0	0	0	1	1	1	0	0	0	0	7
	0	1	0	1	0	1	1	0	0	0	0	1	6
	0	1	1	1	0	1	0	1	0	0	1	0	5
负极性部分	0	1	1	0	0	1	0	0	0	0	1	1	4
	0	0	1	0	0	0	1	1	0	1	0	0	3
	0	0	1	1	0	0	1	0	0	1	0	1	2
	0	0	0	1	0	0	0	1	0	1	1	0	1
	0	0	0	0	0	0	0	0	0	1	1	1	0

格雷二进码的特点是任何相邻电平的码组,只有一位码位发生变化,即相邻码字的距离恒为 1。译码时,若传输或判决有误,量化电平的误差小。另外,这种码除极性码外,当正、负极性信号的绝对值相等时,其幅度码相同,故又称反射二进码。但这种码不是"可加的",不能逐比特独立进行,需先转换为自然二进码后再译码。因此,这种码在采用编码管进行编码时才用,在采用电路进行编码时,一般均用折叠二进码和自然二进码。

通过以上 3 种码型的比较,在 PCM 通信编码中,折叠二进码比自然二进码和格雷二进码优越,它是 A 律 13 折线 PCM30/32 路基群设备中所采用的码型。

2. 码位数的选择与安排

至于码位数的选择,它不仅关系到通信质量的好坏,而且还涉及设备的复杂程度。码位数的多少,决定了量化分层的多少,反之,若信号量化分层数一定,则编码位数也被确定。在信号变化范围一定时,用的码位数越多,量化分层越细,量化误差就越小,通信质量当然就更好。但码位数越多,设备越复杂,同时还会使总的传码率增加,传输带宽加大。一般从话音信号的可懂度来说,采用 3～4 位非线性编码即可,若增至 7～8 位时,通信质量就比较理想了。

在 13 折线编码中,普遍采用 8 位二进制码,对应有 $M=2^8=256$ 个量化级,即正、负输入幅度范围内各有 128 个量化级。这需要将 13 折线中的每个折线段再均匀划分 16 个量化级,由于每个段落长度不均匀,因此正或负各 8 个段落被划分成 $8\times16=128$ 个不均匀的量化级。按折叠二进码的码型,这 8 位码的安排如下:

极性码　　　　段落码　　　　　段内码

C_1　　　　$C_2C_3C_4$　　　　$C_5C_6C_7C_8$

第 1 位码 C_1 的数 1 或 0 分别表示信号的正、负极性,称为极性码。对于正、负对称的双极性信号,在极性判决后被整流(相当于取绝对值),以后则按信号的绝对值进行编码,因此只要考虑 13 折线中的正方向的 8 段折线就行了。这 8 段折线共包含 128 个量化级,正好用剩下的 7 位幅度码 $C_2C_3C_4C_5C_6C_7C_8$ 表示。第 2 至第 4 位码 $C_2C_3C_4$ 为段落码,表示信号绝对值处在哪个段落,3 位码的 8 种可能状态分别代表 8 个段落的起点电平。但应注意,段落码的每一位不表示固定的电平,只是用它们的不同排列码组表示各段的起始电平。段落码和 8 个段落之间的关系如表 3-3 和图 3-11 所示。

第 5 至第 8 位码 $C_5C_6C_7C_8$ 为段内码,这 4 位码 16 种可能状态用来分别代表每一段落内的 16 个均匀划分的量化级。段内码与 16 个量化级之间的关系如表 3-4 所示。

表 3-3　段落码

段落序号	段落码			段落序号	段落码		
	C_1	C_2	C_3		C_1	C_2	C_3
8	1	1	1	4	0	1	1
7	1	1	0	3	0	1	0
6	1	0	1	2	0	0	1
5	1	0	0	1	0	0	0

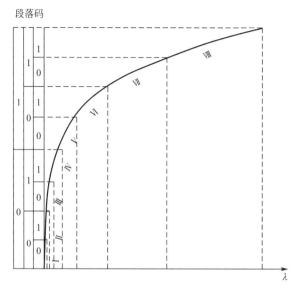

图 3-11　段落码与各段的关系

表 3-4　段内码

电平序号	段内码				电平序号	段内码			
	C_5	C_6	C_7	C_8		C_5	C_6	C_7	C_8
15	1	1	1	1	7	0	1	1	1
14	1	1	1	0	6	0	1	1	0
13	1	1	0	1	5	0	1	0	1
12	1	1	0	0	4	0	1	0	0
11	1	0	1	1	3	0	0	1	1
10	1	0	1	0	2	0	0	1	0
9	1	0	0	1	1	0	0	0	1
8	1	0	0	0	0	0	0	0	0

　　注意,在 13 折线编码方法中,虽然各段内的 16 个量化级是均匀的,但因段落长度不等,故不同段落间的量化级是非均匀的。小信号时,段落短,量化间隔小;反之,量化间隔大。13 折线中的第一、二段最短,只有归一化的 1/128,再将它等分 16 小段,每一小段长度为

$$\frac{1}{128} \times \frac{1}{16} = \frac{1}{2\,048}$$

这是最小的量化级间隔,它仅有输入信号归一化值的 1/2 048,记为 Δ,代表一个量化单位。第 8 段最长,它是归一化值的 1/2,将它等分 16 小段后,每一小段归一化长度为 1/32,包含 64 个最小量化间隔,记为 64Δ。如果以非均匀量化时的最小量化间隔 $\Delta = 1/2\,048$ 作为输入 x 轴的单位,那么 x 轴上各段的起点电平分别是 0,16,32,64,128,256,512,1 024 个量化单位。表 3-5 列出了 A 律 13 折线每一量化段的起始电平 I_i、量化间隔 Δ_i 及各位幅度码的权值(对应电平)。

表 3-5　13 折线幅度码及其对应电平

量化段序号 $i=1\sim8$	电平范围 （Δ）	段落码 $C_1C_2C_3$			段落起始电平 $In(Δ)$	量化间隔 $Δ_i(Δ)$	段内码对应权值/Δ $C_5C_6C_7C_8$			
8	1 024～2 048	1	1	1	1 024	64	512	256	128	64
7	512～1 024	1	1	0	512	32	256	128	64	32
6	256～512	1	0	1	256	16	128	64	32	16
5	128～512	1	0	0	128	8	64	32	16	8
4	64～128	0	1	1	64	4	32	16	8	4
3	32～64	0	1	0	32	2	16	8	4	2
2	16～32	0	0	1	16	1	8	4	2	1
1	0～16	0	0	0	0	1	8	4	2	1

由表 3-5 可知，第 i 段的段内码 $C_5C_6C_7C_8$ 的权值（对应电平）如下：

C_5 的权值——$8Δ_i$；　　　　C_6 的权值——$4Δ_i$；

C_7 的权值——$2Δ_i$；　　　　C_8 的权值——$Δ_i$

由此可见，段内码的权值符合二进制数的规律，但段内码的权值不是固定不变的，它随 $Δ_i$ 值而变，这是由非均匀量化造成的。

以上讨论的是非均匀量化的情况，现在与均匀量化进行比较。假设以非均匀量化时的最小量化间隔＝1/2 048 作为均匀量化的量化间隔，那么从 13 折线的第 1 段到第 8 段的各段所包含的均匀量化级数分别为 16,16,32,64,128,256,512,1 024，总共有 2 048 个均匀量化级，而非均匀量化只有 128 个量化级。按照二进制编码位数 N 与量化级数 M 的关系 $M=2N$，均匀量化需要编 11 位码，而非均匀量化只要编 7 位码。通常把按非均匀量化特性的编码称为非线性编码；按均匀量化特性的编码称为线性编码。

可见，在保证小信号时量化间隔相同的条件下，7 位非线性编码与 11 位线性编码等效。由于非线性编码的码位数减少，因此设备简化，所需传输系统带宽减小。

3. 编码原理

实现编码的具体方法和电路很多，方法有低速编码和高速编码、线性编码和非线性编码；电路有逐次比较型、级联型和混合型编码等。这里只讨论目前常用的逐次比较型编码器原理。编码器的任务是根据输入的样值脉冲编出相应的 8 位二进制代码。除第一位极性码外，其他 7 位二进制代码是通过类似天平称重物的过程来逐次比较确定的。这种编码器就是 PCM 通信中常用的逐次比较型编码器。逐次比较型编码的原理与天平称重物的方法相类似，样值脉冲信号相当于被测物，标准电平相当于天平的砝码。预先规定好的一些作为比较用的标准电流（或电压），称为权值电流，用符号 I_w 表示。I_w 的个数与编码位数有关。当样值脉冲 I_s 到来后，用逐步逼近的方法有规律地用各标准电流 I_w 去和样值脉冲比较，每比较一次出一位码。当 $I_s>I_w$ 时，出 1 码，反之出 0 码，直到 I_w 和抽样值 I_s 逼近为止，完成对输入样值的非线性量化和编码。实现 A 律 13 折线压扩特性的逐次比较型编码器的原理框图如图 3-12 所示，它由整流、极性判决、保持、比较判决及本地译码电路等组成。极性判决电路用来确定信号的极性。输入 PAM 信号是双极性信号，其样值为正时，在位脉冲到来时刻出 1 码；样值为负时，出 0 码；同时将该信号经过全波整流变为单极性信号。

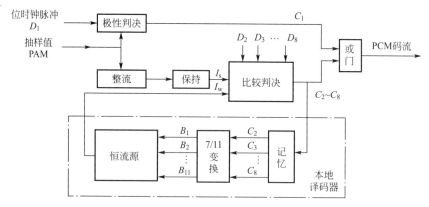

图 3-12 逐次比较型编码器原理图

比较判决是编码器的核心。它的作用是通过比较样值电流 I_s 和标准电流 I_w,从而对输入信号抽样值实现非线性量化和编码。每比较一次输出一位二进制代码,且当 $I_s > I_w$ 时,输出 1 码,反之输出 0 码。由于在 13 折线法中用 7 位二进制代码来代表段落和段内码,所以对一个输入信号的抽样值需要进行 7 次比较。每次所需的标准电流 I_w 均由本地译码电路提供。

本地译码电路包括记忆电路、7/11 变换电路和恒流源。记忆电路用来寄存二进代码,因为除第一次比较外,其余各次比较都要依据前几次比较的结果来确定标准电流 I_w 值。因此,7 位码组中的前 6 位状态均应由记忆电路寄存下来。

恒流源也称 11 位线性解码电路或电阻网络,它用来产生各种标准电流 I_w。在恒流源中有数个基本的权值电流支路,其个数与量化级数有关。按 A 律 13 折线编出的 7 位码,需要 11 个基本的权值电流支路,每个支路都有一个控制开关。每次应该将哪个开关接通形成比较用的标准电流 I_w,由前面的比较结果经变换后得到的控制信号来控制。

7/11 变换电路就是前面非均匀量化中谈到的数字压缩器。由于按 A 律 13 折线只编 7 位码,加至记忆电路的码也只有 7 位,而线性解码电路(恒流源)需要 11 个基本的权值电流支路,这就要求有 11 个控制脉冲对其控制。因此,需通过 7/11 逻辑变换电路将 7 位非线性码转换成 11 位线性码,其实质就是完成非线性和线性之间的变换。

保持电路的作用是在整个比较过程中保持输入信号的幅度不变。由于逐次比较型编码器编 7 位码(极性码除外),需要在一个抽样周期 T_s 内完成 I_s 与 I_w 的 7 次比较,在整个比较过程中都应保持输入信号的幅度不变,因此要求将样值脉冲展宽并保持。这在实际中要用平顶抽样,通常由抽样保持电路实现。还需指出,原理上讲模拟信号数字化的过程是抽样、量化以后才进行编码。但实际上量化是在编码过程中完成的,也就是说,编码器本身包含了量化和编码的两个功能。下面通过一个例子来说明编码过程。

【例 3.1】 设输入信号抽样值 $I_s = 1\ 260\Delta$(为一个量化单位,表示输入信号归一化值的 $1/2\ 048$),采用逐次比较型编码器,按 A 律 13 折线编成 8 位码 $C_1C_2C_3C_4C_5C_6C_7C_8$。

解 编码过程如下:

(1)确定极性码 C_1

由于输入信号 I_s 为正,故极性码 $C_1 = 1$。

(2)确定段落码 $C_2C_3C_4$

参照表 3-5 可知，段落码 C_2 是用来表示输入信号抽样值 I_s 处于 13 折线 8 个段落中的前 4 段还是后 4 段，故确定 C_2 的标准电流应选为

$$I_w = 128\Delta$$

第一次比较结果为 $I_s > I_w$，故 $C_2 = 1$，说明 I_s 处于后 4 段（5～8 段）。

C_3 是用来进一步确定 I_s 属于 5～6 段还是 7～8 段，故确定 C_3 的标准电流应选为

$$I_w = 512\Delta$$

第二次比较结果为 $I_s > I_w$，故 $C_3 = 1$，说明 I_s 处于 7～8 段。

同理可确定 C_4 的标准电流应选为

$$I_w = 1\,024\Delta$$

第三次比较结果为 $I_s > I_w$，故 $C_4 = 1$，说明 I_s 处于第 8 段。

经过以上三次比较得段落码 $C_2 C_3 C_4$ 为 111，I_s 处于第 8 段，启动电平为 $1\,024\Delta$。

（3）确定段内码 $C_5 C_6 C_7 C_8$

段内码是在已知输入信号抽样值 I_s 所处段落的基础上，进一步表示 I_s 在该段落的哪一量化级（量化间隔）。参照表 3-5 可知，第 8 段的 16 个量化间隔均为 $\Delta_8 = 64$，故确定 C_5 的标准电流应选为

$$I_w = 段落起始电平 + 8 \times 量化间隔$$
$$= 1\,024\Delta + 8 \times 64\Delta = 1\,536\Delta$$

第 4 次比较结果为 $I_s < I_w$，故 $C_5 = 0$，由表 3-5 可知 I_s 处于前 8 级（0～7 量化间隔）同理，确定 C_6 的标准电流为

$$I_w = 1\,024\Delta + 4 \times 64\Delta = 1\,280\Delta$$

第 5 次比较结果为 $I_s < I_w$，故 $C_6 = 0$，表示 I_s 处于前 4 级（0～4 量化间隔），确定 C_7 的标准电流为

$$I_w = 1\,024\Delta + 2 \times 64\Delta = 1\,152\Delta$$

第 6 次比较结果为 $I_s > I_w$，故 $C_7 = 1$，表示 I_s 处于 2～3 量化间隔，最后确定 C_8 的标准电流为

$$I_w = 1\,024\Delta + 3 \times 64\Delta = 1\,216\Delta$$

第 7 次比较结果为 $I_s > I_w$，故 $C_7 = 1$，表示 I_s 处于序号为 3 的量化间隔。

由以上过程可知，非均匀量化（压缩及均匀量化）和编码实际上是通过非线性编码一次实现的。经过以上 7 次比较，对于模拟抽样值 $1\,260\Delta$，编出的 PCM 码组为 11110011。它表示输入信号抽样值 I_s 处于第 8 段序号为 3 的量化级，其量化电平为 $1\,216\Delta$，故量化误差等于 $1\,260\Delta - 1\,216\Delta = 44\Delta$。

顺便指出，若使非线性码与线性码的码字电平相等，即可得出非线性码与线性码间的关系，如表 3-6 所示。编码时，非线性码与线性码间的关系是 7/11 变换关系，如例 3.1 中除极性码外的 7 位非线性码 1110011，相对应的 11 位线性码为 10011000000。

还应指出，上述编码得到的码组所对应的是输入信号的分层电平 m_k，对于处在同一量化间隔内的信号电平值 $m_k \leqslant m < m_{k+1}$ 编码的结果是唯一的，此时的最大量化误差为 Δ_i。为使落在该量化间隔内的任意信号电平的量化误差均小于 $\Delta_i / 2$，在译码器中都有一个加 $\Delta_i / 2$ 电路。这等效于将量化电平移到量化间隔的中间，因此，带有加 $\Delta_i / 2$ 电路的译码器，最大量化误差一定不会超过 $\Delta_i / 2$。因此译码时，非线性码与线性码间的关系是 7/12 变换关系，这时要考虑表 3-6 中带 "＊" 号的项。

表 3-6 A 律 13 折线非线性码与线性码的关系

量化段序号	段落标志	起始电平(Δ)	段内码的权值(Δ) M_2	M_3	M_4	M_5	M_6	M_7	M_8	B_1 1 024	B_2 512	B_3 256	B_4 128	B_5 64	B_6 32	B_7 16	B_8 8	B_9 4	B_{10} 2	B_{11} 1	B_{12}^* $\Delta/2$
8	C_8	1 024	1	1	1	512	256	128	64	1	M_5	M_6	M_7	M_8	1*	0	0	0	0	0	0
7	C_7	512	1	1	0	256	128	64	32	0	1	M_5	M_6	M_7	M_8	1*	0	0	0	0	0
6	C_6	256	1	0	1	128	64	32	16	0	0	1	M_5	M_6	M_7	M_8	1*	0	0	0	0
5	C_5	128	1	0	0	64	32	16	8	0	0	0	1	M_5	M_6	M_7	M_8	1*	0	0	0
4	C_4	64	0	1	1	32	16	8	4	0	0	0	0	1	M_5	M_6	M_7	M_8	1*	0	0
3	C_3	32	0	1	0	16	8	4	2	0	0	0	0	0	1	M_5	M_6	M_7	M_8	1*	0
2	C_2	16	0	0	1	8	4	2	1	0	0	0	0	0	0	1	M_5	M_6	M_7	M_8	1*
1	C_1	0	0	0	0	8	4	2	1	0	0	0	0	0	0	0	M_5	M_6	M_7	M_8	1*

注：① $M_5 \sim M_8$ 码以及 $B_1 \sim B_{12}$ 码下面的数值为该码的权值。

② B_{12}^* 与 1* 为收端译码时 $\Delta/2$ 补差项，此表用于编码时，没有 B_{12}^* 项，且 1* 为零。

如例 3.1 中，I_s 位于第 8 段的序号为 3 的量化级，7 位幅度码 1110011 对应的分层电平为 1 216Δ，则译码输出为

$$1\ 216\Delta + \Delta/2 = 1\ 216\Delta + (64\Delta)/2 = 1\ 248\Delta$$

则量化误差为

$$1\ 260\Delta - 1\ 248\Delta = 12\Delta$$

12Δ＜64Δ/2，即量化误差小于量化间隔的一半，这时，7 位非线性幅度码 1110011 所对应的 12 位现行幅度码为 100111000000。

4. 译码原理

译码的作用是把收到的 PCM 信号还原成相应的 PAM 样值信号，即进行 D/A 变换。A 律 13 折线译码器原理框图如图 3-13 所示，它与逐次比较型编码器中的本地译码器基本相同，所不同的是增加了极性控制部分和带有寄存读出的 7/12 位码变换电路，下面简单介绍各部分电路的作用。

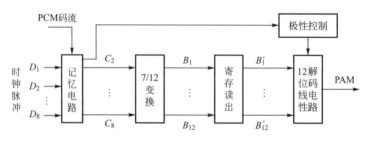

图 3-13 译码器原理框图

记忆电路的作用是将加进的串行 PCM 码变为并行码，并记忆下来，与编码器中译码电路的记忆作用基本相同。极性控制部分的作用是根据收到的极性码 C_1 是 1 还是 0 来控制译码后 PAM 信号的极性，恢复原信号极性。

7/12 变换电路的作用是将 7 位非线性码转变为 12 位线性码。在编码器的本地译码器

中采用 7/11 位码变换,使得量化误差有可能大于本段落量化间隔的一半。译码器中采用 7/12 变换电路,是为了增加一个 $\Delta_i/2$ 恒流电流,人为地补上半个量化级,使最大量化误差不超过 $\Delta_i/2$,从而改善量化信噪比。

7/12 变换关系参见表 3-6。两种码之间转换原则是两个码组在各自的意义上所代表的权值必须相等。

寄存读出电路是将输入的串行码在存储器中寄存起来,待全部接收后再一起读出,送入解码网络。实质上是进行串/并变换。12 位线性解码电路主要是由恒流源和电阻网络组成,与编码器中解码网络类同。它在寄存读出电路的控制下,输出相应的 PAM 信号。

3.2.4　自适应差值脉冲编码调制

1. 压缩编码技术的概念

数字通信系统和传统的模拟通信系统相比较,具有抗干扰性强、保密性好、可靠性高和经济性能好等显著优点,尤其是它便于实现综合业务数字网(ISDN)。因此 PCM 系统已在大容量数字微波、数字卫星和光纤通信系统中广泛应用。

但现有的 PCM 编码需对每个样值编 8 位码,一路的数码率为 64 kbit/s,才能符合长途电话传输的指标要求,这样每路电话占用频带要比模拟单边带系统带宽(4 kHz)宽很多倍(16 倍)。因此在拥有相同频带宽度的传输系统中,PCM 系统能传送的电话路数要比模拟单边带方式传送的电话路数少得多。这样对于费用昂贵的长途大容量传输系统,尤其是卫星通信系统,采用 PCM 数字通信方式的经济性能很难和模拟通信相比拟。至于在超短波波段的移动通信网中,由于频带有限(每路电话必须小于 25 kHz),64 kHz 频带的数字电话更难应用。因此,几十年来人们一直致力于研究压缩数字化话音频带的工作,也就是在相同的质量指标的条件下,降低数字化话音的数码率,以提高数字通信系统的频带利用率。通常人们把低于 64 kbit/s 数码率的话音编码方法称为话音压缩编码技术。常见的话音压缩编码方法有差值脉冲编码调制(DPCM)、自适应差值脉冲编码调制(ADPCM)、增量调制(DM 或 ΔM)、自适应增量调制(ADM)、子带编码(SBC)、参数编码等。

在此顺便介绍一下波形编码和参数编码的概念。如果对语音编码进行分类,可以粗略地分成两类,波形编码和参数编码。所谓波形编码是指对话音样值或样值的差值进行编码。

PCM,DPCM,ADPCM,DM,ADM 等编码方式均属于波形编码,其速率通常在 16~64 kbit/s 范围。参数编码是对话音信号的声源、声道的参数进行编码。LPC 等声码器编码方式属于参数编码,其速率通常在 4.8 kbit/s 以下。另外,像子带编码(SBC)等编码方式既不是纯波形编码,也不是纯参数编码,它是二者的结合,速率一般在 4.8~16 kbit/s 之间。上一节我们分析了波形编码中的 PCM,本节主要介绍压缩编码 DPCM 和 ADPCM(也属波形编码)。

ADPCM 是在差值脉冲编码调制(DPCM)基础上发展起来的,因此在学习 ADPCM 工作原理之前应首先学习 DPCM。

2. 差值脉冲编码调制的原理

从抽样理论中得知,话音信号相邻的抽样值之间存在着很强的相关性,即信号的一个抽样值到相邻的一个抽样值不会发生迅速变化。这说明信源本身含有大量的冗余成分,也就是含有大量的无效或次要的成分。如果设法减少或去除这些冗余成分,则可大大提高通信的有效性。在话音抽样值相关性很强的基础上,根据线性均方差估值理论,且假定是在平稳信号统计的条件下,可以最大限度地消除这些冗余成分,以获得最佳的效果。从概念上讲,它是把话音样值分成两个成分,一个成分与过去的样值有关,因而是可以预测的;另一个成分是不可预测的。可预测的成分(也就是相关的部分)是由过去的一些适当数目的样值加权后再相加得到的;不可预测的成分(也就是非相关的部分)可看成是预测误差(简称差值)。这样,就不必直接传送原始抽样信息序列,而只传送差值序列就可以了。因为这样,差值序列的信息可以代替原始序列中的有效信息。

差值脉冲编码调制(DPCM)就是对相邻样值的差值量化、编码。由于样值差值的动态范围要比样值本身的动态范围小得多,这样就有可能在保证话音质量的同时,降低数码率。信号的自相关性越强(信号的幅度变化缓慢),压缩率就越大。接收端只要把收到的差值信号序列叠加到预测序列上,就可以恢复出原始的信号序列。

(1) 传输样值差值实现通信的可能性

参照图 3-14(a),话音信号样值序列为 $S(0),S(1),S(2),\cdots,S(n)$,设 $d(i)$ 为 iT 时刻样值 $S(i)$ 与前一相邻样值 $S(i-1)$ 之差,即 $d(i)=S(i)-S(i-1)$,如图 3-14(b) 所示。$t=0$ 时刻,由于前邻时刻 $S(-T)$ 的样值为零,故 $d(0)=S(0)$。

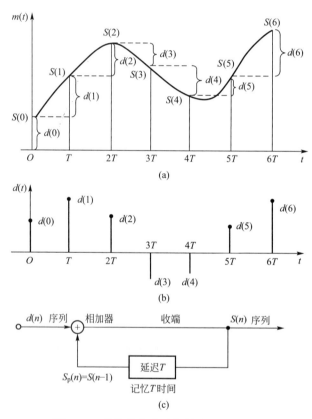

图 3-14 样值差值序列与样值序列的恢复

由图 3-14(a)可知:
$$S(0)=d(0)$$

$$S(1) = d(0) + d(1) = S(0) + d(1)$$
$$S(2) = d(0) + d(1) + d(2) = S(1) + d(2)$$
$$S(3) = d(0) + d(1) + d(2) + d(3) = S(2) + d(3)$$
$$\cdots$$

$$S(n) = \sum_{i=0}^{n} d(i) = S(n-1) + d(n) \tag{3.2-8}$$

从上式与图 3-14(a)可以看出，样值 $S(n)$ 等于过去到现在的所有差值的累积。由此可见，假若信道是理想的，在发送端发送差值脉冲序列 $d(0), d(1), d(2), \cdots$，那么在接收端就有可能恢复原始样值序列 $S(0), S(1), S(2), \cdots$。具体地讲，在收端只要能将前一样值 $S(n-1)$（它是所有过去差值的累积）记忆一个抽样周期 T（这可由迟延 T 回路来完成），然后与本时刻收到的差值 $d(n)$ 叠加，就可恢复出 $S(n) = S(n-1) + d(n)$。

（2）样值差值的检出——预测值的形成

DPCM 是将差值脉冲序列进行量化编码后送到信道传输的，图 3-15 是 DPCM 的原理框图（一阶后向预测方案）。对差值编码来讲，首先要解决差值的检出。其关键问题就是如何检测出前邻样值。

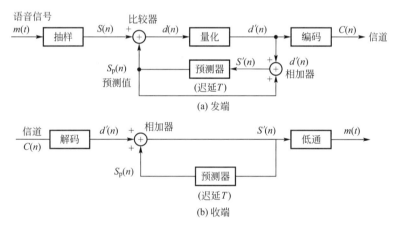

图 3-15　DPCM 原理框图

根据式 3-8，可得到前邻样值 $S(n-1)$ 为

$$S(n-1) = \sum_{i=0}^{n-1} d(i) \tag{3.2-9}$$

但 DPCM 是将差值量化，见图 3-15(a)。因此前邻样值只能由差值的量化值 $d'(n)$ 来形成，并且由量化值 $d'(n)$ 所形成的前邻样值是一个估计值。以 $S_p(n)$ 来表示估计值，图 3-16 所示为预测值 $S_p(n)$ 的形成，则从图 3-15(a)与图 3-16 可知：

$$S_p(n) = \sum_{i=0}^{n-1} d(i) = d'(0) + d'(1) + d'(2) + \cdots + d'(n-1) \tag{3.2-10}$$

从上式和图 3-16 可知，在 nT 时刻的估计值 $S_p(n)$ 是所有过去的差值量化值 $d'(n)$ 的累积，可以认为估计值 $S_p(n)$ 是样值 $S(n)$ 的一种预测值。

预测值 $S_p(n)$ 可由预测器所组成的反馈回路来形成，见图 3-15(a)。具有局部反馈的预测器（迟延 T 回路）与相加器构成的累加器，即将所有过去差值的 $d'(n)$ 量化值累积起来，因此累加器完成了式(3.2-10)的功能。

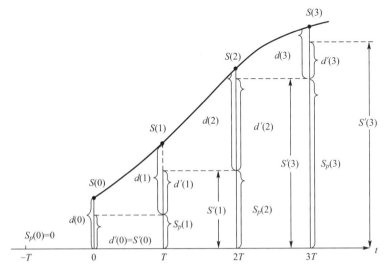

图 3-16 预测值(估值 $S_p(n)$)的形成

（3）量化误差与解码重建

首先分析样值量化误差与差值量化误差的关系。由图 3-16 可得样值的量化误差 $e(n)$ 为

$$e(n)=S(n)-S'(n)=d(n)-d'(n)$$

由此可以得出一个重要结论,样值的量化误差 $e(n)$ 等于差值的量化误差 $d(n)-d'(n)$。因此样值量化误差 $e(n)$ 仅由差值量化器决定。DPCM 系统解码重建恢复出原始信号是在收端将码字 $C(n)$ 解码后变换为差值量化值 $d'(n)$,而将 $d'(n)$ 恢复成 $S'(n)$ 的回路是与发端预测回路相同的,从图 3-15(b) 可知,$d'(n)+S_p(n)=S'(n)$。因此样值量化值序列 $S'(n)$ 经过重建低通滤波器,可重建出原始话音信号(当然有量化失真)。

（4）最佳预测

已知,在 DPCM 系统中,样值的量化误差等于差值的量化误差。因此 DPCM 系统量化信噪比为

$$\frac{S}{N_{\mathrm{DPCM}}}=\frac{E[S^2(n)]}{E[e^2(n)]}=\frac{E[S^2(n)]}{E[d^2(n)]}\times\frac{E[d^2(n)]}{E[e^2(n)]}$$

$$=G_p\frac{S}{N_Q}=G_p\frac{S}{N_{\mathrm{PCM}}} \tag{3.2-11}$$

式中,$E[S^2(n)]$,$E[d^2(n)]$,$E[e^2(n)]$ 分别表示 $S(n)$,$d(n)$,$e(n)$ 功率的统计平均值,它们也可以分别采用均方值 δ_S^2,δ_d^2,δ_e^2。其中:

$$G_p=\frac{E[S^2(n)]}{E[d^2(n)]}=\frac{\delta_S^2}{\delta_d^2} \tag{3.2-12}$$

$$\frac{S}{N_Q}=\frac{S}{N_{\mathrm{PCM}}}=\frac{E[d^2(n)]}{E[e^2(n)]} \tag{3.2-13}$$

G_p 值表示信号 $S(n)$ 的功率与差值 $d(n)$(又称预测误差)信号功率之比;S/N_Q 是量化器产生的信噪比,即非预测的 PCM 系统的量化信噪比 S/N_{PCM}。如果 $G_p>1$,说明预测有增益,这时 $S/N_{\mathrm{DPCM}}>S/N_{\mathrm{PCM}}$,式 3-11 表明,DPCM 系统的 S/N_{DPCM} 取决于 G_p 和 S/N_Q 两个参数,因此,DPCM 系统的理论是围绕如何改进这两个参数,从而逐步完善起来的。

为了提高预测增益 G_p,必须减少预测误差 $d(n)$。为此,预测值 $S_p(n)$ 不一定仅由前邻样

值的量化值 $S'(n-1)$ 来确定,而可改由更多的过去样值量化值来共同进行预测。仅由前邻样值量化值进行预测称为一阶预测;由多个过去样值量化值进行预测称为多阶预测,它们的预测表达式如下。

一阶预测:$S_p(n)=a_1S'(n-1)$

多阶预测:$S_p(n)=a_1S'(n-1)+a_2S'(n-2)+\cdots+a_pS'(n-p)$

$$=\sum_{i=1}^{p}a_iS'(n-i) \tag{3.2-14}$$

式中 a_i 为预测系数(加权值),在多阶预测中,预测值等于过去 p 个样值量化值的加权求和。在过去的样值量化值中,越靠近本时刻样值,其影响也越大,因此其预测系数也越大。通过分析计算得知二阶预测的 $E[d^2(n)]$ 小于一阶预测,因此二阶预测增益优于一阶预测。但 $p>2$ 以后,预测增益的提高就不明显了。这是由于随着阶数的增高,其相关性即预测系数也相应地减小。另外阶数选得越大,系统就越复杂,且系统具有反馈环路,因而 p 越大其稳定性也会变差。图 3-17 是二阶预测器。

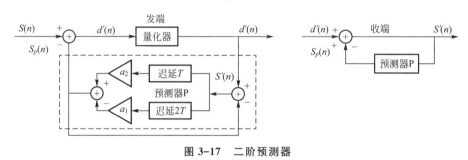

图 3-17　二阶预测器

3. 自适应差值脉冲编码调制的原理

为了改善编码信号的量化噪声特性,曾讨论了从均匀量化过渡到非均匀量化的问题。但为了尽量减小量化误差,同时提高预测值的精确性,在 DPCM 的基础上又增加了自适应量化和自适应预测,由此发展成了自适应差值脉冲编码调制(ADPCM)。

ADPCM 的主要特点是用自适应量化取代固定量化,量化阶随输入信号变化而变化,使量化误差减小;用自适应预测取代固定预测,提高了预测信号的精度,使预测信号跟踪输入信号的能力增强。通过这两点改进,扩大 DPCM 系统的编码动态范围,提高信噪比,从而提高了系统性能。ADPCM 系统原理框图如图 3-18 所示。

图 3-18 中 $Q[\ ]$ 表示量化器,P 表示预测器。显而易见,它是由 DPCM 系统加上阶距自适应系统和预测自适应系统构成的。

(1) 自适应量化

自适应量化的基本思想就是使均方量化误差最小,让量阶 $\Delta(n)$ 随输入信号的方差 $\delta_S^2(n)$ 而变化,即

$$\Delta(n)=K\delta_S^2(n) \tag{3.2-15}$$

式中 K 为常数,其数值由最佳量化器的参数来决定。

为了实现自适应量化,首先要对输入信号的方差 $\delta_S^2(n)$ 进行估算。现在常用的自适应量化方案有两种,一种是由输入信号本身估算信号的方差来控制阶距 $\Delta(n)$ 的变化,称为前馈(或前向)型自适应量化(其实现原理由图 3-18 中双虚线标出)。另一种是其阶距 $\Delta(n)$ 根据

编码器的输出码流估算出的输入信号的方差进行自适应调整,这种称为反馈(或后向)型自适应量化(实现原理由图 3-18 中单虚线所示)。

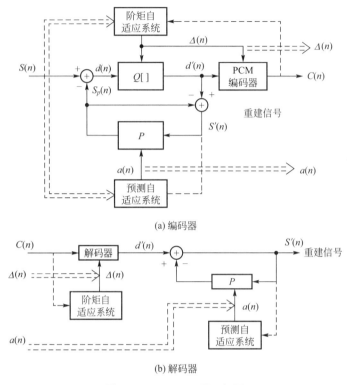

(a) 编码器

(b) 解码器

图 3-18 ADPCM 原理框图

两种自适应量化方案的自适应阶距调整算法是类似的。对于反馈型控制方式,由于量化阶距信息是由码字序列提取,所以主要优点是无须额外存储和传输阶距信息。但是该方案由于控制信息在传输的 ADPCM 码流中,因而系统的传输误码对接收端信号重建的质量影响较大。前馈型控制除了传输信号码流外,还要传输阶距信息,增加了复杂度,但是这种方案可以通过采用良好的附加信道或采用差错控制使得阶距信息的传输误码尽可能地小,从而可以很好地改善高误码率传输时收端重建信号的质量。尽管反馈型和前馈型两种方案各有利弊,但无论采用哪一种自适应量化方案,都可以改善动态范围及信噪比。可以证明,在量化电平数相同的条件下,自适应量化比固定量化系统的性能改善 10~12 dB。

(2)自适应预测

自适应预测的基本思想是使均方预测误差 λ_d^2 为最小值,让预测系数 $a_k(n)$ 的改变与输入信号幅值相匹配。在 DPCM 系统中,为了实现容易,采用固定预测器。这种固定预测器只是产生一个跟踪输入信号的斜变阶梯波,因此输入信号与预测信号的差值大,从而造成量化误差增大,动态范围减小。

ADPCM 系统利用数字信号处理技术,用线性预测方法对输入信号进行自适应预测,可以减小输入信号与预测信号的差值,进而提高系统的信噪比,扩大动态范围。

由数字信号处理理论可知,当采用线性预测方法时,图 3-18 所示电路当前的预测信号 $S_p(n)$ 可由以前的信号值的线性组合来预测,即

$$S_p(n) = \sum_{i=1}^{p} a_k S'(n-1) \qquad (3.2\text{-}16)$$

在式(3.2-16)中 $a_k(n)$ 为当前时刻(即 n 时刻)预测器的系数,p 为预测器的阶数。式(3.2-16)描述的预测方程可由图 3-19 所示的横截型数字滤波器实现。图 3-19 中 T 表示一个单位时间(抽样间隔)的延时,$\sum$ 表示加法器。

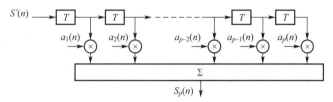

图 3-19　实现预测的横截型滤波器

为了使预测信号始终最佳地逼近(预测)输入信号,预测器的系数 $a_k(n)$ 必须随时间根据输入信号的性质变化,这就是所谓自适应。由时变系数 $a_k(n)$ 确定的预测器称为自适应预测器。可见,实时动态地确定系数 $a_k(n)$ 是实现自适应预测器的关键。与自适应量化相同,自适应预测也分为前向型自适应预测和后向型自适应预测。前向型自适应预测(如图 3-18 中双虚线所示)发送端是由输入信号 $S(n)$ 本身估算预测系数 $a_k(n)$(图 3-18 中简写成 $a(n)$),调整后的 $a_k(n)$ 信息直接送到接收端的预测器去控制其工作。而后向型自适应预测(如图 3-18 中单虚线所示)的预测系数 $a_k(n)$ 是由重建后的 PAM 信号 $S'(n)$(又称重建信号)估算出来的。为了定量分析采用自适应预测所带来的好处,图 3-20 绘出了固定预测器和自适应预测器两种情况下预测增益 G_p 与预测器阶数的关系。

由图 3-20 可知,在预测器阶数($p>4$)相同的情况下,自适应预测的预测增益上限约比固定预测上限高 4 dB。

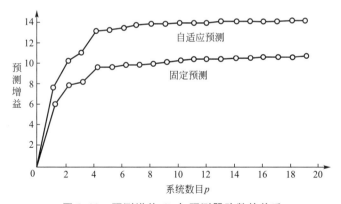

图 3-20　预测增益 G_p 与预测器阶数的关系

以上分析了 ADPCM 系统的自适应量化和自适应预测,可以得出结论,ADPCM 的优点是,由于采用了自适应量化和自适应预测,其量化失真、预测误差均较小,因而它能在 32 kbit/s数码率的条件下达到 PCM64 kbit/s 系统数码率的话音质量要求。

3.3　数字基带传输系统

在数字通信系统模型中,信源信号或信源编码信号经调制后送入信道传输,称之为频带传输。经过调制后的信号称为已调信号,未经调制的信号称为基带信号。来自数据终端的原始数据信号或信源编码信号包含丰富的低频分量,而许多信道具有带通频率特性,调制的目的是使经过调制后的发送信号与信道频率特性相匹配。但在有些数字传输系统中,特别是在传输距离不太远的情况下,数字基带信号可以在某些具有低通频率特性的有线信道中直接传输,称之为数字基带传输。

目前,数字基带传输不如频带传输那样应用广泛,但对于基带传输系统的研究仍是十分有意义的。原因有三:一是随着数字通信技术的发展,基带传输方式被越来越多地应用;二是数字基带传输中包含频带传输的许多基本问题,也就是说,基带传输系统的许多问题也是频带传输系统必须考虑的问题;三是任何一个采用线性调制的频带传输系统可等效为基带传输系统进行研究。

3.3.1　数字基带信号波形与频谱特性

1. 数字基带信号波形

信源信号或信源编码信号通常为数据序列,这些数据序列表现为电脉冲信号,基带信号波形是指这些电脉冲信号波形。基带信号的种类很多,其中最为典型的是由矩形脉冲组成的矩形脉冲序列。图 3-21 中给出了各种形式的矩形脉冲序列波形。

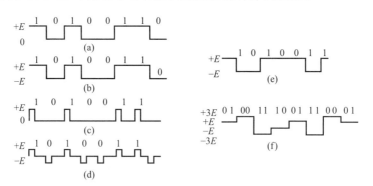

图 3-21　各种基本的基带信号

图 3-21(a)为单极性不归零脉冲序列波形,其中的正电平和 0 电平分别代表二进制符号 1 和 0,这种信号的脉冲宽度与码元持续时间相同,占空比等于 1;图 3-21(b)为双极性不归零脉冲序列波形,其中的正电平和负电平分别代表二进制符号 1 和 0,且脉冲宽度与码元宽度相同,占空比等于 1;图 3-21(c)为单极性归零脉冲序列波形,与图 3-21(a)相比,脉冲宽度比码元宽度窄,占空比小于 1;图 3-21(d)为双极性归零脉冲序列波形,它的脉冲宽度小于码元宽度,各脉冲间留有电平为 0 的间隔;图 3-21(e)为差分脉冲序列波形,这种波形用相邻脉冲极性发生改变代表二进制符号 1,用相邻脉冲极性不发生改变代表二进制符号 0,差分脉冲序列波形可以是单极性、双极性、归零或不归零脉冲序列波形,只是脉冲序列的电平或极性与信息序列符号无关。图 3-21(f)为 4 电平脉冲序列波形,它与二进制符号的对应关系是:00 对应 3E,01 对应 +E,10 对应 -E,11 对应 -3E,此类脉冲幅度大于 2 的波形称为多电平脉冲序列波形,由于这种波形的一个脉冲可代表多个二进制符号,故在高速率数据传输中常采用这种信号形式。

上面介绍了由各种矩形脉冲组成的脉冲序列波形,实际上组成基带信号的单个码元波形并非一定是矩形的,根据实际需要,还可有多种多样的波形形式,比如升余弦脉冲、三角形脉冲、高斯形脉冲等。设代表二进制符号 0 和 1 的两个波形是 $g_1(t)$ 和 $g_2(t)$，码元间隔为 T_s，则基带信号可表示成

$$S(t) = \sum_{n=-\infty}^{+\infty} a_n g(t - nT_s) \qquad (3.3\text{-}1)$$

式中，a_n 为第 n 个符号所对应的电平值，$g(t-nT_s)$ 为 nT_s 的波形

$$g(t-nT_s) = \begin{cases} g_1(t-nT_s), & nT_s \text{ 时刻符号为 } 0 \\ g_2(t-nT_s), & nT_s \text{ 时刻符号为 } 1 \end{cases}$$

由于 a_n 代表的是符号信息，是以某种概率出现的，因此，基带信号波形通常是一个随机脉冲序列。

2. 数字基带信号的频谱特性

前面只介绍了典型数字基带信号的时域波形。从信号传输的角度看，还需要进一步了解数字基带信号的频域特性，以便在信道中有效地传输。在实际通信中，被传送的信息是收信者事先未知的，因此数字基带信号是随机的脉冲序列。由于随机信号不能用确定的时间函数表示，也就没有确定的频谱函数，因此只能从统计学的角度，用功率谱来描述它的频域特性。下面给出随机二进制序列功率谱密度的数学表达式。

设随机二进制序列中数据 1 出现的概率为 P，符号波形为 $g_1(t)$；数据 0 出现的概率为 $1-P$，符号波形为 $g_2(t)$，码元间隔为 T_s，数据间相互独立。设 $g_1(t)$、$g_2(t)$ 为能量信号，其频谱函数分别为 $G_1(f)$、$G_2(f)$，则随机二进制序列的功率谱密度 $P_s(f)$ 为

$$P_s(f) = f_s P(1-P) \left[G_1(f) - G_2(f) \right]^2 + \sum_{n=-\infty}^{+\infty} f_s \left[PG_1(mf_s) + G_2(mf_s) \right]^2 \delta(f - mf_s)$$

$$(3.3\text{-}2)$$

其中，$f_s = 1/T_s$。式（3.3-2）中第一项为连续谱分量，第二项为离散谱分量，下面计算单极性矩形脉冲序列的功率谱密度。设信息符号概率为 $P = 1 - P = 0.5$，符号波形为

$$g_1(t) = \begin{cases} A & \text{当 } -\tau/2 \leqslant t \leqslant \tau/2 \\ 0 & \text{其他} \end{cases}, \quad g_2(t) = 0$$

其中，$\tau \leqslant T_s$，$g_1(t)$、$g_2(t)$ 的频谱函数分别为

$$G_1(f) = \int_{-\infty}^{+\infty} g_1(t) e^{-j2\pi ft} dt = \int_{-\tau/2}^{\tau/2} A e^{-j2\pi ft} dt = A\tau \frac{\sin(\pi f\tau)}{\pi f\tau}$$

$$G_2(f) = 0$$

当 $\tau = T_s$ 时，信号为不归零矩形脉冲序列，可得

$$G_1(mf_s) = AT_s \frac{\sin(\pi mf_s T_s)}{\pi mf_s T_s} = 0, \quad G_2(mf_s) = 0$$

将以上各式代入式（3.3-2）得

$$P_s(f) = AT_s \left[\frac{\sin(\pi mf T_s)}{\pi mf T_s} \right]^2 \qquad (3.3\text{-}3)$$

可以看出，不归零矩形脉冲序列功率谱只有连续频率谱，无离散谱分量。当 $\tau < T_s$ 时，信号为归零矩形脉冲序列，可求得

$$G_1(mf_s) = A\tau \frac{\sin(\pi mf_s \tau)}{\pi mf_s \pi} \neq 0, \quad m \text{ 为整数}$$

所以，归零矩形脉冲序列功率谱除了有连续频率谱分量外，还有离散谱分量，这些离散谱分

量,可在收端提取同步信号时使用。二进制随机脉冲序列的功率谱一般包含连续谱和离散谱两部分。连续谱总是存在,通过连续谱在频谱上的分布,可以看出信号功率在频率上的分布情况,从而确定传输数字信号的带宽。离散谱却不一定存在,它与脉冲波形及出现的概率有关,而离散谱的存在与否关系到能否从脉冲序列中直接提取位定时信号。如果一个二进制随机脉冲序列的功率谱中没有离散谱,则要设法变换基带信号的波形,使功率谱中出现离散部分,以利于位定时信号的提取。

图 3-22 所示的功率谱是几种典型的数字基带信号功率谱,其分布似花瓣状,在功率谱的第一个过零点之内的花瓣最大,称为主瓣,其余的称为旁瓣。主瓣内集中了信号的绝大部分功率,因此主瓣的宽度可以作为信号的近似带宽,通常称为谱零点带宽。

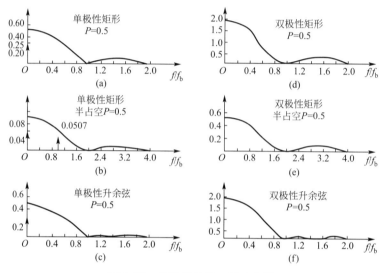

图 3-22　几种常见的二元功率谱

3.3.2　基带传输系统模型

基带传输系统的模型如图 3-23 所示。它主要由信道信号形成器、信道、接收滤波器和抽样判决器以及同步提取电路组成。图 3-24 给出了图 3-23 所示系统的各点波形示意图。下面介绍基带传输系统中各部分的主要功能。

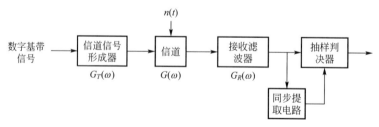

图 3-23　数字基带传输系统模型

信道信号形成器是将输入数字信号序列变换为适合于在信道中传输的信号波形,这种变换主要是通过码型变换或波形变换来实现的,变换后的信号频率特性与信道频率特性相匹配,从而减小码间串扰,并有利于收端从接收信号中提取同步信号。如图 3-24(a)所示是输入的基带信号,这是最常见的单极性非归零信号;图 3-24(b)所示是进行码型变换后的波形；图 3-24(c)是图 3-24(a)所示波形的变换，是一种适合在信道中传输的波形。

　　信道是允许基带信号通过的媒质，信道特性可能是随机变化的，并且信道还会进入噪声。在通信系统的分析中，常常把噪声集中在信道中引入。图 3-24(d)所示是信道输出信号，显然由于信道频率特性不理想，波形发生失真并叠加了噪声。

　　接收滤波器的主要作用是限制带外噪声进入接收系统，以提高判决点的信噪比，并且还对接收信号波形进行变换，以形成有利于判决的信号波形，修正由于信道特性不理想对信号造成的失真，接收滤波器的设计与发射信号和信道特性有关。图 3-24(e)所示为接收滤波器输出波形，与图 3-24(d)所示相比，失真和噪声减弱。

　　抽样判决器是对接收滤波器输出的波形进行抽样判决，以恢复数字信号序列。抽样信号是由从接收信号中提取的同步信号形成的，抽样信号位定时的准确与否将直接影响判决效果。图 3-24(f)所示是位定时同步脉冲；图 3-24(g)所示为恢复的信息，其中第 4 个码元发生误码，误码的原因之一是信道加性噪声，之二是传输特性（包括收、发滤波器和信道的特性）不理想引起的波形延迟、展宽、拖尾等畸变，使码元之间相互串扰。

　　显然，接收端能否正确恢复信息，在于能否有效地抑制噪声和减小码间串扰，这两点也正是数字基带传输要讨论的重点。

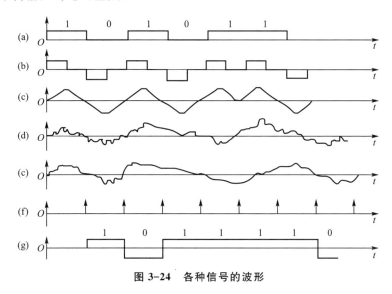

图 3-24　各种信号的波形

3.3.3　数字基带信号的码型

1. 码型的定义

　　数字基带信号码型是指数字基带信号的电脉冲存在形式。通常把数字信号表示成为各种电脉冲形式的过程称为码型编码，由码型还原为原来数字信号称为码型译码，在有线信道中传输的数字基带信号又称为线路传输码型。通常由数据终端或信源编码输出的数字信号多为经自然编码的电脉冲序列（高电平表示 1，低电平表示 0，或相反），但并不适合在信道中传输。因为用这样的数字信号进行基带传输会出现下面一些问题。

　　（1）由于这种数字基带信号包含直流分量或低频分量，那么对于一些电路设备或者传输频带低端受限的信道（广义信道），信号可能传不过去。

（2）经自然编码后，有可能出现连 0 或连 1 数据，这时的数字信号会出现长时间的低电平或高电平，以致接收端在确定各个码元的位置（位定时信息）时遇到困难。也就是说，收信端无法从接收到的数字信号中获取定时（定位）信息。

（3）对接收端而言，从接收到的这种基带信号中无法判断是否包含错码。因此经过自然编码的数字信号不适合直接在信道中传输，应寻求能够解决上述问题的基带信号码型。由于不同的码型具有不同的特性，因此在设计或选择适合于给定信道传输特性的码型时，通常要遵循以下原则：

① 对于传输频带低端受限的信道，线路传输码型的频谱中应不含有直流分量。

② 信号的抗噪声能力要强。产生误码时，在译码中产生误码扩散的影响越小越好。

③ 便于从信号中提取位定时信息。

④ 尽量减少基带信号频谱中的高频分量，以节省传输频带并减少串扰。

⑤ 对于采用分组传输的基带通信系统，接收端除了要提取位定时信息，还要回复出分组同步信息，以便正确划分码组。

⑥ 码型应与信源的统计特性无关。信源的统计特性是指信源产生各种数字信息时的概率分布。

⑦ 编译码的设备应尽量简单，易于实现数字基带信号的码型种类很多，但没有一种码型能满足上述所有要求，在实际应用中，往往是根据需要全盘考虑，有取有舍，合理选择。下面介绍一些目前广泛应用的重要码型。

2. 二元码

只有两个取值的脉冲序列就是二元码。最简单的二元码信号波形为矩形波，幅度取值只有两种电平，分别对应于二进制码的 1 和 0。常用的几种二元码波形如图 3-25 所示。

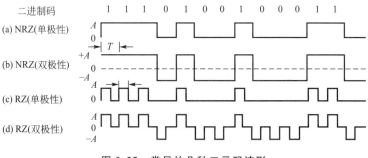

图 3-25　常见的几种二元码波形

（1）单极性不归零码

如图 3-25(a)所示，用高电平和低电平（常为零电平）两种取值分别表示二进制码 1 和 0，在整个码元期间电平保持不变，此种码通常记为 NRZ（不归零）码。这是一种最简单最常用的码型。很多终端设备输出的都是这种码，因为一般终端设备都有一端是固定的 0 电位，因此输出单极性码最为方便。

（2）双极性不归零码

如图 3-25(b)所示，用正电平和负电平分别表示 1 和 0，在整个码元期间电平保持不变。双极性码在 1 和 0 等概率出现时无直流成分，可以在电缆等无接地的传输线上传输，因此得到了较多应用。

（3）单极性归零码

如图 3-25（c）所示，常记为 RZ（归零）码。与单极性不归零码不同，RZ 码发送 1 时高电平在整个码元期间内只持续一段时间，其余时间则返回到零电平，发送 0 时用零电平表示。单极性归零码可以直接提取到定时信号，它是其他码型提取位定时信号时需要采用的一种过渡码型。

（4）双极性归零码

如图 3-25（d）所示。用正极性的归零码和负极性的归零码分别表示 1 和 0。这种码兼有双极性和归零的特点。虽然它的幅度取值存在 3 种电平，但是它用脉冲的正负极性表示两种信息，因此通常仍归入二元码。

以上 4 种码型是最简单的二元码，它们有丰富的低频乃至直流分量，不能用于存在交流耦合的传输信道。另外，当信息中出现长 1 串或长 0 串时，不归零码呈现连续的固定电平，没有电平跃变，也就没有定时信息。单极性归零码在出现连续 0 时也存在同样的问题。这些码型还存在的另一个问题是，信息 1 与 0 分别对应两个传输电平，相邻信号之间取值独立，相互之间没有制约，所以不具有检测错误的能力。由于以上这些原因，这些码型通常只用于设备内部和近距离的传输。

（5）数字双相码

数字双相码（digital diphase），又称曼彻斯特码（Manchester），如图 3-26（a）所示。它用一个周期的方波表示 1，用方波的反相波形表示 0，并且都是双极性非归零脉冲。这样就等效于用 2 位二进制码表示信息中的 1 位码。例如，有一种规定，用 10 表示 0，用 01 表示 1。因为双相码在每个码元间隔的中心都存在电平跳变，所以有丰富的位定时信息。在这种码中，正、负电平各占一半，因而不存在直流分量，这些优点是用频带加倍来换取的。双相码适用于数据终端设备短距离的传输，在本地数据网中采用该码型作为传输码型，最高信息速率可达 10 Mbit/s。这种码常被用于以太网中。若把数字双相码中用绝对电平表示的波形改成用电平的相对变化来表示的话，比如相邻周期的方波如果同相则表示 0，反相则代表 1，就形成了差分码，通常称为条件双相码，记为 CDP 码，一般也叫差分曼彻斯特码，如图 3-26（b）所示。这种码常被用于令牌环网中。

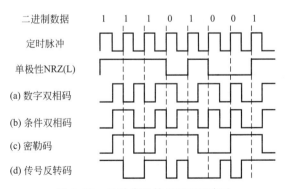

图 3-26　几种常见的 1B2B 码波形

（6）密勒码

密勒码又称延迟调制，它是数字双相码的一种变形，如图 3-26（c）所示。在这种码中，1 用码元间隔中心出现跃变表示，即用 10 或 01 表示。0 有两种情况，单 0 时在码元间隔内不出现电平跃变，而且在与相邻码元的边界处也无跃变。如果 1 用 10 表示，两个 1 之间的 0

用 00 表示;如果 1 用 01 表示,两个 1 之间的 0 用 11 表示;出现连续 0 时,在两个 1 边界处出现电平跃变,即 00 与 11 交替。这样,当两个 1 之间有一个 0 时,则在第一个码元中心与第二个 1 的码元中心之间无电平跳变,此时密勒码中出现最大脉冲宽度,即两个码元周期。由此可知,该码不会出现多于 4 个连续码的情况,这个性质可用于检错。密勒码最初用于气象卫星和磁记录,现也用于低速基带数传机。

(7) 传号反转码

传号反转码记为 CMI 码,如图 3-26(d)。在 CMI 码中,1 交替地用 00 和 11 两位码表示,而 0 则固定用 01 表示。CMI 码没有直流分量,有频繁的波形跳变,这个特点便于恢复定时信号。并且 10 为禁用码组,不会出现 3 个以上的连续码,这个规律可用来进行宏观检测。由于 CMI 码易于实现,且具有上述特点,因此在高次群脉冲编码终端设备中被广泛用作接口码型,在光纤传输系统中也有时用作线路传输码型。

在数字双相码、密勒码和 CMI 码中,原始二元码的每一位信息码在编码后都用一组两位的二元码表示,因此这类码又称为 1B2B 码型。

3. 三元码

三元码指的是用信号幅度的 3 种取值表示二进制码,3 种幅度的取值为:$A,0,-A$。或记为 $1,0,-1$。这种方法并不表示由二进制转换到三进制,信息的参量取值仍然为两个,所以三元码又称为准三元码或伪三元码。三元码种类很多,被广泛地用作脉冲编码调制的线路传输码型。

(1) 传号交替反转码

传号交替反转码常记为 AMI 码。在 AMI 码中,二进制码 0 用 0 电平表示,二进制码 1 交替地用 1 和 -1 的半占空归零码表示,如图 3-27(a) 所示。AMI 码中正负电平脉冲个数大致相等,故无直流分量,低频分量较小。只要将基带信号经全波整流变为单极性归零码,便可提取位定时信号。利用传号交替反转规则,在接收端可以检错纠错,比如发现有不符合这个规则的脉冲时,就说明传输中出现错误。AMI 码是目前最常用的传输码型之一。

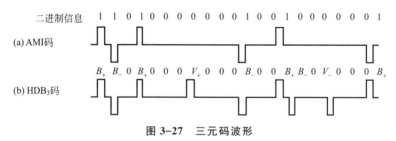

图 3-27 三元码波形

当信息中出现连续 0 码时,AMI 码将长时间不出现电平跳变,这给提取定时信号带来困难。因此,在实际使用 AMI 码时,工程上还有相关的规定以弥补 AMI 码在定时提取方面的不足。AMI 码的主要缺点是其性能与信源统计特性有关,即它的功率谱形状随信息中 1 的出现概率而变化。图 3-28 所示给出了传号率为 0.6,0.5 和 0.4 时的功率谱。

(2) 三阶高密度双极性码

三阶高密度双极性码简称 HDB$_3$ 码。HDB$_3$ 码除了具备 AMI 码的所有优点,还可将连续 0 码限制在 3 个以内,克服了 AMI 码如果连续 0 码过多对提取定时时钟不利的缺点。HDB$_3$ 码编码规则如下:

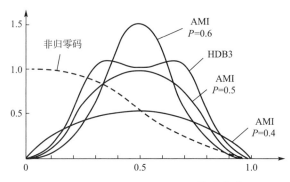

图 3-28　AMI 码和 HDB₃ 码的功率谱

① 在 HDB₃ 码中,二进制码序列中的 1 交替地用 1 和 −1 的半占空归零码表示,二进制码序列中的 0 码原则上仍编为 0 码,但当出现 4 个连续 0 码时,用取代节 000V 或 B00V 代替。取代节 V 码、B 码均代表 1 码,它们可正可负(即 V₊ 代表 1,V₋ 代表 −1,B₊ 代表 1,B₋ 代表 −1)。

② 取代节的安排顺序是,先用 000V,当它不能用时,再用 B00V。000V 取代节的安排要满足以下两个要求,一是各取代节之间的 V 码要极性交替出现(为了保证传号码极性交替出现,不引入直流成分)。二是 V 码要与前一个传号码的极性相同。目的是在接收端能识别出哪个是原二进制码序列中的 1 码——原始传号码,哪个是 V 码和 B 码,以恢复成原二进码序列。当上述两个要求能同时满足时,用 000V 代替原二进制码序列中的 4 个 0(用 000V₊ 或 000V₋);而当上述两个要求不能同时满足时,则改用 B00V(B₊00V₊ 或 B₋00V₋,实质上是将取代节 000V 中第一个 0 码改成 B 码)。

③ HDB₃ 码序列中的传号码(包括 1 码、V 码和 B 码)除 V 码外,要满足极性交替出现的要求。

下面举个例子来具体说明一下如何将二进码转换成 HDB₃ 码。

【例 3.2】　二进制码序列:1 0000 101 0000 0111 0000 0000 01

HDB₃ 码序列:V₊ −1　0 0 0　V₋ +1 0 −1　B₊ 0 0 V₊　0 −1 +1 −1　0 0 0 V
　　　　　　　B₊ 0 0 V₊　0 −1

从上例可以看出两点,一是当两个取代节之间原始传号码的个数为奇数时,后边取代节用 000V;当两个取代节之间原始传号码的个数为偶数时,后边取代节用 B00V。二是 V 码破坏了传号码极性交替出现的原则,所以叫破坏点。接收端收到 HDB₃ 码后,应对 HDB₃ 码解码还原成二进制码(即进行码型反变换)。根据 HDB₃ 码的特点,HDB₃ 码解码分成三步进行,首先检出极性破坏点,即找出四连 0 码中添加的 V 码的位置(破坏点的位置),其次去掉添加的 V 码,最后去掉四个连续 0 码中第一位添加的 B 码,还原成单极性不归零码。具体地说,码型反变换的原则是,接收端当遇到连续 3 个 0 前后 1 码极性相同时,后边的 1 码(实际是 V 码)还原成 0;当遇到连续 2 个 0 前后 1 码极性相同时,前后 2 个 1(前边的 1 是 B 码,后边的 1 是 V 码)均还原成 0。另外,其他的 ±1 一律还原为 +1,其他的 0 不变。HDB₃ 码的功率谱特性如图 3-28 所示,无直流分量,高频分量小。HDB₃ 码是应用最广泛的码型,4 次群以下的 A 律 PCM 终端设备的接口码型均采用 HDB₃ 码。

4. 多元码

当数字信息有 M 种符号时,称为 M 码,相应地要用 M 种电平表示它们。因为 M>2,所以 M 元码也称多元码。在多元码中,每个符号可以用一个二进制码组来表示。也就是说,对于 1 位二进制码组来说,可以用 $M = 2^n$ 元码来传输。与二元码传输相比,多元码的主要特点就是比特率(信息传输速率)大于波特率(码元传输速率),因此,在波特率相同的情况下(传输带宽相同),多元码的比特率是二元码速率的 $\log_2 M$ 倍。

多元码在频带受限的高速数字传输系统中得到了广泛的应用。例如,在综合业务数字网(ISDN)中,数字用户环的基本传输速率为 144 kbit/s,若以电话线为传输媒介,CCIITT(国际电报电话咨询委员会)建议的线路码型为四元码 2BIQ。在 2BIQ 中,2 个二进制码元用 1 个四元码表示,如图 3-29 所示。

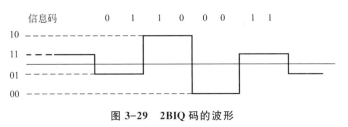

图 3-29　2BIQ 码的波形

多元码通常用格雷码表示,相邻幅度电平所对应的码组之间只相差 1 比特,这样就可以减小在接收时因错误判定电平而引起的误比特率。多元码不仅用于基带传输,而且更广泛地用于多进制数字调制传输中,以提高频带利用率。比如,我们所熟悉的用于电话线上网的调制解调器(Modem)就是采用多进制调制技术。

3.3.4　无码间串扰的传输波形

在实际通信中,由于信道的带宽是受限的,因此,3.3.1 节介绍的数字基带信号通过这样的信道传输,不可避免地要受到影响而产生畸变。事实上,一个时间有限的信号,比如脉冲宽度为 $-\tau/2$ 到 $\tau/2$ 的门信号 $g_\tau(t)$,它的频谱就是向正负频率方向无限延伸的;反之,一个频带受限的频域信号,比如门信号 $G_a(\omega)$,它的时域信号是在时间轴上无限延伸的。因此,信号经频带受限的系统传输后,输出为频带受限信号,则其时域波形必定是无限延伸的。这样,前面的码元对后面的若干码元就会造成不良影响,这种影响被称为码间串扰(或符号间干扰)。另外,信号在传输的过程中不可避免地还要叠加信道噪声,所以,当噪声幅度过大时,将会引起接收端的判断错误。

码间串扰和信道噪声是影响基带信号进行可靠传输的主要因素,而它们都与基带传输系统的传输特性有密切的关系。基带传输系统设计的目标就是把码间串扰和噪声的影响减到尽可能小的程度。由于码间串扰和信道噪声产生的机理不同,必须分别进行讨论。

为了了解基带信号的传输,首先介绍基带信号传输系统的典型模型(见图 3-30)。数字基带信号的产生过程可分为码型编码和波形形成两个步骤。码型编码的输出信号为脉冲序列。波形形成网络的作用是将每个脉冲转换为所需形状的接收波形 $s(t)$。形成网络由发送滤波器、信道和接收滤波器组成。由于形成网络的冲激响应正好与 $s(t)$ 成正比,因此接收波形 $s(t)$ 的谱函数 $S(\omega)$ 即为波形形成网络的传递函数。由图 3-30 可知,$S(\omega)$ 可表示为

$$S(\omega) = T(\omega)C(\omega)R(\omega)$$

$S(\omega)$ 可视为基带传输系统的总传输特性。在后面的讨论中,将更多地使用传递函数和冲激响应,用以描述无串扰信号的频域和时域特性。

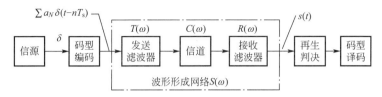

图 3-30 基带信号传输系统模型

由随机二进制脉冲序列的功率谱密度公式可知,基带信号在频域内的延伸范围主要取决于单个脉冲波形的频谱函数 $G(f)$,只要讨论单个脉冲波形传输的情况就可了解基带信号传输的过程。在数字信号的基带传输中,码元波形信息携带在幅度上,接收端经过再生判决如果能准确地恢复出幅度信息,则原始信号码就能无误地得到传送。所以,即使信号经传输后整个波形发生了变化,但只要再生判决点的抽样值能反映其携带的幅度信息,那么用再次抽样的方法仍然可以准确无误地恢复原始信号码。也就是说,只需研究特定时刻的波形幅值怎样可以无失真传输即可,而不必要求整个波形保持不变。

通过研究发现,在 3 种条件下,基带信号可以无失真传输。通常称之为奈奎斯特第一准则、第二准则和第三准则,或称为第一、第二、第三无失真条件。

1. 奈奎斯特第一准则:抽样值无失真的条件

第一无失真条件也叫抽样值无失真条件,其内容是,接收波形满足抽样值无串扰的充要条件是仅在本码元的抽样时刻上有最大值,而对其他码元的抽样时刻信号值无影响,即在抽样点上,不存在码间干扰。一种典型波形如图 3-31 所示,假设抽样间隔为 T_s,接收波形 $s(t)$ 除了在 $t=0$ 时抽样值为 S_0 外,在 $t=kT_s(k\neq0)$ 的其他抽样时刻皆为 0,因而不会影响其他抽样值。接收波形在数学上应满足以下关系。

$$s(kT_s) = \begin{cases} S_0 & k=0 \\ 0 & k\neq0 \end{cases} \tag{3.3-4}$$

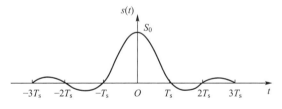

图 3-31 抽样值无失真波形

当 $s(kT_s)$ 满足以上关系时,抽样值是无码间串扰的。由于 $s(kT_s)$ 是 $s(t)$ 在 kT_s 时刻的特定值,而 $s(t)$ 是由基带系统形成的传输波形,显然,基带系统必须满足一定的条件,才能形成抽样值无串扰的波形。下面推导波形形成网络的频率响应函数。

由于 $s(t)$ 与 $S(\omega)$ 构成傅里叶变换对,因而有

$$s(t) = \frac{1}{2\pi}\int_{-\infty}^{+\infty} S(\omega) e^{j\omega t} d\omega \tag{3.3-5}$$

如果把积分区间分成若干小段,每段区间长度为 $2\pi/T_s$,并且只考虑 $t=kT_s$ 时的 $s(t)$ 值,则式(3.3-5)可表示为

$$s(kT_s) = \frac{1}{2\pi} \sum_{-\infty}^{+\infty} \int_{-(2n-1)\pi/T_s}^{(2n+1)\pi/T_s} S(\omega) e^{j\omega kT_s} d\omega$$

令 $\tau = \omega - 2n\pi/T_s$，变量代换后，用 ω 代替 τ，则有：

$$s(kT_s) = \frac{1}{2\pi} \sum_{-\infty}^{+\infty} \int_{-\pi/T_s}^{\pi/T_s} S\left(\omega + \frac{2n\pi}{T_s}\right) e^{j\omega kT_s} d\omega$$

当上式右边一致收敛时，求和与积分次序可以互换，于是有：

$$s(kT_s) = \frac{1}{2\pi} \int_{-\pi/T_s}^{\pi/T_s} \sum_{-\infty}^{+\infty} S\left(\omega + \frac{2n\pi}{T_s}\right) e^{j\omega kT_s} d\omega$$

上式表明 $s(kT_s)$ 是 $\sum\limits_{n=-\infty}^{+\infty} S\left(\omega + \dfrac{2n\pi}{T_s}\right)$ 的傅里叶展开系数。

由此得到满足抽样无失真的充要条件为

$$\sum_{n=-\infty}^{+\infty} S\left(\omega + \frac{2n\pi}{T_s}\right) = 1 \qquad (3.3\text{-}6)$$

该条件称为奈奎斯特第一准则。以上推导表明，只要波形形成网络的频率响应函数满足式(3.3-6)，则由其形成的接收波形满足式(3.3-4)，即抽样时刻无码间干扰。式(3.3-6)的物理意义是，把传递函数在 ω 轴上以 $2n\pi/T_s(n=0, \pm1, \pm2\cdots)$ 间隔进行平移，将它们叠加起来，其结果应当为一个常数，如图 3-32 所示，这种特性称为等效低通特性。满足等效低通特性的传递函数有无数多种。从图 3-32 看出，只要传递函数在 $\pm\pi/T_s$ 处满足奇对称的要求，不管 $S(\omega)$ 的形式如何，都可以满足式(3.3-6)，即满足抽样值无码间串扰的条件。有了无失真传输的条件，下面就通过分析找出满足该条件的传输波形。

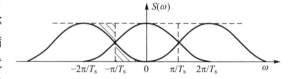

图 3-32 满足抽样值无失真条件的传递函数

（1）理想低通信号

如果系统的传递函数 $S(\omega)$ 不用分割后再叠加成为常数，其本身就是理想低通滤波器的传递函数，即

$$S(\omega) = \begin{cases} 0 & \text{当 } |\omega| > \dfrac{\pi}{T_s} \\ S_0 T_s & \text{当 } |\omega| \leqslant \dfrac{\pi}{T_s} \end{cases} \qquad (3.3\text{-}7)$$

上式表明，该理想低通滤波器的截止频率为 $\omega_c = \pi/T_s$，则 $f_c = \omega_c/2\pi = 1/(2T_s)$。相应地，理想低通滤波器的冲激响应为

$$s(t) = S_0 \text{Sa}\left(\frac{\pi t}{T_s}\right) \qquad (3.3\text{-}8)$$

根据以上两式可画出理想低通系统的传递函数和冲激响应曲线，如图 3-33 所示。由图 3-33(b)可知，理想低通信号在 $t = \pm nT_s(n \neq 0)$ 时有周期性零点。如果发送码元波形的时间间隔为 T_s，接收端在 $t = \pm nT_s$ 时抽样，就能达到无码间串扰。图 3-33(a)画出了这种情况下无码间串扰的示意图。但是如果发送码元时间间隔小于 T_s，发送码元速率 $R_b = 1/T_s = 2f_c$，则一定会出现码间干扰，图 3-34(b)画出了这种情况下有码间串扰的示意图。

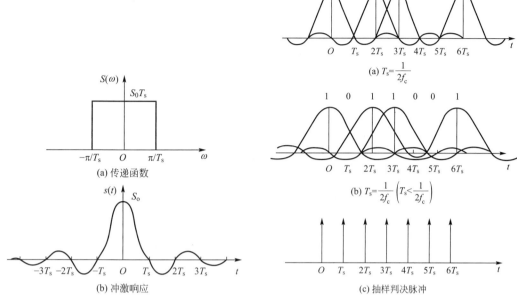

图 3-33 理想低通系统的传递函数和冲激响应曲线　　图 3-34 最大值点处抽样判决示意图

由图 3-33、图 3-34 和式(3.3-6)～式(3.3-8)可知,当发送周期为 T_s 码元的序列时,实现无串扰传输所需的最小传输带宽为 $1/(2T_s)$。这是在抽样值无串扰条件下,基带系统传输所能达到的极限情况。也就是说,基带系统所能提供的最高频带利用率是

$$\eta = \frac{\text{码元速率(Bd/s)}}{\text{占用频带宽度(Hz)}} = \frac{1/T_s}{1/(2T_s)} = 2(\text{B} \cdot \text{s}^{-1}/\text{Hz}) \tag{3.3-9}$$

上式表明,为实现无串扰传输,单位频带内每秒最多传送 2 个码元,而不管码元是二元码还是多元码。通常把 $1/(2T_s)$ 称为奈奎斯特带宽,把 T_s 称为奈奎斯特间隔。

由以上分析可知,如果基带传输系统的总传输特性为理想低通特性,且传输速率不大于理想低通带宽的两倍,则基带信号的传输不存在码间串扰。但是这种传输条件实际上不可能达到,因为理想低通的传输特性为非因果传输特性,即输入信号影响它之前的系统输出,这在物理上是无法实现的。即使近似获得了这种传输特性,其冲激响应波形的尾部衰减慢,仅按 $1/t$ 的速度衰减,虽然抽样时刻无码间串扰,但接收端的抽样定时脉冲必须准确无误,若稍有偏差,就会引入码间串扰。所以式(3.3-6)表达的无串扰传递条件只有理论上的意义,但它给出了基带传输系统传输能力的极限值。

（2）升余弦滚降信号

升余弦滚降信号是在实际中得到广泛应用的无串扰波形,其频域过渡特性以 π/T_s 为中心,具有奇对称升余弦形状。这里的滚降指的是信号的频域过渡特性或频域衰减特性。能形成升余弦信号的基带系统的传递函数为

$$S(\omega) = \begin{cases} \dfrac{S_0 T_s}{2}\left\{1 - \sin\left[\dfrac{T_s}{2a}\left(\omega - \dfrac{\pi}{T_s}\right)\right]\right\} & \text{当 } \dfrac{\pi(1-a)}{T_s} \leqslant |\omega| \leqslant \dfrac{\pi(1+a)}{T_s} \\[4mm] S_0 T_s & \text{当 } 0 \leqslant |\omega| \leqslant \dfrac{\pi(1-a)}{T_s} \\[4mm] 0 & \text{当 } |\omega| \geqslant \dfrac{\pi(1+a)}{T_s} \end{cases} \tag{3.3-10}$$

这里，a 称为滚降系数，且 $0 \leqslant a \leqslant 1$。

系统的传递函数 $S(\omega)$ 就是接收波形的频谱函数。由式(3.3-10)可求出系统的冲激响应，即接收波形为

$$s(t) = S_0 \frac{\sin \dfrac{\pi t}{T_s}}{\dfrac{\pi t}{T_s}} \cdot \frac{\cos \dfrac{a\pi t}{T_s}}{1 - \dfrac{4a^2 t^2}{T_s^2}} \tag{3.3-11}$$

图 3-35 所示即为滚降系数 $a=0$，$a=0.5$，$a=1$ 时的传递函数和冲激响应，其中给出的是归一化图形。由图 3-35 可知，升余弦滚降信号在前后抽样值处的串扰始终为 0，因而满足抽样值无串扰的传输条件。随着滚降系数 a 的增加，两个零点之间的波形振荡起伏变化小，其波形的衰减与 $1/t^3$ 成正比。但随着 a 的增大，所占频带增加。$a=0$ 时，即为前面所述的理想低通基带系统。$a=1$ 时，所占频带的带宽最宽，是理想系统带宽的 2 倍，因而频带利用率为 $1 \text{ bit} \cdot \text{s}^{-1}/\text{Hz}$。当 $0 \leqslant a \leqslant 1$ 时，带宽 $B = (1+a)/(2T_s)$，频带利用率 $\eta = 2/(1+a)$ $(\text{bit} \cdot \text{s}^{-1}/\text{Hz})$。由于抽样的时刻不可能完全没有时间上的误差，为了减小抽样定时脉冲误差所带来的影响，滚降系数 a 不能太小，通常选择 $a \geqslant 0.2$。

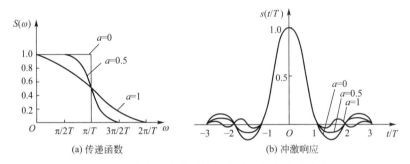

图 3-35 升余弦滚降系统的传递函数和冲激响应

2. 奈奎斯特第二准则：过零点无抖动的条件

奈奎斯特第一准则指出了在给定信道带宽，抽样时刻无码间干扰条件下，能够达到的码元最大传输速率的传输波形是具有与信道带宽相同的理想低通频率特性的波形。但其缺点是第一个零点后的尾巴振幅大、收敛慢，从而对定时要求十分严格。若定时稍有偏差，极易引起严重的码间串扰，并且由于传输波形的过零点位置与传输的码元序列有关，具有随机抖动性，不利于从中提取定时信号。奈奎斯特第二准则规定了过零点无抖动的条件。

设 $s(t)$ 为传输脉冲波形，$S(f)$ 为 $s(t)$ 的频谱函数，T_s 为码元间隔，奈奎斯特第二准则的数学表达式为

$$s\left(\frac{T_s m}{2}\right) = \begin{cases} 1 & \text{当 } m = \pm 1 \\ 0 & \text{其他奇数} \end{cases} \tag{3.3-12}$$

可以证明 $S(f)$ 满足

$$\text{Re}\left[\sum_{n=-\infty}^{+\infty} (-1)^n S\left(f + \frac{n}{T_s}\right)\right] = 2T_s \cos \pi f T_s \quad |f| < \frac{1}{2T_s}$$

$$\text{Im}\left[\sum_{n=-\infty}^{+\infty} (-1)^n S\left(f + \frac{n}{T_s}\right)\right] = 0 \quad |f| > \frac{1}{2T_s} \tag{3.3-13}$$

下面以双二进制基带 PAM 系统为例,说明用满足奈奎斯特第二准则的波形作为码元传输波形时的传输带宽及在给定信道带宽时的最高码元传输速率。双二进制基带 PAM 系统采用余弦频谱低通信号作为传输波形,其频谱表达式如下:

$$S(f)=\begin{cases} 2T_s\cos\pi fT_s & \text{当}|f|<\dfrac{1}{2T_s} \\[3mm] 0 & \text{当}|f|>\dfrac{1}{2T_s} \end{cases} \tag{3.3-14}$$

与 $S(f)$ 相应的脉冲响应为

$$s(t)=\frac{4\cos\dfrac{\pi t}{T_s}}{\pi\left(1-\dfrac{4t^2}{T_s^2}\right)} \tag{3.3-15}$$

显然,$S(f)$ 满足式(3.3-2),相应的 $s(t)$ 则满足奈奎斯特第二准则的数学表达式。通过计算得到 $s(0)=\dfrac{4}{\pi}$,$s\left(\pm\dfrac{T_s}{2}\right)=1$,$s\left(\dfrac{T_s}{2}\right)=0$,$m=\pm3,\pm5,\cdots$。$S(f)$、$s(t)$ 的波形如图 3-36 所示。

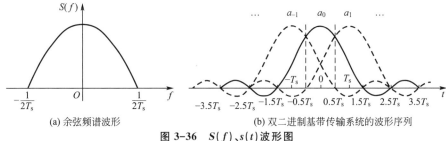

|(a) 余弦频谱波形|(b) 双二进制基带传输系统的波形序列|

图 3-36　$S(f)$、$s(t)$ 波形图

由图可以看出,如果抽样点选在峰值点上,则一定存在码间串扰,但若将抽样点放在 $t_m=mT_s-0.5T_s$ 上,除了前一为码元波形对抽样值有干扰外,其余码元波形对抽样值没有干扰。例如在 $-0.5T_s$ 时对符号 a_0 的波形抽样,除了 a_{-1} 对 a_0 有干扰外,其余码元波形对 a_0 没有干扰。设在 $t_m=mT_s-0.5T_s$ 时对符号 a_m 的波形抽样,抽样值为 c_m,则

$$c_m=\begin{cases} 2 & \text{当}\ a_m\ \text{与}\ a_{m-1}\ \text{都为}\ 1 \\ 0 & \text{当}\ a_m\ \text{与}\ a_{m-1}\ \text{不同} \\ -2 & \text{当}\ a_m\ \text{与}\ a_{m-1}\ \text{都为}-1 \end{cases}$$

所以,得到

$$c_m=a_m+a_{m-1}$$
$$a_m=c_m-a_{m-1}$$

从 c_m 中减去 a_{m-1},就能得到 a_m,从而可以判决出 m 时刻的码元值。但是这种方法却产生了差错扩散,即传输中某一码元发生差错,致使其以后的码元判决错误。解决的办法是对输入系统的原始码元进行预编码,再使预编码后的每个码元形成余弦频谱脉冲,不但可消除差错扩散,还会使接收系统的实现更简单。

下面介绍余弦频谱低通信号的实现方法。余弦频谱低通信号由余弦频谱成形滤波器产生,如图 3-37 所示。其构成思想是,考虑前一比特遗留给后一比特的影响,所以设置了延迟 T_s 时间的通路;又考虑到前一比特对后一比特的影响是以相加方式出现的,所以设置了求和电路;为了保证形成的低通信号截止频率为 $\dfrac{1}{2T_s}$,所以设置了低通滤波器。下面根据

图 3-37 所示网络推导其传输函数。

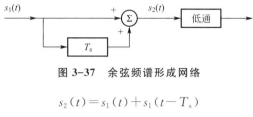

图 3-37 余弦频谱形成网络

$$s_2(t) = s_1(t) + s_1(t - T_s)$$
$$S_2(f) = S_1(f) + S_1(f)e^{-j2\pi T_s}$$
$$\begin{aligned} H(f) &= 1 + e^{-j2\pi T_s} \\ &= e^{-j\pi f T_s}[e^{-j\pi f T_s} + e^{-j\pi f T_s}] \\ &= 2\cos(\pi f T_s)e^{-j\pi f T_s} \end{aligned}$$

由上面的推导可以看出,$H(f)$ 具有余弦幅度特性,与式(3.3-14)是一致的。但是 $H(f)$ 是 f 的周期函数,所以图 3-37 中的低通滤波器滤掉其 $2T_s$ 以上的成分。具有预编码的双二进制信号形成系统框图如图 3-38 所示。

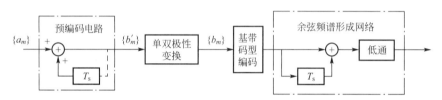

图 3-38 具有预编码的双二进制信号形成系统

3. 奈奎斯特第三准则:脉冲波形面积保持不变

奈奎斯特指出,如果在一个码元间隔内波形的面积正比于发送脉冲的幅度值,而其他码元发送波形在此码元间隔内的面积为零,则接收端通过对接收波形在一个码元周期内的积分,也能够在抽样时刻无失真地恢复原始信号码。这称为奈奎斯特第三准则。

奈奎斯特第三准则的数学表述,设 $s(t)$ 为满足奈奎斯特第三准则的波形,则

$$\int_{kT_s - \frac{T_s}{2}}^{kT_s + \frac{T_s}{2}} s(t)\mathrm{d}t = \begin{cases} 0 & 当 k = 0 \\ 1 & 当 k \neq 0 \end{cases} \tag{3.3-16}$$

式中:k 为整数;T_s 为码元周期。满足奈奎斯特第三准则的波形示意图如图 3-39 所示,其中正的阴影部分面积和负的阴影部分面积相等。

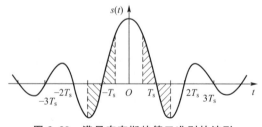

图 3-39 满足奈奎斯特第三准则的波形

3.3.5 无码间串扰基带系统的抗噪声性能

码间串扰和信道噪声是影响接收端正确判决而造成误码的两个因素。上一小节我们讨

论了不考虑噪声影响时,能够消除码间串扰的基带传输特性。本节来讨论在无码间串扰的条件下,噪声对基带信号传输的影响,即计算噪声引起的误码率。

若认为信道噪声只对接收端产生影响,则分析模型如图 3-40 所示。设接收二进制波形为 $s(t)$,信道噪声为 $n(t)$,通过接收滤波器后的输出噪声为 $n_r(t)$,则接收滤波器的输出是信号加噪声的混合波形,即

$$x(t) = s(t) + n_r(t) \tag{3.3-17}$$

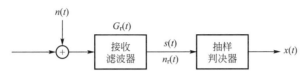

图 3-40　抗噪声性能分析模型

若二进制基带信号为双极性,设它在抽样时刻的电平取值为 A 或 $-A$(分别对应于信号码 1 和 0),则 $x(t)$ 在抽样时刻的取值为

$$x(kT_s) = \begin{cases} A + n_r(kT_s) & \text{当发送 1 时} \\ -A + n_r(kT_s) & \text{当发送 0 时} \end{cases} \tag{3.3-18}$$

设判决电路门限为 V_d,判决规则为

$$x(kT_s) > V_d,判为 1 码$$
$$x(kT_s) < V_d,判为 0 码$$

上述判决过程的典型波形如图 3-41 所示。其中,图 3-41(a)是无噪声影响时的信号波形,而图 3-41(b)则是图 3-41(a)波形叠加上噪声后的混合波形。显然,这时的判决门限应选择在 0 电平。不难看出,对图 3-41(a)波形能够毫无差错地恢复基带信号,但对图 3-41(b)的波形就可能出现两种判决错误,1 错判成 0 或 0 错判成 1,其中带"＊"的码元就是错码。下面具体分析由于信道加性噪声引起这种误码的概率 P_e,简称误码率。

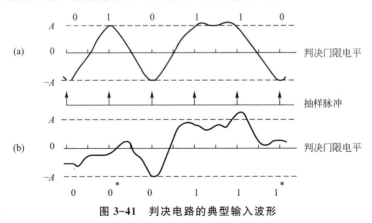

图 3-41　判决电路的典型输入波形

信道加性噪声 $n(t)$ 通常被假设为均值为 0,双边功率谱密度为 2 的平稳高斯噪声,而接收滤波器又是一个线性网络,故判决电路输入噪声 $n_r(t)$ 也是均值为 0 的平稳高斯噪声,且它的功率谱密度 $P_n(\omega)$ 为

$$P_n(\omega) = \frac{n_0}{2} |G_r(\omega)|^2 \tag{3.3-19}$$

方差(噪声平均功率)为

$$\sigma_n^2 = \frac{1}{2\pi} \int_{-\infty}^{+\infty} \frac{n_0}{2} \left| G_r(\omega) \right|^2 \mathrm{d}\omega \tag{3.3-20}$$

可见，$n_r(t)$ 是均值为 0，方差为 σ_n^2 的高斯噪声，因此它的瞬时值的统计特性可用一维概率密度函数描述

$$f(x) = \frac{1}{\sqrt{2\pi}\sigma_n} \mathrm{e}^{-\frac{x^2}{2\sigma_n^2}} \tag{3.3-21}$$

式中，x 就是噪声的瞬时取值 $n_r(kT_s)$。根据式(3.3-21)，当发送 1 时，$A + n_r(kT_s)$ 的一维概率密度函数为

$$f_1(x) = \frac{1}{\sqrt{2\pi}\sigma_n} \exp\left[-\frac{(x-A)^2}{2\pi\sigma_n} \right] \tag{3.3-22}$$

而当发送 0 时，$-A + n_r(kT_s)$ 的一维概率密度函数为

$$f_0(x) = \frac{1}{\sqrt{2\pi}\sigma_n} \exp\left[-\frac{(x+A)^2}{2\pi\sigma_n} \right] \tag{3.3-23}$$

与它们相应的曲线分别示于图 3-42 中。

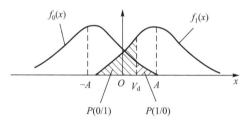

图 3-42　$x(t)$ 的概率密度曲线

这时，在 $-A$ 到 $+A$ 之间选择一个适当的电平 V_d 作为判决门限，根据判决规则将会出现以下几种情况：

对 1 码　当 $x>V_d$，判为 1 码（正确）。

　　　　当 $x<V_d$，判为 0 码（错误）。

对 0 码　当 $x>V_d$，判为 1 码（错误）。

　　　　当 $x<V_d$，判为 0 码（正确）。

可见，在二进制基带信号的传输过程中，噪声会引起两种误码率。

3.3.6　眼图

理论上讲，只要基带传输总特性 $H(\omega)$ 满足奈奎斯特第一准则，就可实现无码间串扰传输。但在实际中，由于滤波器部件调试不理想或信道特性的变化等因素，都可能使 $H(\omega)$ 特性改变，从而使系统性能恶化。计算由于这些因素所引起的误码率非常困难，尤其在码间串扰和噪声同时存在的情况下，系统性能的定量分析更是难以进行，因此在实际应用中需要用简单的实验方法来定性测量系统的性能，其中一个有效的方法是观察接收信号的眼图。

眼图是指利用实验手段方便地估计和改善（通过调整）系统性能时在示波器上观察到的一种图形。观察眼图的方法是，用一个示波器跨接在接收滤波器的输出端，然后调整示波器水平扫描周期，使其与接收码元的周期同步。此时可以从示波器显示的图形上，观察出干扰和噪声的影响，从而估计系统性能的优劣程度。在传输二进制信号波形时，示波器的图形很像人的眼睛，故名"眼图"。

借助图 3-43，可以了解眼图形成原理。为了便于理解，暂不考虑噪声的影响。图 3-43(a)是接收滤波器输出的无码间串扰的双极性基带波形，用示波器观察它，并将示波器扫描周期调整到码元周期 T_s。由于示波器的余辉作用，扫描所得的每一个码元波形将重叠在一起，形成线迹细而清晰的大"眼睛"，如图 3-43(b)所示。图 3-43(c)是有码间串扰的双极性基带波形，由于存在码间串扰，此波形已失真，示波器的扫描线迹就不完全重合，于是形成的眼图线迹杂乱，"眼睛"张开得较小，且眼图不端正，如图 3-43(d)所示。对比图 3-43(b)和图 3-43(d)可知眼图的"眼睛"张开得越大，且眼图越端正，表示码间串扰越小，反之，表示码间串扰越大。

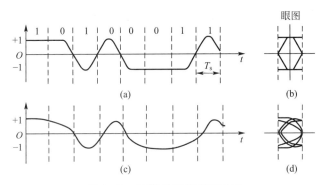

图 3-43 基带信号波形和眼图

当存在噪声时，眼图的线迹变成了比较模糊的带状的线，噪声越大，线条越宽，越模糊，"眼睛"张开得越小。不过，应该注意，从图形上并不能观察到随机噪声的全部形态，例如出现机会少的大幅度噪声，由于它在示波器上一晃而过，因而用人眼是观察不到的。所以，在示波器上只能大致估计噪声的强弱。

从以上分析可知，眼图可以定性反映码间串扰的大小和噪声的大小。眼图可以用来指导接收滤波器的调整，以减小码间串扰，改善系统性能。

3.4 数字信号的频带传输

在通信系统中，实际的信道大多具有带通传输特性。例如各个频段的无线信道、限定频率范围的同轴电缆等。而数字基带信号往往具有丰富的低频成分，为了使数字信号能在带通信道中传输，必须采用数字调制方式。用数字基带信号对载波幅度、频率或相位等参量进行调制，使基带信号的功率谱搬移到带通信道的频带内，才能够实现传输。这种信号处理方式称为数字调制，相应的传输方式称为数字信号的频带传输。数字频带传输的应用使得传输信号灵活地与各类信道相匹配，使其能够在多种信道中进行传输。

本节将介绍二进制数字调制的一般概念和相应的最佳接收机的性能分析，详细讨论数字调制的 3 种基本方式，幅度键控(ASK)、频移键控(FSK)和相移键控(PSK)，并对所对应的多进制调制方式进行介绍。

3.4.1 二进制数字调制的一般概念

一个频带二进制数据传输系统模型如图 3-44 所示。输入调制器的二进制序列为 $\{b_k\}$，比特速率为 r_s，比特间隔为 T_s。二进制数字序列 $\{b_k\}$ 对载波进行调制后形成已调波信号

$Z(t)$。由于二进制随机序列$\{b_k\}$第 k 个比特，只能取 0 或 1 两种数值之一，所以 $Z(t)$ 在第 k 个比特间隔内是两个基本波形 $S_1(t)$ 或 $S_2(t)$，而且 $Z(t)$ 是一个随机过程。当$(k-1)T_s<t<kT_s$ 时，则

$$Z(t)=\begin{cases} S_1[t-(k-1)T_s] & b_k=0 \\ S_2[t-(k-1)T_s] & b_k=1 \end{cases} \quad (k-1)T_s<t<kT_s \quad (3.4\text{-}1)$$

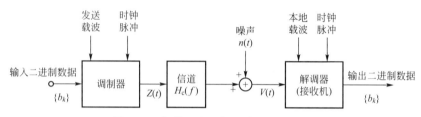

图 3-44　频带二进制数据传输系统模型

式中，$S_1(t)$ 和 $S_2(t)$ 的持续时间为 T_s，并且能量有限。当 $0<t<T_s$ 时，$S_1(t)=0$，$S_2(t)=0$，以及

$$E_1 = \int_0^{T_s} S_1^2(t)\,\mathrm{d}t < \infty$$

$$E_2 = \int_0^{T_s} S_2^2(t)\,\mathrm{d}t < \infty$$

　　按照基带数字信号对载波的不同参量进行调制，二进制数字调制可分为 3 种基本类型，即二进制幅度键控、二进制频移键控、二进制相移键控。对应不同的调制方式，基本波形 $S_1(t)$ 或 $S_2(t)$ 是不同的，如表 3-7 所示。调制器的输出波形 $Z(t)$ 如图 3-45 所示。图 3-45(a)表示输入二进制数字序列，图 3-45(b)是幅度键控波形 $Z_A(t)$，图 3-45(c)是频移键控波形 $Z_F(t)$；图 3-45(d)是相移键控波形 $Z_P(t)$。由图 3-45(c)、(d)看出，PSK 和 FSK 调制波形包络是恒定的，数字信息分别由载波相位和频率传送。

表 3-7　各种数字调制类型的波形数学表达式

调制类型	$S_1(t)$，$0\leqslant t\leqslant T_s$，$b_k=0$	$S_2(t)$，$0\leqslant t\leqslant T_s$，$b_k=1$
1. 幅度键控（ASK）	0	$A\cos\omega_c t$ 或 $A\sin\omega_c t$
2. 相移键控（PSK）	$-A\cos\omega_c t$ 或 $-A\sin\omega_c t$	$A\cos\omega_c t$ 或 $A\sin\omega_c t$
3. 频移键控（FSK）	$A\cos[(\omega_c-\omega_d)t]$ 或 $A\sin[(\omega_c-\omega_d)t]$	$A\cos[(\omega_c-\omega_d)t]$ 或 $A\sin[(\omega_c-\omega_d)t]$

　　注：表中，假定载波频率 f_c 为数据传输速率 r_b 的整数倍，ω_d 为调制角频率。当 $t\in[0,T_s]$ 时，$S_1(t)=0$，$S_2(t)=0$。

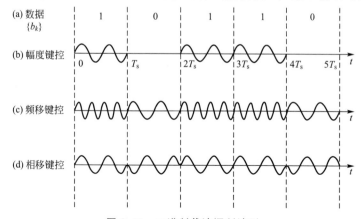

图 3-45　二进制载波调制波形

3.4.2　二进制数字调制信号的最佳检测

二进制数字通信系统中,接收机的基本任务是从含有噪声干扰的接收信号 $V(t)$ 中,恢复出发送的二进制序列 $\{b_k\}$,这个过程称为检测。由图 3-41 可以看出,由于信道特性 $H_c(f)$ 不理想和噪声 $n(t)$ 的干扰,接收机从 $V(t)$ 中恢复的数字序列 $\{b_k\}$ 中,总会有一些比特发生错误。接收机的性能通常以误比特率 P_e 作为主要指标。这里所讲的最佳检测,就是在白噪声干扰条件下,接收机检测的误比特率最小,能使误比特率最小的接收机,通常称为最佳接收机。这里首先讨论误比特率的表达式,从而证明在高斯白噪声条件下,最佳接收机具有匹配滤波器形式。还将进一步证明,这种匹配滤波器能够用积分和清洗电路构成的相关接收机来实现。

1. 误比特率 P_e 的表达式

接收机结构如图 3-46 所示,$V(t)=Z(t)+n(t)$ 为接收滤波器的输入信号,$V(t)$ 为有用信号,$n(t)$ 为信道噪声,$H_c(f)$ 是接收滤波器的频率响应,$h_r(t)$ 是相应的冲激响应。接收滤波器的输出信号为

$$V_o(t)=Z_0(t)+n_0(t) \tag{3.4-2}$$

其中,$Z_0(t)=Z(t)*h_r(t)$,$n_0(t)=n(t)*h_r(t)$

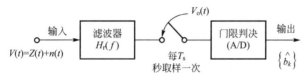

图 3-46　接收机结构示意图

每比特间隔的终止时刻对滤波器输出的 $V_o(t)$ 取样一次,将第 k 个比特取样值 $V_o(kT_s)$ 与判决门限 T_0 比较,若 $V_o(kT_s)>T_0$,则判定发送的是 1;反之,则判为发送 0。由于噪声干扰,判决可能出现错误。其错误概率 P_e 将决定于接收机输入端的信号功率、噪声功率、信号速率及接收滤波器传递函数 $H_r(f)$ 和判决门限 T_0。从接收机本身考虑,要使检测错误概率最小,则主要是选择滤波器传递函数 $H_r(f)$ 和判决门限 T_0。

为了推导 P_e 的表达式,假定如下:

(1) $\{b_k\}$ 是一个独立等概率的二进制序列。这样,在一个比特间隔内,$S_1(t)$ 或 $S_2(t)$ 的出现,不影响任何其他比特间隔内 $S_1(t)$ 或 $S_2(t)$ 的出现,而且,$S_1(t)$ 或 $S_2(t)$ 是等概率的。

(2) 信道噪声 $n(t)$ 是零均值高斯随机过程,功率谱密度为 $G_n(f)$。

(3) 由滤波器所引起的码间干扰 ISI 很小,可以忽略不计。

这样,在 $t=kT_s$ 时刻,滤波器输出的取样值可记为:

$$V_0(kT_s)=Z_0(kT_s)+n_0(kT_s) \tag{3.4-3}$$

式中,$Z_0(t)$ 和 $n_0(t)$ 分别为滤波器对输入信号和噪声的响应,在 $t=kT_s$ 时刻,信号成分的取样值为

$$
\begin{aligned}
Z_0(kT_s) &= \int_{-\infty}^{kT_s} Z(\xi)h_r(kT_s-\xi)\mathrm{d}\xi \\
&= \int_{(k-1)T_s}^{kT_s} Z(\xi)h_r(kT_s-\xi)\mathrm{d}\xi + \text{ISI 项}
\end{aligned}
$$

式中, $h_r(\xi)$ 是滤波器的冲激响应,因为已假定取样时刻 kT_s 码间干扰 ISI 为零,所以有

$$Z_0(kT_s) = \int_{(k-1)T_s}^{kT_s} Z(\xi)h_r(kT_s - \xi)\mathrm{d}\xi \tag{3.4-4}$$

将式(3.4-1)代入并进行变量代换得到

$$Z(kT_s) = \begin{cases} \int_0^{T_s} S_1(\xi)h_r(T_s - \xi)\mathrm{d}\xi = S_{01}(kT_s) & b_k = 0 \\ \int_0^{T_s} S_2(\xi)h_r(T_s - \xi)\mathrm{d}\xi = S_{02}(kT_s) & b_k = 1 \end{cases} \tag{3.4-5}$$

$t = kT_s$ 时刻噪声分量为

$$n_0(kT_s) = \int_{-\infty}^{kT_s} n(\xi)h_r(kT_s - \xi)\mathrm{d}\xi \tag{3.4-6}$$

由于 $n(t)$ 是功率谱密度为 $G_n(f)$ 的平稳零均值随机过程,则滤波器输出噪声 $n_0(t)$ 是一个平稳零均值随机过程。其方差(噪声功率)为

$$N_0 = E[n_0^2(t)] = \int_{-\infty}^{+\infty} G_n(f)|H_r(f)|^2\mathrm{d}f \tag{3.4-7}$$

那么 $n_0(t)$ 的概率密度函数为

$$f(n_0) = \frac{1}{\sqrt{2\pi N_0}}\exp\left(\frac{-n_0^2}{2N_0}\right) \tag{3.4-8}$$

取样值 $V_0(kT_s)$ 与门限判决电平 T_0 进行比较,就能对第 k 比特解码,判决出 b_k 是发送的哪一个值。假定选择信号波形 $S_1(t)$ 和 $S_2(t)$,使 $V_0(kT_s) < T_0$ 时,接收机判决 $b_k = 0$,当 $V_0(kT_s) > T_0$ 时,判 $b_k = 1$。那么,误比特率 P_e 为

$$P_e = P[b_k = 0, V_0(kT_s) > T_0 \text{ 或 } b_k = 1, V_0(kT_s) < T_0]$$
$$= \frac{1}{2}P[V_0(kT_s) > T_0 | b_k = 0] + \frac{1}{2}P[V_0(kT_s) < T_0 | b_k = 1] \tag{3.4-9}$$

如果发送的 $b_k = 0$,则接收滤波器在 kT_s 输出的信号加噪声为 $V_0 = S_{01} + n_0$,其中 S_{01} 为常数,而 n_0 则是零均值高斯随机变量,其方差由式(3.4-8)确定,于是,在给定 $b_k = 0$ 条件下, V_0 的条件概率密度函数为

$$f(V_0) = \frac{1}{\sqrt{2\pi N_0}}\exp\left[\frac{-(V_0 - S_{01})^2}{2N_0}\right] \tag{3.4-10}$$

同理可得 $b_k = 1$ 时, V_0 的条件概率密度函数为

$$f(V_0) = \frac{1}{\sqrt{2\pi N_0}}\exp\left[\frac{-(V_0 - S_{02})^2}{2N_0}\right] \tag{3.4-11}$$

综合以上各式可得 P_e 的表达式为

$$P_e = \frac{1}{2}\int_{T_0}^{+\infty} \frac{1}{\sqrt{2\pi N_0}}\exp\left[\frac{-(V_0 - S_{01})^2}{2N_0}\right]\mathrm{d}V_0 + \frac{1}{2}\int_{-\infty}^{T_0} \frac{1}{\sqrt{2\pi N_0}}\exp\left[\frac{-(V_0 - S_{02})^2}{2N_0}\right]\mathrm{d}V_0 \tag{3.4-12}$$

由上式可见, P_e 直接与 T_0 有关。 T_0 应该怎样选择才能使 P_e 最小呢?已经假定,输入数据序列 $\{b_k\}$ 的 0 和 1 出现的概率相等,并且 V_0 的条件概率密度具有对称形状,如图 3-47 所示,根据其中代表错误概率的阴影部分的面积可以证明,最佳门限电平 T_0^* 应该选择等于条件概率密度曲线交点所对应的值,即

$$T_0^* = \frac{S_{01} + S_{02}}{2} \tag{3.4-13}$$

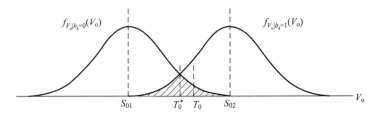

图 3-47　给定时刻的条件概率密度函数曲线

以 T_0^* 值代替式(3.4-12)中的 T_0,则 P_e 为

$$P_e = \int_{\frac{S_{01}+S_{02}}{2}}^{+\infty} \frac{1}{\sqrt{2\pi N_0}} \exp\left[\frac{-(V_0-S_{01})^2}{2N_0}\right] dV_0$$

令 $z = \dfrac{V_0-S_{01}}{\sqrt{N_0}}$,则有

$$P_e = \int_{\frac{S_{01}+S_{02}}{\sqrt{n}}}^{+\infty} \frac{1}{\sqrt{2\pi}} \exp\left(-\frac{z^2}{2}\right) dz \tag{3.4-14}$$

上式表明,二进制数字调制系统中,误比特率 P_e 随 $\dfrac{S_{02}(T_s)-S_{01}(T_s)}{\sqrt{N_0}}$ 增加而单调减小。由式(3.4-6)~式(3.4-8)看出,S_{01},S_{02},$\sqrt{N_0}$ 取决于接收滤波器冲激响应(或传递函数)的选择。所以最佳接收滤波器就是能使比值

$$\gamma = \frac{S_{02}(T_s)-S_{01}(T_s)}{\sqrt{N_0}} \tag{3.4-15}$$

最大或者使 γ^2 最大的滤波器。下面推导最佳滤波器传递函数时将采用最大比值二次方 γ^2,这样就不需要 $S_{01} < S_{02}$ 这一假设条件。

2. 最佳接收滤波器的传递函数

从最佳检测观点来说,就是使检测错误概率最小。一方面是要选择判决门限为最佳值 T_0^*;另一方面,就是选择接收滤波器的传递函数,应该使

$$\gamma^2 = \frac{[S_{02}(T_s)-S_{01}(T_s)]^2}{N_0} \tag{3.4-16}$$

达到最大,式中

$$S_{01}(T_s) - S_{02}(T_s) = \int_0^{T_s} [S_2(\xi)-S_1(\xi)]h_r(T_s-\xi)d\xi$$

$$N_0 = \int_{-\infty}^{+\infty} G_n(f)|H_r(f)|^2 df$$

式中:$h_r(t)$ 是滤波器冲激响应,$H_r(f)$ 为其传递函数。令 $p(t) = S_2(t)-S_1(t)$,$p_0(t) = p(t) * h_r(t)$,因为当 $t < 0$ 时,$p(t) = 0$,当 $\lambda < 0$ 时,$h_r(\lambda) = 0$,所以有

$$S_{02}(T_s) - S_{01}(T_s) = p_0(T_s) = \int_0^{T_s} p(\xi)h_r(T_s-\xi)d\xi$$

$$= \int_{-\infty}^{+\infty} p(\xi)h_r(T_s-\xi)d\xi$$

设 $P(f)$ 是 $p(t)$ 的傅里叶变换,则 $p_0(t)$ 的傅里叶变换为

$$P_0(f) = P(f)H_r(f)$$

$$p_0(t) = \int_{-\infty}^{+\infty} P_0(f)\exp(\mathrm{j}2\pi ft)\mathrm{d}f$$

或

$$p_0(T_s) = \int_{-\infty}^{+\infty} P(f)H_r(f)\exp(\mathrm{j}2\pi ft)\mathrm{d}f$$

于是，γ^2 可记为

$$\gamma^2 = \frac{\left|\int_{-\infty}^{+\infty} H_r(f)P(f)\exp(\mathrm{j}2\pi ft)\mathrm{d}f\right|^2}{\int_{-\infty}^{+\infty} |H_r(f)|^2 G_n(f)\mathrm{d}f} \tag{3.4-17}$$

现在运用施瓦兹不等式来求解使 γ^2 最大的 $H_r(f)$，该不等式的形式为

$$\frac{\left|\int_{-\infty}^{+\infty} X_1(f)X_2(f)\mathrm{d}f\right|^2}{\int_{-\infty}^{+\infty} |X_1(f)|^2\mathrm{d}f} \leqslant \int_{-\infty}^{+\infty} |X_2(f)|^2\mathrm{d}f \tag{3.4-18}$$

式中：$X_1(f)$，$X_2(f)$ 是公共变量 f 的任意函数。当 $X_1(f) = KX_2^*(f)$ 时，不等式取等号。K 为任意常数，$X_2^*(f)$ 是 $X_2(f)$ 的共轭复数。将施瓦兹不等式运用于式(3.4-17)，令

$$X_1(f) = H_r(f)\sqrt{G_n(f)}$$

$$X_2(f) = \frac{P(f)\exp(\mathrm{j}2\pi fT_s)}{\sqrt{G_n(f)}} \tag{3.4-19}$$

求得使 γ^2 最大的滤波器传递函数为

$$H_r(f) = K\frac{P^*(f)\exp(\mathrm{j}2\pi fT_s)}{G_n(f)} \tag{3.4-20}$$

式中：K 为任意常数，$P^*(f)$ 为 $P(f)$ 的复共轭，将上式代入式(3.4-17)得

$$\gamma_{\max}^2 = \int_{-\infty}^{+\infty} \frac{|P(f)|^2}{G_n(f)}\mathrm{d}f \tag{3.4-21}$$

因此，由式(3.4-14)和式(3.4-21)可得最小误比特率为

$$P_e = \int_{\frac{\gamma_{\max}}{2}}^{+\infty} \frac{1}{\sqrt{2\pi}}\exp\left(-\frac{z^2}{2}\right)\mathrm{d}z = Q\left(\frac{\gamma_{\max}}{2}\right) \tag{3.4-22}$$

这是以 Q 函数表示的误比特率公式。

3. 最佳检测接收机

（1）匹配滤波器接收机

如果信道噪声是白噪声，且功率谱密度 $G_n(f) = n_0/2$，由式(3.4-20)，取任意常数 $K = n_0/2$，则滤波器最佳传递函数为

$$H_r(f) = P^*(f)\exp(-\mathrm{j}2\pi fT_s) \tag{3.4-23}$$

则滤波器的冲激响应为

$$h_r(t) = \int_{-\infty}^{+\infty} [P^*(f)\exp(-\mathrm{j}2\pi fT_s)\exp(\mathrm{j}2\pi ft)\mathrm{d}f \tag{3.4-24}$$

式中：$P^*(f)$ 的傅里叶逆变换为 $P(-t)$，$\exp(-\mathrm{j}2\pi fT_s)$ 表示延迟 T_s，于是得到 $h_r(t)$ 为

$$h_r(t) = p(T_s - t)$$

又因为 $P(t) = S_2(t) - S_1(t)$，所以有

$$h_r(t) = S_2(T_s - t) - S_1(T_s - t) \tag{3.4-25}$$

上式表明，滤波器冲激响应是与信号 $S_1(t)$ 和 $S_2(t)$ 匹配的，因而称这种滤波器为匹配滤波器。下面，以图 3-48 所示波形作为例子，来说明上式的物理含义。图 3-48(a) 和图 3-48(b) 表示持续时间为 T_s 的 $S_1(t)$ 和 $S_2(t)$，图 3-48(c) 是波形 $p(t) = S_2(t) - S_1(t)$，图 3-48(d) 表示 $p(t)$ 对于 $t = 0$ 的镜像 $P(-t)$，图 3-48(e) 表示滤波器的脉冲响应 $h_r(t) = p(T_s - t)$，它是 $P(-t)$ 沿正 t 方向平移 T_s 的结果。这里要注意，滤波器是"因果的"（即当 $t < 0, h_r(t) = 0$）且脉冲响应持续时间为 T_s。后者保证了第 k 比特间隔终止时刻的输出信号分量，仅仅由第 k 比特间隔内的输入信号产生，因此没有信号间干扰，这与前面的假设是相吻合的。这种接收机的误比特率由式(3.4-22)给出。

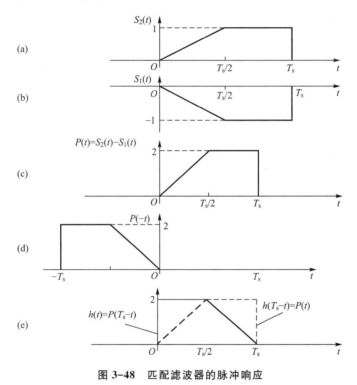

图 3-48　匹配滤波器的脉冲响应

一般来说，要实际得到这种匹配滤波器是非常困难的。式(3.4-23)的传递函数只能作比较精确地近似。下面介绍匹配滤波器的一种替代形式，可以用很简单的电路实现。

（2）相关接收机

这种相关接收机是最佳检测接收机的另一种形式，其实现方法与匹配滤波器不同。接收机在 $t = T_s$ 时刻的输出是

$$V_0(T_s) = \int_0^{T_s} V(\xi) h_r(T_s - \xi) \mathrm{d}\xi$$

这里，$V(\xi)$ 是含有噪声的接收机输入信号，式中以 $h_r(\xi) = S_2(T_s - \xi) - S_1(T_s - \xi)$ 代入，并注意到，$\xi \in (0, T_s), (T_s - \xi) \in (0, T_s)$，则上式可记为

$$V_0(T_s) = \int_0^{T_s} V(\xi) [S_2(\xi) - S_1(\xi)] \mathrm{d}\xi \tag{3.4-26}$$

按照上式构成的最佳接收机如图 3-49 所示,它称为相关接收机。这里必须指出,图 3-49 中的积分器应当是理想的,且初始条件为零。实际的相关接收机采用图 3-50 所示的电路结构。其中的积分器,在每个信号间隔的终止时刻清洗(或泄放)一次,以保证下一次积分的初始条件为零。如果积分时间常数 $RC \gg T_s$,图 3-50 所示的积分器非常接近理想积分器,因此,其误比特率与图 3-49 所示的理想接收机可认为是相同的。当然,要达到这样的性能,对积分电容的取样和清洗必须精确地同步,而且本地参考信号 $S_2(t) - S_1(t)$ 必须与接收机输入信号分量的相位同相,也就是说,相关接收机完成相干解调。有时,这种相关接收机也称为积分清洗滤波器,是实际逼近匹配滤波器的电路结构之一,应用很广泛。

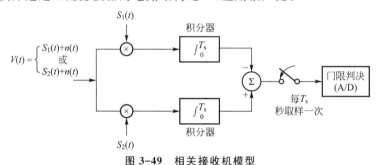

图 3-49　相关接收机模型

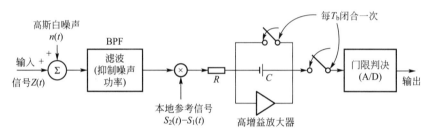

图 3-50　积分清洗相关接收机

3.4.3　二进制数字调制与解调原理

1. 二进制幅度键控

在二进制幅度键控(2ASK)中,载波幅度随着调制信号 1 和 0 的取值而在两个状态之间变化。通常二进制幅度键控中最简单的形式称为通断键控(OOK),即载波在数字信号 1 或 0 的控制下来实现通或断。2ASK 信号的时域表达式为

$$s_{2ASK}(t) = a_n \cos \omega_c t \qquad (3.4\text{-}27)$$

式中,A 为载波幅度,ω_c 为载波频率,a_n 为二进制数字信息,a_n 可表示为

$$a_n = \begin{cases} 1 & \text{出现概率为 } P \\ 0 & \text{出现概率为 } 1-P \end{cases}$$

一般情况下,调制信号是具有一定波形形状的二进制脉冲序列,可表示为

$$s(t) = \sum_n a_n g(t - nT_s)$$

式中:T_s 为调制信号间隔;$g(t)$ 为单极性脉冲信号的时间波形,通常为矩形脉冲波形,表示二进制数字信息。比如当序列 a_n 为 1011001 时所对应的 $s(t)$ 波形,以及 $s(t)$ 对载波信号进行

调制所得的 OOK 的典型波形如图 3-51 所示。

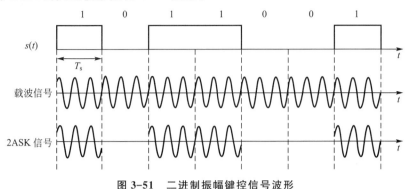

图 3-51　二进制振幅键控信号波形

二进制幅度键控信号的一般时域表达式为

$$s_{2ASK}(t) = \left[\sum_n a_n g(t - nT_s) \right] \cos \omega_c t \qquad (3.4\text{-}28)$$

此式为双边带调幅信号的时域表达式,它说明 2ASK 信号是双边带调幅信号。

二进制幅度键控的调制器可以用一个乘法器来实现,如图 3-52(a)所示。对于 OOK 信号来说,相乘器可用一个开关电路来代替,如图 3-52(b)所示。

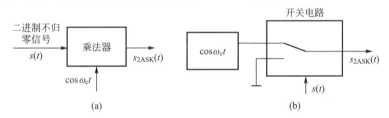

图 3-52　二进制振幅键控信号调制器原理框图

同模拟调幅信号的解调一样,2ASK 信号也有包络检波和相干解调两种方式,两种解调器的框图如图 3-53 所示。相干解调需要在接收端产生一个本地的相干载波,由于设备复杂,因此在 2ASK 系统中很少使用。

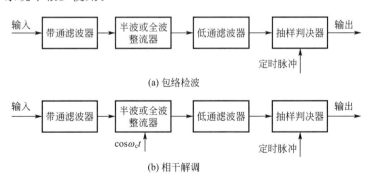

图 3-53　2ASK 解调器的框图

2. 二进制频移键控

二进制频移键控(2FSK)是利用载波的频率变化来传递数字信息的。在二进制情况下,1 对应于载波频率 f_1,0 对应于载波频率 f_2。2FSK 信号可以表示为

$$s_{2FSK}(t) = \begin{cases} S_1(t) = A\cos 2\pi f_1 t & \text{数据 1} \\ S_2(t) = A\cos 2\pi f_2 t & \text{数据 0} \end{cases} \tag{3.4-29}$$

2FSK 信号在形式上如同两个不同频率交替发送的 ASK 信号相叠加,因此已调信号的时域表达式为

$$s_{2FSK}(t) = \left[\sum_n a_n g(t-nT_s) \right]\cos \omega_1 t + \left[\sum_n \overline{a_n} g(t-nT_s) \right]\cos \omega_2 t \tag{3.4-30}$$

这里,$\omega_1 = 2\pi f_1$,$\omega_2 = 2\pi f_2$,$\overline{a_n}$ 是 a_n 的反码。当 $g(t)$ 为单个矩形脉冲时,2FSK 信号的波形如图 3-54(a)所示,该波形可分解为图 3-54(b)和图 3-54(c)所示的波形。设两个载频的中心频率为 f_c,频差为 Δf,则

$$f_c = \frac{f_1 + f_2}{2} \qquad \Delta f = f_2 - f_1$$

定义调制指数 h 为

$$h = \frac{f_2 - f_1}{R_s} = \frac{\Delta f}{R_s} \tag{3.4-31}$$

式中,R_s 是数字基带信号的传输速率。

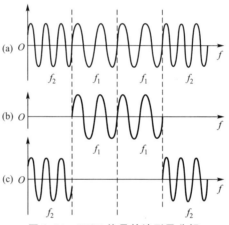

图 3-54　2FSK 信号的波形及分解

在 FSK 信号中,当载波频率发生变化时,一般来说载波的相位变化是不连续的。这种信号称为相位不连续的 FSK 信号。相位不连续的 FSK 信号通常用频率选择法产生,如图 3-55 所示,两个独立的振荡器作为两个频率的载波发生器,它们受控于输入的二进制信号。二进制信号通过两个门电路控制其中一个载波信号通过。2FSK 信号的解调也有非相干和相干两种。FSK 信号可以看成是用两个频率源交替输出得到的,所以 FSK 接收机由两个并联的 ASK 接收机组成。图 3-56 示出了非相干 FSK 和相干 FSK 接收机的框图,其原理和 ASK 信号的解调相同。

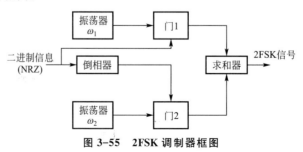

图 3-55　2FSK 调制器框图

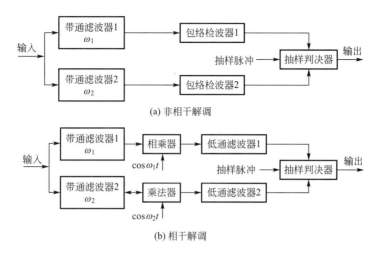

(a) 非相干解调

(b) 相干解调

图 3-56 2FSK 解调器框图

3. 二进制绝对相移键控

二进制绝对相移键控(2PSK)是用二进制数字信号控制载波的两个相位,这两个相位通常相隔 π 弧度,例如用相位 0 和 π 分别表示 1 和 0。所以这种调制又称二相相移键控。二进制相移键控信号的时域表达式为

$$s_{2PSK}(t) = \left[\sum_n a_n g(t - nT_s) \right] \cos \omega_c t \tag{3.4-32}$$

这里的 a_n 为双极性数字信号,即

$$a_n = \begin{cases} +1 & \text{数据 1} \\ -1 & \text{数据 0} \end{cases}$$

如果 $g(t)$ 是幅度为 1,宽度为 T_s 的矩形脉冲,则 2PSK 信号可表示为

$$s_{2PSK}(t) = \begin{cases} +\cos \omega_c t & \text{数据 1} \\ -\cos \omega_c t & \text{数据 0} \end{cases} \tag{3.4-33}$$

当数字信号的传输速率 $r_s = 1/T_s$ 与载波频率间有整数倍关系时,2PSK 信号的典型波形如图 3-57 所示。2PSK 调制器可以采用相乘器,也可以采用相位选择器,如图 3-58 所示。由于 PSK 信号的功率谱中无载波分量,因此必须采用相干解调的方式。2PSK 相干解调器模型如图 3-59 所示。

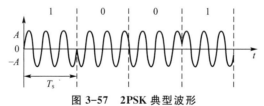

图 3-57 2PSK 典型波形

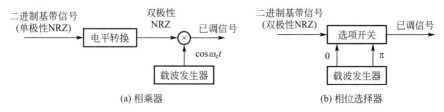

(a) 相乘器

(b) 相位选择器

图 3-58 2PSK 调制器模型

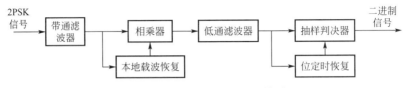

图 3-59　2PSK 相干解调器模型

2PSK 信号的调制和解调过程如表 3-8 所示。由于本地载波恢复电路存在相位模糊，即恢复的载波与接收信号的载波可能存在 π 的相位差，造成了解调后的数字信号可能极性完全相反，形成 1 和 0 的倒置，引起信息接收错误。为了克服相位模糊对于解调的影响，通常要采用差分相移键控的调制方法。

表 3-8　2PSK 信号的调制和解调过程

信号码 a_n	1	0	1	1	0	1	0	0	1	1	1
码元相位 ϕ	0	π	0	0	π	0	π	π	0	0	0
本地载波相位 ϕ_1	0	0	0	0	0	0	0	0	0	0	0
本地载波相位 ϕ_2	π	π	π	π	π	π	π	π	π	π	π
$[\phi \cdot \phi_1]$极性	+	−	+	+	−	+	−	−	+	+	+
$[\phi \cdot \phi_2]$极性	−	−	−	−	+	−	+	+	−	−	−
$\hat{a}_{n1}$	1	0	1	1	0	1	0	0	1	1	1
$\hat{a}_{n2}$	0	1	0	0	1	0	1	1	0	0	0

注：1. $[\phi \cdot \phi_1]$、$[\phi \cdot \phi_2]$极性为"＋"，表示 ϕ 和 ϕ_1 及 ϕ 和 ϕ_2 相位相同；极性为"－"，则相位相差 π。

2. $\hat{a}_{n1}$、$\hat{a}_{n2}$ 分别是相位为 ϕ_1 和 ϕ_2 的本地载波进行相干解调后得到的码。

4. 二进制差分相移键控

在 2PSK 信号中，调制信号的 1 和 0 对应的是载波相位（比如 0 和 π），由于它是利用载波相位的绝对数值传送数字信息的，因此又称为绝对调相。而利用前后码元载波相位相对数值的变化也同样可以传送数字信息，这种方法称为相对调相。

相对调相信号的产生过程是，首先对数字基带信号进行差分编码，即由绝对码变为相对码（差分码），然后再进行绝对调相。基于这种形成过程的二相相对调相信号称为二进制差分相移键控信号，记为 2DPSK。2DPSK 调制器框图及波形如图 3-60 所示。

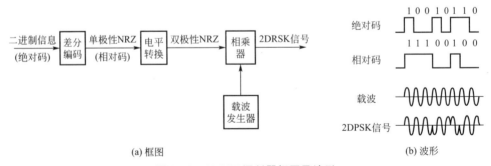

(a) 框图　　　　　　　　　　　　　　　　(b) 波形

图 3-60　2DPSK 调制器框图及波形

DPSK 信号的相干解调之所以能克服载波相位模糊的问题，是因为数字信息是用载波相位的相对变化来表示的。2DPSK 信号的相干解调器和各点波形如图 3-61 所示，其调制和解调过程如表 3-9 所示。DPSK 信号的另一种解调方法是差分相干解调（又称延迟解调），其框图和波形图如图 3-62 所示。用这种方法解调时不需要恢复本地载波，可由收到的信号单独完成。将 DPSK 信号延时一个码元间隔,然后与 DPSK 信号本身相乘(相乘器起相位比较的作用),相乘结果经低通滤波后再抽样判决即可恢复出原始数字信息。只有 DPSK 信号才能采用这种解调方法。2DPSK 信号的调制和延迟解调过程如表 3-10 所示。

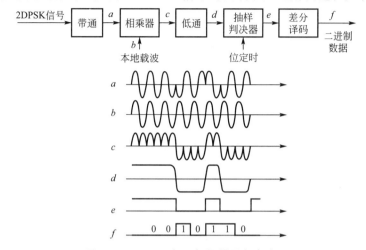

图 3-61 2DPSK 相干解调器及各点波形

表 3-9 2DPSK 信号的调制和解调过程

绝对码 a_n		1	0	1	1	0	1	0	0	1	1	1
差分码 b_n	1	0	0	1	0	0	1	1	1	0	1	0
码元相位 ϕ	0	π	π	0	π	π	0	0	0	π	0	π
本地载波相位 ϕ_1	0	0	0	0	0	0	0	0	0	0	0	π
本地载波相位 ϕ_2	π	π	π	π	π	π	π	π	π	π	π	
$[\phi \cdot \phi_1]$ 极性	+	−	−	+	−	−	+	+	+	−	+	−
$[\phi \cdot \phi_2]$ 极性	−	+	+	−	+	+	−	−	−	+	−	+
$\hat{b}_{n1}$	1	0	0	1	0	0	1	1	1	0	1	0
$\hat{b}_{n2}$	0	1	1	0	1	1	0	0	0	1	0	1
$\hat{a}_n$		1	0	1	1	0	1	0	0	1	1	1

注:1. $[\phi \cdot \phi_1]$、$[\phi \cdot \phi_2]$ 极性为"+",表示 ϕ 和 ϕ_1 及 ϕ 和 ϕ_2 相位相同;极性为"−",则相位相反。

2. $\hat{b}_{n1}$、$\hat{b}_{n2}$ 分别是相位为 ϕ_1 和 ϕ_2 的本地载波进行相干解调后得到的相对码。

3. $\hat{a}_n$ 为对 $\hat{b}_{n1}$ 或 $\hat{b}_{n2}$ 进行差分译码后的码。

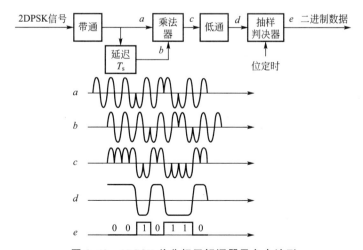

图 3-62 2DPSK 差分相干解调器及各点波形

表 3-10　2DPSK 信号的调制与延迟解调过程

绝对码 a_n		1	0	1	1	0	1	0	0	1	1	1
差分码 b_n	0	1	1	0	1	1	0	0	0	1	0	1
码元相位 ϕ	π	0	0	π	0	0	π	π	π	0	π	0
延迟码元相位 ϕ_d		π	0	0	π	0	0	π	π	π	0	π
$[\phi \cdot \phi_d]$ 极性		$-$	$+$	$-$	$-$	$+$	$-$	$+$	$+$	$-$	$-$	$-$
$\hat{a}_n$		1	0	1	1	0	1	0	0	1	1	1

注：$[\phi \cdot \phi_d]$ 极性为"$+$"，表示 ϕ 和 ϕ_d 相位相同；极性为"$-$"，表示相位相差 π。$\hat{a}_n$ 为延迟调解后的码。

3.4.4　二进制数字调制信号的功率谱密度

在上一节中，我们知道了随机二进制脉冲序列功率谱密度公式为

$$P_s(f) = f_s P(1-P)[G_1(f) - G_2(f)]^2 + \sum_{n=-\infty}^{+\infty} f_s[PG_1(mf_s) + G_2(mf_s)]^2 \delta(f - mf_s)$$

由于二进制数字调制信号中，任一时刻的波形为两个基本波形 $S_1(t)$ 或 $S_2(t)$ 之一，并且 $S_1(t)$ 和 $S_2(t)$ 等概率出现。因此，将 $g_1(t) = S_1(t)$，$g_2(t) = S_2(t)$；$G_1(f) = S_1(f)$，$G_2(f) = S_2(f)$，$P = 1-P = 1/2$ 代入上式，则可求得各种二进制数字调制信号的功率谱密。

1. 2ASK 的功率谱密度

在 2ASK 信号中，已调信号表示为

$$s_{2ASK}(t) = \left[\sum_n a_n g(t - nT_s)\right]\cos \omega_c t$$

$$g(t) = \begin{cases} 1 & \text{当} -\dfrac{T_s}{2} \leqslant t \leqslant \dfrac{T_s}{2} \\ 0 & \text{其他} \end{cases}$$

因此，$S_1(t) = g_1(t)\text{coos}\,\omega_c t$，$S_2(t) = 0$，且

$$S_1(f) = \frac{1}{2}\left[\frac{\sin(f+f_c)T_s}{\pi(f+f_c)} + \frac{\sin(f-f_c)T_s}{\pi(f-f_c)}\right], \quad S_2(f) = 0$$

将 $S_1(f)$、$S_2(f)$ 代入随机二进制脉冲序列功率谱密度公式得

$$P_{2ASK}(f) = \frac{1}{4T_s}\left\{\frac{1}{2}\left[\frac{\sin(f+f_c)T_s}{\pi(f+f_c)} + \frac{\sin(f-f_c)T_s}{\pi(f-f_c)}\right]\right\}^2 +$$

$$\sum_{m=-\infty}^{+\infty}\left|\frac{1}{T_s}\left\{\frac{1}{2}\times\frac{1}{2}\left[\frac{\sin\pi(mf_s+f_c)T_s}{\pi(mf_s+f_c)} + \frac{\sin\pi(mf_s-f_c)T_s}{\pi(mf_s+f_c)}\right]\right\}\right|^2 \delta(f - mf_s)$$

通常取 $f_c = kf_s$，k 为整数，因此，第二项只有当 $mf_s = \pm f_c$ 时不为零，并且当 $f \pm f_c = m$（m 为整数），可近似认为第一项中的交叉相乘项为零。将上式展开并化简，得

$$P_{2ASK}(f) = \frac{1}{16T_s}\left\{\left[\frac{\sin(f+f_c)T_s}{\pi(f+f_c)T_s}\right]^2 + \left[\frac{\sin(f-f_c)T_s}{\pi(f-f_c)T_s}\right]^2 + [\delta(f+f_c) + \delta(f-f_c)]\right\}$$

$$(3.4-34)$$

二进制振幅键控信号的功率谱密度示意图如图 3-63 所示，由离散谱和连续谱两部分组成。离散谱由载波分量确定，连续谱由基带信号波形 $g(t)$ 确定，二进制振幅键控信号的带宽 B_{2ASK} 是基带信号带宽的两倍。

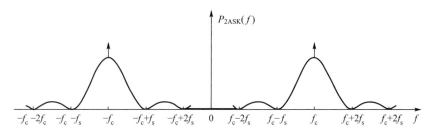

图 3-63　2ASK 信号的功率谱密度曲线

2. 2FSK 信号的功率谱密度

2FSK 信号波形由两个基本波形组成，即频率为 f_1 和频率 f_2 的正弦波信号。因此，$S_1(t)=g(t)\cos\omega_1 t$，$S_2(t)=g(t)\cos\omega_2 t$。其中 $g(t)$ 是宽度为 T_s 的矩形脉冲波形。因此，可得

$$S_1(f)=\frac{1}{2}\left[\frac{\sin(f+f_1)T_s}{\pi(f+f_1)}+\frac{\sin(f-f_1)T_s}{\pi(f-f_1)}\right]$$

$$S_2(f)=\frac{1}{2}\left[\frac{\sin(f+f_2)T_s}{\pi(f+f_2)}+\frac{\sin(f-f_2)T_s}{\pi(f-f_2)}\right]$$

将上两式代入随机二进制脉冲序列功率谱密度公式，通常取 $f_1=k_1f_s$，$f_2=k_2f_s$，k_1，k_2 为整数，因此，第二项只有当 $mf_s=\pm f_1$ 或 $mf_s=\pm f_2$ 时不为零，并且近似认为第一项中的交叉相乘项为零。将代入后的式子展开并化简，得

$$P_{2FSK}(f)=\frac{1}{16T_s}\left\{\left[\frac{\sin(f+f_1)T_s}{\pi(f+f_1)}+\frac{\sin(f-f_1)T_s}{\pi(f-f_1)}\right]^2\right\}$$

$$+\frac{T_s}{16}\left\{\left[\frac{\sin(f+f_2)T_s}{\pi(f+f_2)}+\frac{\sin(f-f_2)T_s}{\pi(f-f_2)}\right]^2\right\}$$

$$+\frac{T_s}{16}[\delta(f+f_1)+\delta(f-f_1)+\delta(f+f_2)+\delta(f-f_2)] \tag{3.4-35}$$

由上式可知，相位不连续的二进制频移键控信号的功率谱由离散谱和连续谱组成，如图 3-64 所示。其中，离散谱位于两个载频 f_1 和 f_2 处；连续谱由两个中心位于 f_1 和 f_2 处的双边谱叠加形成；若两个载波频差小于 f_s，则连续谱在 f_c 处出现单峰；若载频差大于 f_s，则连续谱出现双峰。若以二进制频移键控信号功率谱第一个零点之间的频率间隔计算二进制频移键控信号的带宽，则该二进制频移键控信号的带宽 B_{2FSK} 为

$$B_{2FSK}=|f_1-f_2|+2f_s \tag{3.4-36}$$

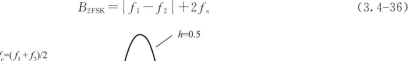
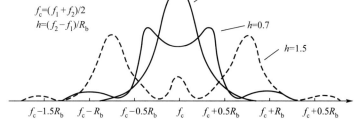

图 3-64　相位不连续 2FSK 信号的功率谱示意图

3. 2PSK 和 2DPSK 信号的功率谱密度

2PSK 和 2DPSK 信号波形都可以看成是由两个基本波形 $S_1(t)=g(t)\cos\omega_c t$ 和 $S_2(t)=-g(t)\cos\omega_c t$ 组成,很容易求得

$$S_1(f)=\frac{1}{2}\left[\frac{\sin(f+f_c)T_s}{\pi(f+f_c)}+\frac{\sin(f-f_c)T_s}{\pi(f-f_c)}\right]$$

$$S_2(f)=-S_1(f)$$

同样将上两式以及 $P=1-P=1/2$ 代入随机二进制脉冲序列功率谱密度公式,容易看出,第二项为零,且近似认为第一项中的交叉相乘项为零。将代入后的式子展开并化简,得

$$P_{2FSK}(f)=\frac{T_s}{4}\left\{\left[\frac{\sin(f+f_c)T_s}{\pi(f+f_c)T_s}\right]^2+\left[\frac{\sin(f-f_c)T_s}{\pi(f-f_c)T_s}\right]^2\right\} \tag{3.4-37}$$

由上式可以看出,当二进制基带信号的 1 和 0 出现的概率相等时,二进制相移键控信号的功率谱密度仅由连续谱组成,其结构与二进制振幅键控信号的功率谱密度相似,带宽也是基带信号带宽的两倍。当二进制基带信号的 1 和 0 出现概率不相等时,则还存在离散谱。2PSK信号的功率谱密度如图 3-65 所示。

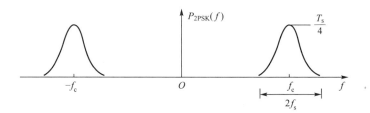

图 3-65 2PSK(2DPSK)信号的功率谱密度示意图

3.4.5 多进制数字调制

在多进制的数字信号调制中,在每个符号间隔 $0\le t\le T_s$ 内,可能发送的符号有 M 种,即 $S_1(t),S_2(t),\cdots,S_M(t)$ 基带信号调制载波,就可以得到多进制数字调制信号。通常,取多进制数 M 为 2 的幂($M=2^n$)。当携带信息的参数分别为载波的幅度、频率或相位时,数字调制信号为 M 进制幅度键控(MASK)、M 进制频移键控(MFSK)或 M 进制相移键控(MPSK)。由于 M 进制数字信号调制中,每个符号可以携带 $\log_2 M$ 比特信息,因此当信道频带受限时,采用 M 进制数字信号调制可以增大信息传输速率,提高频带利用率。其代价是需增加信号功率以保证信号传输性能。

1. 多进制幅度键控

在多进制的幅度键控(MASK)信号中,载波幅度有 M 种取值。当基带信号的码元间隔为 T_s 时,M 进制幅度键控信号的时域表达式为

$$s_{2MSK}(t)=\left[\sum_n a_n g(t-nT_s)\right]\cos\omega_c t \tag{3.4-38}$$

式中,$g(t)$ 为基带信号的波形,ω_c 为载波的角频率,a_n 为幅度值且有 M 种取值。

MASK 信号相当于 M 电平的基带信号对载波进行双边带调幅,MASK 信号的带宽与 2ASK 信号的带宽相同,都是基带信号带宽的 2 倍。但是 M 进制基带信号的每个码元携带

了 $\log_2 M$ 比特信息,这样在带宽相同的情况下,MASK 信号的信息速率是 2ASK 信号的 $\log_2 M$ 倍。或者说在信息速率相同的情况下,MASK 信号的带宽仅为 2ASK 信号的 $1/\log_2 M$。

MASK 的调制方法与 2ASK 的相同,但是首先要把基带信号由二电平变为 M 电平。将二进制信息序列分为 n 个一组,$n=\log_2 M$,然后变换为 M 电平基带信号。M 电平基带信号对载波进行调制,便可得到 MASK 信号。由于是多电平调制,因此要求调制器在调制范围内是线性的,即已调信号的幅度与基带信号的幅度成正比,下面简单看一个例题。

【例 3.3】 对数字基带序列 01111000010010110001 进行 4ASK 调制。

解　$n=\log_2 4=2$,故首先将序列每两个一组变换为 4 电平信号,即用 4 组二进制码对 4 种电平编码。用 00 表示 0,01 表示 1,10 表示 2,11 表示 3。当然,编码方式不唯一。则原序列变为 4 电平序列 1320102301[如图 3-66(a)],对载波调制后,得到 4ASK 波形如图 3-66(b)所示。

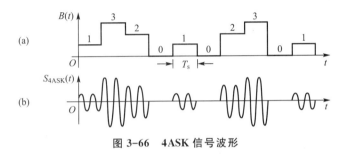

图 3-66　4ASK 信号波形

MASK 调制中最简单的基带信号波形是矩形。为了限制信号频谱也可以采用其他波形,例如升余弦滚降信号或部分响应信号等。

MASK 信号的解调可以采用包络检波或相干解调的方法,其原理与 2ASK 信号的解调完全相同。

2. 多进制相移键控

在多进制相移键控(MPSK)中,载波相位有 M 种取值。当基带信号的码元间隔为 T_s 时,MPSK 信号可表示为

$$s_{MPSK}(t)=\sqrt{\frac{2E_s}{T_s}}\cos(\omega_c t+\phi_i),\quad i=0,1,\cdots,M-1 \tag{3.4-39}$$

式中,E_s 为信号在一个码元间隔内的能量,ω_c 为载波频率,ϕ_i 为有 M 种取值的相位。

MPSK 信号仅用相位携带基带信号的数字信息,为了表达出基带信号与载波相位的联系,可将码元持续时间为 T_s 的基带信号用矩形函数表示,即

$$\text{rect}(t)=\begin{cases}1 & 0\leqslant t\leqslant 1\\ 0 & \text{其他}\end{cases}$$

这样 MPSK 信号的表达式又可写成

$$s_{MPSK}(t)=\sum_n\sqrt{\frac{2E_s}{T_s}}\text{rect}(t-nT_s)\cos(\omega_c t+\phi_i) \tag{3.4-40}$$

式中,矩形函数与基带信号的码元相对应,$\phi(n)$ 为载波在 $t=nT_s$ 时刻的相位,取式(3.4-29)中 ϕ_i 的某一种取值。ϕ_i 有 M 种取值,通常是等间隔的,即

$$\phi_i=\frac{2\pi i}{M}+\theta,\quad i=0,1,\cdots,M-1$$

式中，θ 为初相位。为计算方便，设 $\theta=0$，将式 (3.4-30) 展开，得到：

$$s_{\mathrm{MPSK}}(t) = \cos \omega_c t \sum_n \cos \phi(n) \sqrt{\frac{2E_s}{T_s}} \mathrm{rect}(t-nT_s) - \sin \omega_c t \sum_n \sin \phi(n) \sqrt{\frac{2E_s}{T_s}} \mathrm{rect}(t-nT_s)$$

令 $a_n = \sqrt{\dfrac{2E_s}{T_s}} \cos \phi(n)$，$b_n = \sqrt{\dfrac{2E_s}{T_s}} \sin \phi(n)$ 则

$$s_{\mathrm{MPSK}}(t) = \left[\cos \omega_c t \sum_n a_n \mathrm{rect}(t-nT_s)\right] - \left[\sin \omega_c t \sum_n b_n \mathrm{rect}(t-nT_s)\right] \quad (3.4\text{-}41)$$

式 (3.4-41) 中的每一项都是一个 M 电平双边带调幅信号即 MASK 信号，但载波是正交的。这就是说，MPSK 信号可以看成是两个正交载波的 MASK 信号的叠加，所以 MPSK 信号的频带宽度应与 MASK 信号的频带宽度相同。与 MASK 信号一样，当信息速率相同时，MPSK 信号与 2PSK 信号相比，带宽节省到 $1/\log_2 M$，即频带利用率提高了 $\log_2 M$ 倍。

式 3-80 又可简写为

$$s_{\mathrm{MPSK}}(t) = I(t)\cos \omega_c t - Q(t)\sin \omega_c t \quad (3.4\text{-}42)$$

式中，

$$I(t) = \sum_n a_n \mathrm{rect}(t-nT_s)，\quad Q(t) = \sum_n b_n \mathrm{rect}(t-nT_s)]$$

通常将式 (3.4-42) 的第一项称为同相分量，第二项称为正交分量。由此可知，MPSK 信号可以用正交调制的方法产生。MPSK 信号是相位不同的等幅信号，所以用矢量图可对 MPSK 信号进行形象而简单的描述。在矢量图中通常以 0 相位载波作为参考矢量。图 3-67 给出 $M=2$，$M=4$，$M=8$ 三种情况下的矢量图。当初始相位 $\theta=0$ 和 $\theta=\pi/M$ 时，矢量图有不同的形式。2PSK 信号的载波相位只有两种取值 0 和 π，或 $\pi/2$ 和 $3\pi/2$，它们分别对应于数字信息 1 和 0，如图 3-67(a) 和图 3-67(d) 所示。4PSK 时，4 种相位为 0，$\pi/2$，π 和 $3\pi/2$，或为 $\pi/4$，$3\pi/4$，$5\pi/4$，$7\pi/4$，它们分别对应数字信息 11，01，00 和 10，如图 3-67(b) 和图 3-67(e) 所示。8PSK 时，8 种相位分别为 0，$\pi/4$，$\pi/2$，$3\pi/4$，π，$5\pi/4$，$3\pi/2$，$7\pi/4$，或为 $\pi/8$，$3\pi/8$，$5\pi/8$，$7\pi/8$，$9\pi/8$，$11\pi/8$，$13\pi/8$，$15\pi/8$，如图 3-67(c) 和图 3-67(f) 所示。不同初始相位的 MPSK 信号的原理没有差别，只是实现的方法稍有不同。

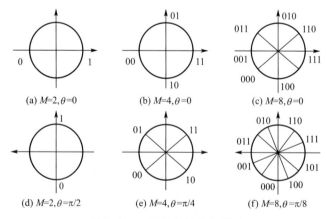

图 3-67 MPSK 信号的矢量图

在 MPSK 信号的调制中，随着 M 值的增加，相位之间的相位差减小，使系统的可靠性降低。因此 MPSK 调制中最常用的是 4PSK 和 8PSK。4PSK 又称 QPSK。QPSK 信号的产生方法有正交调制法、相位选择法和插入脉冲法，后两种方法的载波采用方波。

QPSK 正交调制器框图如图 3-68 所示。输入的串行二进制码经串/并变换,分为两路速率减半的序列,电平发生器分别产生双极性二电平信号 $I(t)$ 和 $Q(t)$,然后分别对同相载波和正交载波进行调制,相加后即得到了 QPSK 信号。$I(t)$ 和 $Q(t)$ 的典型波形如图 3-68(b)所示。

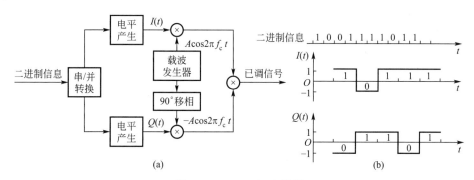

图 3-68 QPSK 正交调制

QPSK 也可以用相位选择法产生,用数字信号去选择所需相位的载波,从而实现相移键控,其原理框图如图 3-69 所示。载波发生器产生 4 种相位的载波,输入的数字信息经串/并变换成为双比特码,经逻辑选择电路,每次选择其中一种作为输出,然后经过带通滤波器滤除高频分量。这是一种全数字化的方法,适合于载波频率较高的场合。

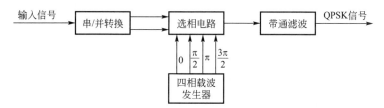

图 3-69 相位选择法产生 QPSK 信号

8PSK 是另一种常用的多相键控。它是用载波的 8 种相位代表二进制码元。八进制的每个码元包含 3 个二进制码,称为 3 比特码元。8PSK 调制框图如图 3-70(a)所示。输入的二进制信息序列经串/并变换,每次产生一个 3 位码组 $b_1b_2b_3$,在 $b_1b_2b_3$ 的控制下,同相路和正交路分别产生一个 4 电平基带信号 $I(t)$ 和 $Q(t)$。b_1 用于决定同相路信号的极性,b_2 决定正交路信号的极性,b_3 则用于确定同相路和正交路信号的幅度。为保证已调信号的幅度相同,同相路与正交路的基带信号幅度互相关联,不能独立选取。如图 3-70(b)所示,设 8PSK 信号幅度为 1,则 $b_3=1$ 时同相路幅度应为 0.924,而正交路幅度为 0.383;$b_3=0$ 时同相路幅度为 0.383,而正交路幅度为 0.924。这样 $I(t)$ 的极性和幅度由 b_1b_3 决定,$Q(t)$ 的极性和幅度由 b_2b_3 决定。$I(t)$ 和 $Q(t)$ 分别对同相载波和正交载波进行幅度调制,得到两个 4ASK 信号,由式(3.4-42)可知,其叠加结果为 8PSK 信号。

由式(3.4-42)可知 MPSK 信号等效于两个正交载波的幅度调制,所以 MPSK 信号可以用两个正交的本地载波信号实现相干解调。以 QPSK 为例,图 3-71 示出相干解调器的框图。同相路和正交路分别设置两个相关器。QPSK 信号同时送到解调器的两个信道,在相乘器中与对应的载波相乘,并从中取出基带信号送到积分器,在 $0\sim2T_s$ 时间内积分,分别得到 $I(t)$ 和 $Q(t)$,再经抽样判决和并/串变换,即可恢复原始信息。

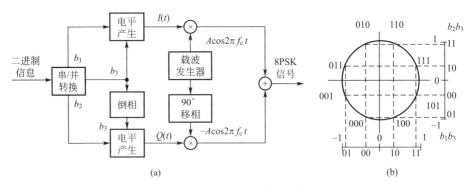

图 3-70　8PSK 正交调制器

8PSK 也可采用如图 3.4-28 所示的相干解调方式,但电平判决为 4 电平判决。8PSK 还可采用其他相干解调方式。在 MPSK 相干解调中恢复载波时,同样存在相位模糊问题。与 2PSK 一样,对 M 进制调相也要采用相对调相的方法。对输入的二进制信息进行串/并变换时,进行逻辑运算,将其编为多进制差分码,然后再进行绝对调相。解调时,可以采用相干解调和差分译码的方法,也可采用差分相干解调法。

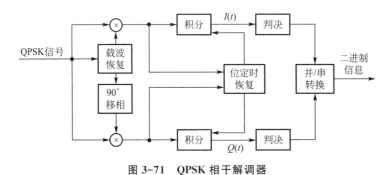

图 3-71　QPSK 相干解调器

3. 多进制频移键控

在多进制频移键控(MFSK)中,载波频率有 M 种取值。MFSK 信号的表达式为

$$s_{\text{MFSK}}(t) = \sqrt{\frac{2E_s}{T_s}} \cos(\omega_i t + \phi_i), \quad 0 \leqslant t \leqslant T_s, \quad i = 0, 1, \cdots, M-1 \qquad (3.4\text{-}43)$$

式中,E_s 为单位符号的信号能量;ω_i 为载波角频率,有 M 种取值。MFSK 调制可用频率选择法实现,如图 3-72 所示。二进制信息经串/并变换后形成 M 种形式,通过逻辑电路分别控制 M 个振荡源。MFSK 信号通常用非相干解调,如图 3-73 所示。

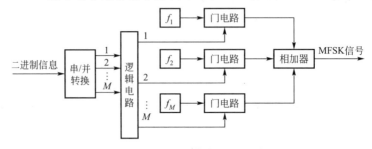

图 3-72　MPSK 非相干调制器

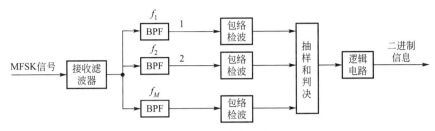

图 3-73　MPSK 非相干解调器

【例 3.4】　带通型信道的带宽为 3 000 Hz,基带信号是二元 NRZ 码。求 2PSK 和 QPSK 信号的频带利用率和最高信息速率。

解　设码元速率为 R_b,码元宽度为 T_s,当 2PSK 信号的带宽取谱零点带宽时,频带利用率为

$$\eta_{2PSK} = \frac{R_b}{B_{2PSK}} = \frac{1/T_s}{2/T_s} = 0.5 (\text{bit} \cdot \text{s}^{-1}/\text{Hz})$$

取信号的带宽为信道带宽,得最高信息速率为

$$R_b = \eta_{2PSK} B_{2PSK} = 0.5 \times 3\ 000 = 1\ 500 (\text{bit/s})$$

MPSK 信号的频带利用率是 2PSK 信号的 $\log_2 M$ 倍,所以 QPSK 信号的频带利用率为

$$\eta_{QPSK} = \eta_{2PSK} \times \log_2 4 = 0.5 \times 2 = 1 (\text{bit} \cdot \text{s}^{-1}/\text{Hz})$$

同样,取 QPSK 信号的带宽为信道带宽,得最高信息速率为

$$R_b = \eta_{QPSK} B_{QPSK} = 1 \times 3\ 000 = 3\ 000 (\text{bit/s})$$

可见,在带宽不变的前提下,多进制调制信号提高了信息传输速率。多进制调制技术在当前的通信领域应用非常广泛,例如,通过电话线上网常用的 1 200 bit/s 调制解调器 Modem,其内部对数字信号采用的就是四进制调相技术,遵循的标准是 Ball212A 和 CCITT V.22;而 2 400 bit/s 的 Modem 采用正交幅度调制技术(QAM),其标准为 V.22 bis;还有执行 V.29 标准的 9 600 bit/s 调制解调器,执行 V.32 标准采网格编码调制技术的更高速的调制解调器等。

3.5　数字调制技术

随着大容量和远距离数据通信技术的发展,现代通信要求传输信号频谱利用率高、抗多径干扰能力强、带外衰减快。为了提高频谱利用率,可采用多进制调制,但为了保证信号传输性能,需要较高的发射功率。根据奈奎斯特第一准则,基带信号最高频谱利用率为 2 Bd·s⁻¹/Hz,信号经过线性调制后,已调信号带宽与基带信号带宽成正比。因此,减小基带信号频谱的主瓣宽度和提高旁瓣衰减是提高频带利用率的一个方向。在卫星通信中,需进行大功率发射,发射机信号存在非线性失真,为了减小非线性失真,采用恒包络调制技术。所谓恒包络调制技术是指已调波的包络保持为恒定。恒包络调制技术所产生的已调波,通过非线性部件时,只产生很小的频谱扩展。此外,在移动信道和短波、超短波信道中,存在着严重的多径效应,限制了数据传输速率,因此要求已调信号具备较强的抗多径干扰的能力。下面就近些年发展起来的一些现代数字调制技术进行介绍。

3.5.1　正交振幅调制

正交振幅调制(QAM)是利用两路独立的基带数字信号分别对两个相互正交的载波进行

抑制载波的双边带调制,即利用已调信号在相同的带宽内频谱正交来实现两路并行的数字信息传输。由于在同一带宽内传输两个相互正交的双边带信号,所以频带利用率高,因而 QAM 主要用于高速数据传输系统中。正交振幅调制系统组成原理框图如式(3.5-1)所示,其中,发端形成的信号为

$$s_{QAM}(t) = x(t)\cos \omega_c t + y(t)\sin \omega_c t$$

$$x(t) = \sum_{k=-\infty}^{+\infty} x_k g(t - kT_s) \quad y(t) = \sum_{k=-\infty}^{+\infty} y_k g(t - kT_s) \tag{3.5-1}$$

式中,$x(t)$、$y(t)$为两路独立的基带波形,可以是二进制波形或多进制波形;T_s为码元间隔;x_k 和 y_k 一般为双极性 M 进制码元,取值间隔相等,例如取值为 $\pm 1, \pm 3, \cdots, \pm(M-1)$ 等。如果 x_k 和 y_k 为双极性二进制码元,$x_k = \pm 1, y_k = \pm 1, x(t)$、$y(t)$为双极性二进制波形,则已调波信号称为二电平幅度调制或 4QAM,也记为 2-QAM;如果有 $y_k = \pm 1, \pm 3, x_k = \pm 1,\pm 3, x(t)$、$y(t)$为双极性四进制波形,则已调波信号称为 4 电平正交幅度调制或 16QAM 也记为 4-QAM。还有 8 电平幅度调制,即 64QAM,或记为 8-QAM;目前广泛使用的还有 16 电平幅度调制,即 256QAM,或记为 16-QAM。正交振幅调制(QAM)信号对应的空间信号矢量端点分布图称为星座图。图 3-74(a)为 4QAM,16QAM,64QAM 的星座图,图 3-74(b)为 16QAM 星座图对应的四进制码元 x 和 y 以及相应的二进制码 a_1, a_2 和 b_1, b_2。

通常,原始数字数据都是二进制的。为了得到多进制的 M-QAM 信号,首先应将二进制信号转换成 M 进制信号,然后进行正交调制,最后再将两路已调信号相加。

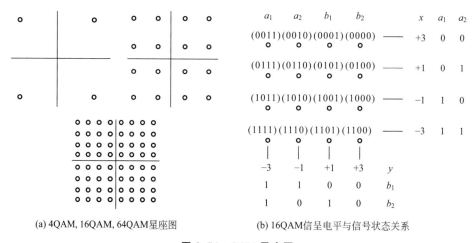

(a) 4QAM, 16QAM, 64QAM星座图

(b) 16QAM信呈电平与信号状态关系

图 3-74   QAM 星座图

QAM 信号采取正交相干解调的方法解调,其数学模型如图 3-75 所示。解调器首先对收到的 QAM 信号进行正交相干解调。低通滤波器 LPF 滤除乘法器产生的高频分量。低通滤波器输出的信号经抽样判决后可恢复出 M 电平信号 $x(t)$ 和 $y(t)$。

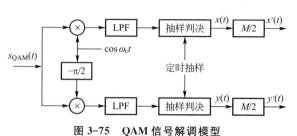

图 3-75   QAM 信号解调模型

因为 x_k 和 y_k 取值一般为 $\pm1,\pm3,\cdots,\pm(M-1)$，所以判决电平应设在信号电平间隔的中点，即 $U_T=0,\pm2,\pm4,\cdots,\pm(M-2)$。容易看出，$M=2$ 时，得到的 4QAM 信号，其产生、解调、性能及相位矢量均与 4PSK 相同。由于 QAM 信号采用正交相干解调。所以它的噪声性能分析与 ASK 系统相干解调分析类似。图 3-76 给出了几种调制方式的 P_e-γ 关系曲线。P_e 为系统误码率，γ 为信号的信噪比。由图 3-75 还可以看出，在相同的 γ 下，随着 M 增大，QAM 系统的性能下降。或者说，在相同的 P_e 下，随着 M 的增大，QAM 系统所要求的输入信噪比上升。这种性能下降的问题，可通过在接收机中使用自动功率控制来解决。在接收机中，当 AGC 电压达到一给定电平时，给发射机发一指令，使发射机增加发射功率，即可提高输入信噪比，从而提高系统的性能。除此之外，还有其他技术，如前向纠错编码和时域均衡等。使用这些技术，可使 64QAM 和 16QAM 之间的性能几乎没有差别。

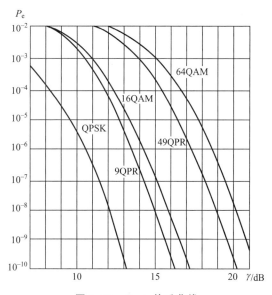

图 3-76　P_e-γ 关系曲线

3.5.2　交错正交相移键控

前面讨论过 QPSK 信号，它的频带利用率较高，理论值达 1 bit·s^{-1}/Hz。但当码组 0011 或 0110 时，产生 180° 的载波相位跳变。这种相位跳变引起包络起伏，当通过非线性部件后，使已经滤除的带外分量又被恢复出来，导致频谱扩展，增加对邻波道的干扰。为了消除 180° 的相位跳变，在 QPSK 基础上提出了交错正交相移键控（OQPSK）调制方式。

OQPSK 是在 QPSK 基础上发展起来的一种恒包络数字调制技术，是 QPSK 的改进型，也称为偏移 4 相相移键控（Offset-QPSK）。它与 QPSK 有同样的相位关系，也是把输入码流分成两路，然后进行正交调制。不同点在于它将同相和正交两支路的码流在时间上错开了半个码元周期。由于两支路码元半周期的偏移，每次只有一路可能发生极性翻转，不会发生两支路码元极性同时翻转的现象。因此，OQPSK 信号相位只能跳变 0°、$\pm90°$，不会出现 180° 的相位跳变。例如，输入数据 $\{a_k\}$ 在串/并变换后再交错形成的 I、Q 分量如表 3-11 所示。由表可见，OQPSK 信号在每一个码元转换时刻都可能产生一次相位跳变（即每隔 $T_b=T_s/2$ 就可能跳变一次），但每次的跳变量都限于 $\pm\pi/2$，如图 3-77 中箭头所示。

表 3-11　输入数据串/并变换再交错分量表

$\{a_k\}$	+1+1	−1+1	+1−1	−1+1	+1+1	−1−1	+1+1	−1−1	+1−1
I	+1	−1	+1	−1	+1	−1	+1	−1	+1
Q	+1	+1	−1	+1	+1	−1	+1	−1	−1

　　OQPSK 信号的产生原理可由图 3-78 来说明,其中 $T_s/2$ 的延迟电路是为了保证 I、Q 两路码元偏移半个码元周期,其他均与 QPSK 作用相同。OQPSK 信号可采用正交相干解调方式解调,其原理如图 3-79 所示。可以看出,它与 QPSK 信号的解调原理基本相同,其差别仅在于对 Q 支路信号抽样判决时间比 I 支路延迟了 $T_s/2$,这是因为在调制时 Q 支路信号在时间上偏移了 $T_s/2$,所以抽样判决时刻也应偏移 $T_s/2$,以保证对两支路交错抽样。OQPSK 克服了 QPSK 的 180° 的相位跳变,信号通过 BPF 后包络起伏小,性能得到了改善。但是,当码元转换时,相位变化不连续,存在 90° 的相位跳变,因而高频滚降慢,频带仍然较宽。

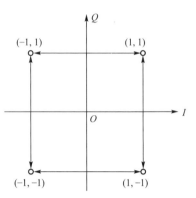

图 3-77　OQPSK 的相位关系

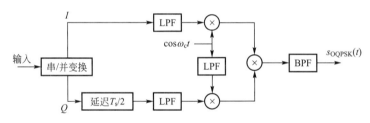

图 3-78　OQPSK 信号的产生

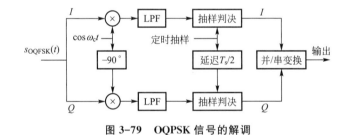

图 3-79　OQPSK 信号的解调

3.5.3　最小频移键控

　　利用两个独立的振荡源产生的 FSK 信号,一般情况下,在频率转换点上相位不连续,使得功率谱产生很大的旁瓣分量,带限后会引起包络起伏。为了克服上述缺点,必须控制 FSK 信号的相位使其保持连续性,这种形式的数字频率调制称为相位连续的频移键控(CPFSK)。

　　在一个码元时间 T_s 内,CPFSK 信号可表示为

$$s_{\text{CPFSK}}(t) = A\cos[\omega_c t + \theta(t)] \tag{3.5-2}$$

式中,ω_c 是未调载波频率,当 $\theta(t)$ 为时间的连续函数时,已调波相位在所有时间上是连续的。若传 0 码时载频为 ω_1,传 1 码时载频为 ω_2,它们相对于未调载波的偏移为 $\Delta\omega$,即 $\omega_1 = \omega_c -$

$\Delta\omega$，$\omega_2 = \omega_c + \Delta\omega$。假设传输数据用 a_k 表示，数据为 1，$a_k = 1$；数据为 0，$a_k = -1$，则上式又可写为

$$s_{CPFSK}(t) = A\cos\{\omega_c t + a_k\Delta\omega[t-(k-1)T_s] + \theta_{k-1}\} \quad (k-1)T_s \leqslant t \leqslant kT_s$$

$$\omega_c = \frac{\omega_1 + \omega_2}{2} \quad \Delta\omega = \frac{\omega_2 - \omega_1}{2} \tag{3.5-3}$$

θ_{k-1} 为 $(k-1)T_s$ 时刻已调波信号相对于未调载波信号的相位。比较上两式可以看出，在第 k 个码元时间内，相对于未调载波的相角为

$$\theta(t) = \omega_c t + a_k\Delta\omega[t-(k-1)T_s] + \theta_{k-1} \quad (k-1)T_s \leqslant t \leqslant kT_s \tag{3.5-4}$$

式中，θ_{k-1} 取决于过去码元调制的结果，当 $t = kT_s$ 时，$\Delta\omega T_s$ 为 T_s 期间相位的变化。

令

$$\Delta\omega T_s = \pi/2$$

即令一个码元周期内相位变化 $\pi/2$，则

$$\Delta\omega = \frac{\pi}{2T_s}$$

即

$$\Delta f = \frac{1}{4T_s}$$

此时，调制信号的最大频偏为码元速率的 $1/4$。当 CPFSK 选择 $\Delta\omega = \dfrac{\pi}{2T_s}$，$\Delta f = \dfrac{1}{4T_s}$ 这种特殊的频偏时，称为最小频移键控（MSK）。MSK 的调制指数为

$$h = \frac{f_2 - f_1}{r_s} = \frac{\dfrac{2\Delta\omega}{2\pi}}{\dfrac{1}{T_s}} = \frac{1}{2} \tag{3.5-5}$$

上式中，$r_s = 1/T_s$ 为码元速率。可以证明当调制指数 $h = 1/2$ 时，FSK 的功率谱带宽最小，所以称为最小频移键控 MSK。将 $\Delta\omega = \dfrac{\pi}{2T_s}$ 代入式(3.5-4)，得到 MSK 信号的相位路径函数为

$$\theta(t) = \omega_c t + a_k\frac{\pi}{2T_s}[t-(k-1)T_s] + \theta_{k-1} \quad (k-1)T_s \leqslant t \leqslant kT_s \tag{3.5-6}$$

假设 $\theta_0 = 0$，则可画出任意时刻数据为 0 或 1 的相位轨迹图，如图 3-80 所示。图中正斜率直线表示传 1 码时的相位轨迹，负斜率直线表示传 0 码时的相位轨迹。这种由可能的相位轨迹构成的图形称为相位网格图。在每一码元时间内，相对于前一码元载波相位不是增加就是减少 $\pi/2$。在 T_s 的奇数倍时刻相位取 $\pi/2$ 的奇数倍；在 T_s 的偶数倍时刻相位取 $\pi/2$ 的偶数倍。因此，MSK 波形的相位 $\theta(t)$ 在每一码元结束时必定为 $\pi/2$ 的整数倍。将上式用相位网格图上直线的截距式表示，设 ϕ_k 为相位网格图上 k 码元期间的直线与纵轴的截距，则

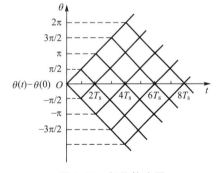

图 3-80　相位轨迹图

$$\theta(t) = a_k\frac{\pi}{2T_s}t + \phi_k \quad (k-1)T_s \leqslant t \leqslant kT_s \tag{3.5-7}$$

因为 $\theta(t)$ 为连续函数，在码元转换点 $(k-1)T_s$ 上相位值应连续，即

$$a_{k-1}\frac{\pi}{2T_s}(k-1)T_s + \phi_{k-1} = a_k\frac{\pi}{2T_s}(k-1)T_s + \phi_k \tag{3.5-8}$$

整理后,得到 ϕ_k 的递推公式为

$$\phi_k = \phi_{k-1} + (a_{k-1} - a_k)(k-1)\pi/2 \tag{3.5-9}$$

由上式可推出 ϕ_k 取值为 $0,\pi$(以 2π 为模)。这个结论可以从相位网络中得到验证,将上式代入式(3.5-2)便可得到 MSK 信号波形的表达式

$$s_{\mathrm{MSK}}(t) = A\cos\left(\omega_c t + a_k \frac{\pi t}{2T_s} + \phi_k\right) \quad (k-1)T_s \leqslant t \leqslant kT_s \tag{3.5-10}$$

将上式利用三角等式展开($\sin \phi_k = 0$)得

$$s_{\mathrm{MSK}}(t) = A\left[a_I(k)\cos\frac{\pi t}{2T_s}\cos\omega_c t - a_Q(k)\sin\frac{\pi t}{2T_s}\sin\omega_c t\right]$$

$$= A[I(t)\cos\omega_c t - Q(t)\sin\omega_c t] \quad (k-1)T_s \leqslant t \leqslant kT_s \tag{3.5-11}$$

式中,$I(t) = a_I(k)\cos\dfrac{\pi t}{2T_s} \quad Q(t) = a_Q(k)\sin\dfrac{\pi t}{2T_s}$

$$a_I(k) = \cos \phi_k \quad a_Q(k) = a_k\cos \phi_k$$

由以上分析可知,MSK 信号可用正交幅度键控的方式产生,$I(t)$、$Q(t)$ 为两个正交支路的加权波形。其具体实现方法是首先对基带数字序列进行差分编码,而后经串/并变换分为两路并行基带信号进行正交幅度键控调制,合成即为 MSK 信号。图 3-81 给出了利用正交幅度键控方式实现 MSK 调制的原理框图。与产生过程相对应,MSK 信号可采取正交相干解调的方法恢复原信息码。

MSK 调制的主要优点是信号具有恒定振幅且信号功率谱密度在主瓣以外衰减得较快。然而,在某些通信场合,如移动通信中,对信号带外辐射功率的限制十分严格,要求对邻近信道的衰减 70~80 dB 以上。因此,近年来对 MSK 信号进行了一些改进,如改进两正交支路的加权函数,改进后的方法称为高斯最小频移键控 GMSK 调制方法。

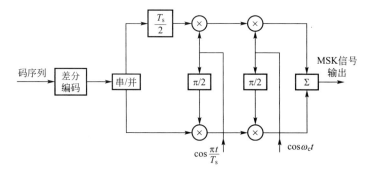

图 3-81　MSK 的正交幅度键控调制原理框图

3.5.4　用高斯滤波的最小频移键控

MSK 信号虽然具有频谱特性和误码性能较好的优点,但是就移动通信的应用而言,它所占的带宽仍较宽。此外,更主要的是其频谱的带外衰减仍不够快,以致在 25 kHz 信道间隔内传输 16 kbit/s 的数字信号时,不可避免地会产生邻道干扰。人们设法对 MSK 的调制方式进行改进,使其在保持 MSK 基本特性的基础上,尽可能加速信号带外频谱的衰减。具体方法,一是改变 MSK 调制器两个支路的加权波形,寻找最优的加权函数,以达到最佳性能;二是从 MSK 信号的相位路径着手,使之在码元转换时刻不但相位连续而且平滑,借以改善频谱特性。前者尚未见有实用的效果,后者可用的方式有多种。其中,用高斯型滤波器先对

原始数据进行过滤,(这个滤波器通常称为"预调滤波器"),再进行 MSK 调制的方法,即所谓高斯滤波的最小频移键控(GMSK)的方法,受到了人们的普遍关注。用这种方法可以做到,在 25 kHz 的信道间隔中传输 16 kbit/s 的数字信号时,邻道辐射功率低于－60～－70 dB,并保持较好的抗误码性能。

1. GMSK 原理

预调制滤波器应具有以下特性:

(1) 带宽窄而带外截止陡陗,以抑制不需要的高频信号分量。

(2) 脉冲响应的过冲量较小,防止调制器产生不必要的瞬时频偏。

(3) 输出脉冲响应曲线的面积对应于 $\pi/2$ 的相移量,使调制指数为 $1/2$。要满足这些特性,选择高斯型滤波器是合适的。高斯型滤波器的传输函数为

$$H(f) = e^{-a^2 f^2} \tag{3.5-12}$$

式中,a 是一个待定的常数。选择不同的 a,滤波器的特性随之变化。令 $|H(f)| = 1/\sqrt{2}$,即可得到高斯滤波器的 3 dB 带宽

$$B_b = \frac{\sqrt{\ln 2}}{\sqrt{2} a}$$

也可表示为 $aB_b = \sqrt{\ln 2}/\sqrt{2} = 0.588\ 7$。

根据传输函数可求出滤波器的冲激响应为

$$h(t) = \frac{\sqrt{\pi}}{a} \exp\left(-\frac{\pi^2 t^2}{a^2}\right) \tag{3.5-13}$$

当 B_b 增大时,滤波器的传输函数随之变宽,而冲激响应却随之变窄。当输入脉冲为宽度等于 T_b 的矩形脉冲时,不同 $B_b T_b$ 条件下的滤波器输出响应 $g(t)$ 如图 3-82 所示。由图可见,$g(t)$ 的波形随 B_b 的减小而越来越宽,同时幅度是越来越小。计算图中 $g(t)$ 在 $\pm T_b$ 处的幅度与其最大值之比如下:

$B_b T_b$	0.15	0.2	0.25	0.3	0.5	0.7	1.0	∞
$r/\%$	53	32	16.8	7.7	0.08	8.7×10^{-5}	4.3×10^{-11}	0

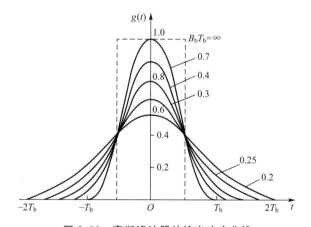

图 3-82　高斯滤波器的输出响应曲线

由以上数据可知,带宽越窄,输出响应展得越宽。当 $B_bT_b \approx 0.25$ 时,输入宽度为 T_b 的脉冲展为宽度等于 $3T_b$ 的输出脉冲。这样,一个宽度等于 T_b 的输入脉冲,其输出将影响前后各一个码元的响应;同样,它也要受到前后两个相邻码元的影响。也就是说,输入原始数据在通过高斯型滤波器之后已不可避免地引入了码间串扰,如图 3-83 所示。

有意引入可控制的码间干扰,以压缩调制信号的频谱,解调判决时利用前后码元的相关性,仍可以准确地进行解调判决,这就是所谓部分响应技术。GMSK 就是利用了部分响应技术,它是一个有记忆系统。相对而言,MSK 即为全响应系统,或称零记忆系统。

若控制码间串扰使之只影响前后两个相邻码元(即控制 $B_bT_b=0.2\sim0.5$),则滤波器的输出响应如图 3-83 所示。由于滤波器的作用,当前码元已被扩展为 $3T_b$ 的宽度,影响了前后各一个相邻的码元。反过来,前后各一个码元也影响了当前码元。本来,任何一个码元的输出响应面积都对应于调制后的 $\pi/2$ 相位增量,如图 3-83 所示。在引入码间串扰之后,当前码元在一个码元宽度 T_b 内的输出响应面积仅剩下了一半,其余的分散到前后相邻码元,各占 1/4。因为当前码元可能为 +1,也可能为 −1,相邻码元也可能有 ±1 两种取值,根据前后码元不同的情况,在当前一个码元期间 T_b 内,输出响应面积可能有 5 种不同的取值,即 $0,\pm A,\pm 2A$,(A 为常量,$2A$ 对应于调制后的相位增量为 $\pi/2$),如图 3-84 所示。

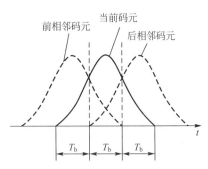

图 3-83 高斯滤波器输出响应的码间串扰示意图

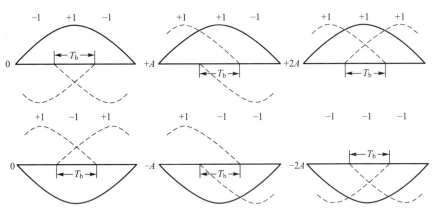

图 3-84 不同输入码元组合的输出响应

由此可见,GMSK 信号在一个码元期间的附加相位的增量,不像 MSK 那样固定为 $\pm\pi/2$,而随输入数据序列的不同而不同。只有在当前码元为 +1,前后相邻码元也为 +1 时,T_b 内的相位增量才为 $\pi/2$。若当前码元为 +1,前一码元为 +1,后一码元为 −1,那么 T_b 内的相位增量只有 $\pi/4$。若当前码元为 +1,前后相邻码元均为 −1,那么 T_b 内的相位增量即为零。当前码元为 −1 的情况,考虑前后码元的极性不同,也分别有 $-\pi/2$、$-\pi/4$ 和 0 这 3 种不同的相位增量。这样就保证了 GMSK 信号的相位路径不但是连续的,并且在码元转换时刻还是平滑的,确保了 GMSK 信号比 MSK 信号有更为优良的频谱特性。

图 3-85 给出了一种输入数据序列情况下,MSK 和 GMSK 信号的相位路径,可见前者虽

为连续但不平滑,后者既连续且平滑。

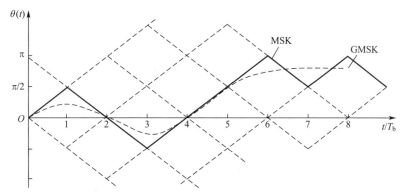

图 3-85　MSK 和 GMSK 信号的相位路径比较

2. GMSK 信号的产生及频谱特性

GMSK 信号可以用与 MSK 调制器相同的正交调制方式来产生,只要在调制前先对原始数据信号用高斯型滤波器进行过滤即可。另外,在原始数据经高斯滤波器之后,直接对压控振荡器(VCO)进行调频也能生成 GMSK 信号,这是一种最简便的方法。但是这种方法要求 VCO 的频率稳定度很高,频偏的准确性很好,这是难以做到的。为了解决这些难题,GMSK 信号的产生可用如图 3-86 的方法。它由 π/2 相移的二相相移键控(2PSK)调制器和锁相环路(PLL)组成。π/2 相移的 2PSK 保证每个码元期间的相位变化为±π/2,而锁相环路对 2PSK 在码元转换时刻的相位突跳进行平滑处理,最终 VCO 输出信号的相位既保持连续又平滑。由于 VCO 的频率被锁定在 2PSK 调制器参考振荡源的频率上,输出信号的频率稳定度是可以保证的。这里最重要的是要精心设计 PLL 的参数,使它的传输函数满足高斯滤波的要求,才能获得良好的信号频谱特性。

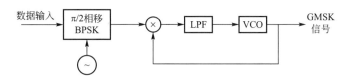

图 3-86　PLL 型 MSK 调制器模型

图 3-87 是用计算机模拟得到的 GMSK 信号功率谱密度曲线。纵轴是以分贝表示的归一化功率谱密度,横轴是归一化频率$(f-f_c)T_b$。由图 3-87 可见,B_bT_b 越小,GMSK 功率谱的高频滚降就越快,主瓣也越窄。在 $B_bT_b=0.2$ 时,$(f-f_c)T_b=1$ 处的功率谱密度已下降到-60 dB。这一水平与当前几种适用于移动通信的数字调制方式(如 TFM 等)相当。其中 $B_bT_b=+\infty$ 的情况即为 MSK 信号的频谱特性。

从理论上讲,能把已调信号的全部功率都包括在内的带宽应是无限大。在工程上,要计算已调信号的占用带宽,必须限定落入此带宽内的信号功率占信号总功率的比例(简称功率百分比)。用 B_bT_b 表示在功率百分比一定时接收机解调前所需的归一化带宽,可以算出 GMSK 信号对应于不同功率百分比和不同 B_bT_b 值时的占用带宽(用归一化带宽 B_bT_b 表示),如表 3-12 所示。

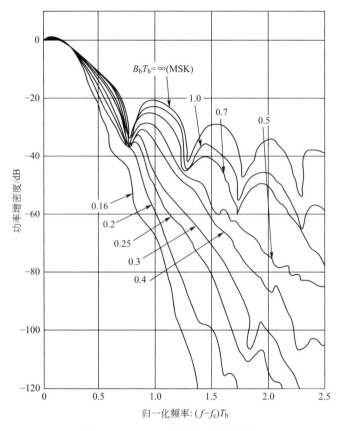

图 3-87　GMSK 信号的功率谱密度

表 3-12　GMSK 在给定百分比下的占用带宽

$B_b T_b$ ＼ ％	90	99	99.9	99.99
0.2	0.52	0.79	0.99	1.22
0.25	0.57	0.86	1.09	1.37
0.5	0.69	1.04	1.33	2.08
∞	0.78	1.20	2.76	6.00

GMSK 的占用带宽窄,可以在 25 kHz 频道间隔上传输 16 kbit/s 的数字信号,这是一个方面。另一方面,由于 GMSK 的频谱在带外的滚降快,因而邻道干扰小,这是更重要的。

3. GMSK 信号的解调

GMSK 信号的解调可以用与 MSK 一样的正交相干解调电路。在相干解调中最为重要的是相干载波的提取,但实现难度大,因而通常采用差分相干解调。下面就介绍 1 bit 延迟差分检测和 2 bit 延时差分检测的原理。

(1) 1 bit 延迟差分检测

1 bit 延迟差分检测的原理框图如图 3-88 所示。设中频滤波器的输出信号为

$$s_1(t)=R(t)\cos[\omega_c t+\theta(t)] \tag{3.5-14}$$

式中,$R(t)$ 为时变包络;ω_c 为中频载波角频率;$\theta(t)$ 为附加相位函数。

图 3-88　1 bit 延迟差分检测器框图

为说明差分检测的原理,这里为简便起见不计输入噪声与干扰。

由图可见,在相乘器中相乘项

$$R(t)\cos[\omega_c t + \theta(t)] R(T - T_b)\sin[\omega_c(t - T_b) + \theta(t - T_b)]$$

经 LPF 后的输出信号为

$$y(t) = \frac{1}{2}R(t)R(T - T_b)\sin[\omega_c T_b] + \Delta\theta(T_b)] \tag{3.5-15}$$

式中,$R(t)$ 和 $R(t - T_b)$ 是信号的包络,永远是正值。因而,$y(t)$ 的极性取决于相差信息。$\Delta\theta(T_b)$ 令判决门限为零,则判决规则如下:

$$y(t) > 0 \quad 判为 1$$
$$y(t) < 0 \quad 判为 -1$$

采用上述 1 bit 延迟差分检测时,发端无须进行差分编码,在输入 1 时 $\theta(t)$ 增大,在输入 -1 时 $\theta(t)$ 减小,用上述判决规则即可恢复出原来的数据。

(2) 2 bit 延迟差分检测

2 bit 延迟差分检测电路的原理框图如图 3-89 所示。其中相乘器的输入信号为

$$R(t)\cos[\omega_c t + \theta(t)] R(T - 2T_b)\cos[\omega_c(t - 2T_b) + \theta(t - 2T_b)]$$

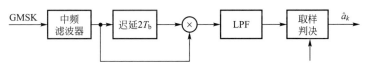

图 3-89　2 bit 差分延迟检测器原理框图

经 LPF 后的输出为

$$y(t) = \frac{1}{2}R(t)R(t - 2T_b)\cos[2\omega_c T_b + \Delta\theta(2T_b)]$$

式中,$\Delta\theta(2T_b) = \theta(t) - \theta(t - 2T_b) = \theta(t) - \theta(t - T_b) + \theta(t - T_b) - \theta(t - 2T_b)$

当 $2\omega_c T_b = 2\pi k$ 时,输出为

$$y(t) = \frac{1}{2}R(t)R(t - 2T_b)\{\cos[\theta(t) - \theta(t - T_b)]\cos[\theta(t - T_b) - \theta(t - 2T_b)] -$$

$$\sin[\theta(t) - \theta(t - T_b)]\sin[\theta(t - T_b) - \theta(t - 2T_b)]\} \tag{3.5-16}$$

式中,花括号内的第一项为偶函数,在 $\Delta\theta(T_b)$ 不超过 $\pm\pi/2$ 的范围时,它不会为负,实际上反映的是直流分量的大小,对判决不起关键作用,但需要把判决门限增加一相应的直流分量 r;花括号内的第二项才是判决的依据,即

$$-\frac{1}{2}R(t)R(t - 2T_b)\sin[\theta(t) - \theta(t - T_b)]\sin[\theta(t - T_b) - \theta(t - 2T_b)]$$

为了从该式中恢复出传输的数据,令其中的 $\sin[\theta(t) - \theta(t - T_b)]$ 对应于原始数据 a_k 经差分编码后得到的 c_k,而 $\sin[\theta(t - T_b) - \theta(t - 2T_b)]$ 则对应于 c_{k-1},两者相乘等效于两者的模二加

$c_k \oplus c_{k-1}$，根据差分编码规则 $c_k = a_k \oplus c_{k-1}$，可得 $\hat{a} = c_k \oplus c_{k-1}$，即可解调出原始数据。

由此可见，检测器只要设置一个判决门限 r，并令判决规则如下：

$$y(t) > r \quad 判为 1$$
$$y(t) < r \quad 判为 -1$$

相应地在发信端，需对原始数据 a_k 进行差分编码，如图 3-90 所示。

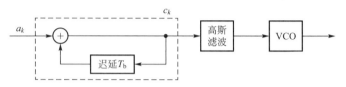

图 3-90　差分编码的 GMSK 调制器框图

3.5.5　π/4 四相相移键控

四相相移键控（QPSK）是一种性能优良，应用十分广泛的数字调制方式，它的频率利用率高，是二相相移键控（2PSK）的两倍，采用相干检测时其误码率也与 2PSK 相同。但是，在移动通信工程中应用时，它还存在信号衰减和多普勒效应影响大，难以提取相干载波的问题；在码元转换时刻的最大相位突跳量达 π，因而在通过带限非线性信道时会产生频谱扩散等问题，不能直接应用。

为了减小信号在码元转换时刻的相位跳变量以改善频谱特性，人们提出了一种交错相移键控（OQPSK）的调制方式，它可以把信号的相位突跳量限制在 π/2，从而可以显著减小信号通过带限，以及非线性信道所产生的频谱扩散。不过这种调制方式不能用鉴相器检测，也不能用差分检测，因而在应用中受到限制。

恒包络窄带数字调制如 MSK、GMSK、TFM、GTFM、4L-FM（四相电平调频）等，可以通过非线性信道而没有频谱扩散，且可以用差分检测或鉴频器检测。用这些调制方式可以在 25 kHz 的信道间隔内传输 16 kbit/s 的数字信号，因而都可以满足移动通信工程中传输数字电话的要求。不过，它们的频谱利用率都不算高，不及 QPSK。如果通信工程系统对频率利用率出更高的要求，比如说，要在 25 kHz 的信道间隔中传输 30 kbit/s 的数字信号，则它们都不适用。

π/4-QPSK 是另一种频率利用率高、频谱特性好的数字调制方式。近年来在开发数字式蜂窝移动通信系统时，人们经过反复比较，已将它作为一种主要的选择对象，如北美的 ADC 系统和日本的 JDC 系统都已确定采用它（欧洲的 GSM 系统则采用 GMSK），所以本节将对这种调制方式进行必要的介绍。

1. π/4-QPSK 的相位关系

π/4-QPSK 是在 QPSK 和 OQPSK 基础上发展起来的一种调制方式，与前两者相比，它有两个特点，一是码元转换时刻的相位突跳限于 ±π/4 或 ±3π/4，没有因 180° 相位突跳而引起较大的包络起伏，因而在通过带限非线性信道时的频谱扩散不太严重。二是可以用差分检测，以避免相干检测中相干载波提取的困难以及相干载波的相位模糊问题。

π/4-QPSK 是一种限制码元转换时刻相位跳变的一种调制方式。设想把已调信号的相

位均匀分割为 $\pi/4$ 的 8 个相位点,如图 3-91 所示,并将它们分为两组,分别用"○"和"＊"表示。设法使已调信号的相位在"○"组和"＊"组之间交替地跳变,这样的相位跳变就只可能有 $\pm\pi/4$ 和 $\pm 3\pi/4$ 的 4 种取值,而不会产生如 QPSK 信号那样的相位跳变的情况,信号的频谱特性也就得到了改善。为实现这样的相位跳变控制,必须研究相应的产生电路。研究表明,$\pi/4$-QPSK 信号可用差分编码的方法产生,相应可用差分检测的方法进行解调,这就为它在移动通信中的应用提供了可能。

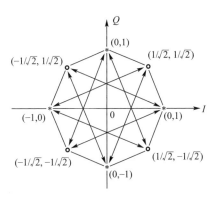

图 3-91　$\pi/4$-QPSK 的相位关系图

2. $\pi/4$-QPSK 信号的产生

$\pi/4$-QPSK 调制器的原理框图如图 3-92 所示,输入数据经串/并变换之后得到同相通道 I 和正交通道 Q 的两种非归零脉冲 S_I 和 S_Q。通过适当的信号变换,使得在 $kT < t < (k+1)T$ 时间内 I 通道的信号幅值 U_k 和 Q 通道的信号幅值 V_k 发生相应地变化,再分别进行正交调制后使合成信号成为 $\pi/4$-QPSK 信号(这里 T 是 S_I 和 S_Q 的码宽,$T = 2T_b$)。

那么,已调信号的相位跳变与 U_k,V_k 的取值是什么关系,非归零脉冲 S_I 和 S_Q 与 U_k,V_k 之间可以进行怎样的变换? 下面进行简单说明。

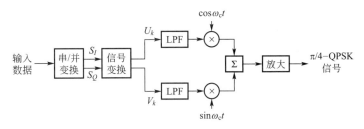

图 3-92　$\pi/4$-QPSK 信号调制原理框图

设已调信号为

$$s_k(t) = \cos(\omega_c t + \theta_k)$$

式中,θ_k 为 $kT \leqslant t \leqslant (k+1)T$ 之间的附加相位,上式展开后为

$$s_k(t) = \cos \omega_c t \cos \theta_k - \sin \omega_c t \sin \theta_k$$

当前码元的附加相位是前一码元附加相位 θ_{k-1} 与当前码元相位跳变量 $\Delta\theta_k$ 之和,即

$$\theta_k = \theta_{k-1} + \Delta\theta_k$$

令同相分量 U_k 是在当前相位 θ_k 条件下,信号矢量在横轴上的投影,正交分量则是在纵轴上的投影,如图 3-93 所示,所以

$$U_k = \cos \theta_k = \cos(\theta_{k-1} + \Delta\theta_k) = \cos \theta_{k-1} \cos \Delta\theta_k - \sin \theta_{k-1} \sin \Delta\theta_k$$
$$V_k = \sin \theta_k = \sin(\theta_{k-1} + \Delta\theta_k) = \sin \theta_{k-1} \cos \Delta\theta_k - \sin \Delta\theta_k \cos \theta_{k-1}$$

其中,$\sin \theta_{k-1} = V_{k-1}$,$\cos \theta_{k-1} = U_{k-1}$,代入上两式得

$$U_k = U_{k-1} \cos \Delta\theta_k - V_{k-1} \sin \Delta\theta_k$$
$$V_k = V_{k-1} \cos \Delta\theta_k - U_{k-1} \sin \Delta\theta_k \qquad (3.5\text{-}17)$$

这是 $\pi/4$-QPSK 的一个基本关系式,它表明了前一码元两正交

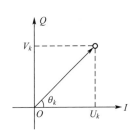

图 3-93　附加相位与
U_k、V_k 的关系

信号幅度 U_{k-1}、V_{k-1} 与当前两正交信号幅度 U_k、V_k 之间的关系,取决于当前码元的相位跳变量 $\Delta\theta_k$,而当前码元的相位跳变量 $\Delta\theta_k$ 则又取决于信号变换电路输入的码组 S_I、S_Q,它们的关系如表 3-13 所示。

上述规则决定了在码元转换时刻的相位跳变量只有 $\pm\pi/4$ 和 $\pm 3\pi/4$ 等 4 种取值,而且信号相位必定在图 3-91 所示的“○”组和“∗”组之间跳变。同时也可以看到,U_k 和 V_k 只可能有 0,$\pm 1/2$,± 1 等 5 种取值,分别对应于图 3-91 中 8 个相位点的坐标值。

表 3-13　π/4-QPSK 的相位跳变规则

S_I	S_Q	$\Delta\theta$	$\cos\Delta\theta$	$\sin\Delta\theta$
1	1	$\pi/4$	$1/\sqrt{2}$	$1/\sqrt{2}$
-1	1	$3\pi/4$	$-1/\sqrt{2}$	$1/\sqrt{2}$
-1	-1	$-3\pi/4$	$-1/\sqrt{2}$	$-1/\sqrt{2}$
1	-1	$-\pi/4$	$1/\sqrt{2}$	$-1/\sqrt{2}$

设起始附加相位 $\theta_0=0$,$V_0=0$,在 $t\in[T,2T]$ 期间信源送来内码元为 $(1,1)$,查表 3-12 知,相位跳变量为 $\pi/4$ 有

$$U_1=V_1=1/\sqrt{2}$$

显然,在图 3-91 上信号相位将由“∗”组跳到“○”组。

表 3-14 是给定原始数据 $\{a_k\}$,经串/并变换的 S_I、S_Q,经信号变换的 U_k、V_k 以及相应的相位跳变情况。相应的相位跳变图如图 3-94 所示。

表 3-14　π/4-QPSK 相关信号的相位跳变

k	1	2	3	4	5	6	7	8	9	10	11	12
$\{a_k\}$	$+1\ +1$	$-1\ +1$	$+1\ -1$	$-1\ +1$	$+1\ +1$	$-1\ -1$	$+1\ +1$	$-1\ -1$	$+1\ -1$	$-1\ -1$	$+1\ -1$	$-1\ +1$
S_I	$+1$	-1	$+1$	-1	$+1$	-1	$+1$	-1	$+1$	-1	$+1$	-1
S_Q	$+1$	$+1$	-1	$+1$	$+1$	-1	$+1$	-1	-1	-1	-1	$+1$
$\Delta\theta_k$	$\pi/4$	$3\pi/4$	$-\pi/4$	$3\pi/4$	$\pi/4$	$-3\pi/4$	$\pi/4$	$-3\pi/4$	$-\pi/4$	$-3\pi/4$	$-\pi/4$	$3\pi/4$
U_k	$1/\sqrt{2}$	-1	$-1/\sqrt{2}$	0	$1/\sqrt{2}$	-1	$-1/\sqrt{2}$	0	$1/\sqrt{2}$	0	$-1/\sqrt{2}$	1
V_k	$1/\sqrt{2}$	0	$1/\sqrt{2}$	-1	$-1/\sqrt{2}$	0	$-1/\sqrt{2}$	1	$1/\sqrt{2}$	-1	$-1/\sqrt{2}$	0
θ_k	$\pi/4$	π	$3\pi/4$	$-\pi/2$	$-\pi/4$	π	$-3\pi/4$	$\pi/2$	$\pi/4$	$-\pi/2$	$-3\pi/4$	0

以上作为原理的说明,尚未考虑图 3-92 中低通滤波器的影响。事实上,低通滤波器将对 U_k 和 V_k 的 5 电平信号进行平滑处理,使加到正交调制器的信号没有幅值的突变,而是在 0、$\pm 1/2$、± 1 的 5 种取值中平滑变化,合成输出的 π/4-QPSK 信号的相位变化也就趋于平滑,相位跳变图如图 3-94 中的虚线所示。这样,信号相位不但连续而且平滑,频谱特性将得到进一步改善。但经过带限以后的信号振幅也不会是恒定的。

对于低通滤波器的特性应有一定的要求。美国的 ADC 数字蜂窝网对这个低通滤波器规定了标准。规定这种滤波器具有线性相位特性和平方根升余弦的频率响应,它的传输函数为

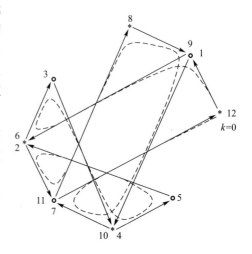

图 3-94　相位跳变图

$$
F(f)=\begin{cases} 1 & 0 \text{ 当} \leqslant f \leqslant \dfrac{1-a}{2T} \\[3mm] \sqrt{\dfrac{1}{2}\left\{1-\sin\left[\dfrac{\pi(2fT-1)}{2a}\right]\right\}} & \text{当} \dfrac{1-a}{2T} \leqslant f \leqslant \dfrac{1+a}{2T} \\[3mm] 0 & \text{当} f > \dfrac{1+a}{2T} \end{cases}
$$

设这个滤波器的脉冲响应函数为 $g(t)$，那么最后形成的 $\pi/4$-QPSK 信号的表达式为

$$
s(t)=\sum_k g(t-kT)\cos\theta_k\cos\omega_c t-\sum_k g(t-kT)\sin\theta_k\sin\omega_c t
$$

图 3-95 所示是一种数字式 $\pi/4$-QPSK 信号产生电路，所需的 8 个相位状态由一专门的产生器提供，编码器根据 $\pi/4$-QPSK 的编码特性，把输入数据变换成相应的地址，以控制 8 选 1 电路把所需要的载波选取出来，再经滤波器形成输出信号。

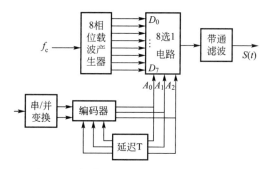

图 3-95　数字式 $\pi/4$-QPSK 信号产生电路

所产生的 $\pi/4$-QPSK 信号，信息完全包含在两个取样瞬间的信号相位差之中，接收解调时只需检测出这个相位差即可，也就是可以用差分检测方法，这种检测电路简单，可适用于移动通信。

3. $\pi/4$-QPSK 信号的检测

$\pi/4$-QPSK 信号可以用相干检测、差分检测或鉴频器检测。$\pi/4$-QPSK 中的信息完全包含在载波的相位跳变 $\Delta\theta_k$ 之中，便于差分检测，这里仅对差分检测进行介绍。

基带差分检测的框图如图 3-96 所示。其中，本地正交载波 $\cos(\omega_c t+\varphi)$，$\sin(\omega_c t+\varphi)$ 只要求与信号的未调载波同频，并不要求相位相干，可以允许有一定的相位差，这个相位差是可以在差分检测过程中消去的。

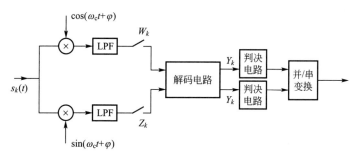

图 3-96　基带差分检测电路

设接收信号为

$$s_k(t) = \cos(\omega_c t + \theta_k) \qquad kT \leqslant t \leqslant (k+1)T$$

在同相支路,经本地载波 $\cos(\omega_c t + \varphi)$ 相乘后滤出的低频信号为

$$W_k = \frac{1}{2}\cos(\theta_k - \varphi)$$

在正交支路,与 $\sin(\omega_c t + \varphi)$ 相乘后滤出的低频信号为

$$Z_k = \frac{1}{2}\sin(\theta_k - \varphi)$$

式中,θ_k 是信号的相位,由调制器电路可知

$$\theta_k = \arctan\frac{V_k}{U_k}$$

令解码电路的运算规则为

$$\begin{cases} X_k = W_k W_{k-1} + Z_k Z_{k-1} \\ Y_k = Z_k W_{k-1} - W_k Z_{k-1} \end{cases}$$

可以得到

$$X_k = \frac{1}{4}\cos(\theta_k - \theta_{k-1}) = \frac{1}{4}\cos\Delta\theta_k$$

$$Y_k = \frac{1}{4}\sin(\theta_k - \theta_{k-1}) = \frac{1}{4}\sin\Delta\theta_k$$

根据调制时的相位跳变规则(表 3-12),可制定判决规则如下:

$$\begin{cases} X_k > 0 & \text{判为 1} \\ X_k < 0 & \text{判为} -1 \\ Y_k > 0 & \text{判为 1} \\ Y_k < 0 & \text{判为} -1 \end{cases}$$

获得的结果再经并/串转换之后,即可恢复出传输的数据。

3.5.6 扩频调制

1. 概述

扩频调制技术与传统的调制技术有明显的区别,它是指用比信号带宽宽得多的频带来传输信息的技术。一般可用射频带宽 f_r 与信号带宽 f_b 的比值来确定系统是否是扩频通信系统。当 $f_r/f_b < 5$ 时,系统为窄带通信系统;当 $5 \leqslant f_r/f_b \leqslant 50$ 时,系统为宽带通信系统;当 $f_r/f_b > 50$ 时,系统为扩频通信系统。扩频通信系统在传统通信系统的基础上,发射机增加了一个扩频模块,在接收机中增加了一个解扩模块,通过这一组互耦的变换处理,扩频通信系统具有了常规通信系统望尘莫及的优势。

(1)抗干扰能力强,特别是抗窄带干扰能力强(电子战中的优势)。

(2)可检测性低,不容易被侦破(抗侦听)。

(3)具有多址功能,易于实现码分多址(CDMA)。

(4)抗多径干扰能力强(常规通信无法比拟)。

(5)具有测距,测速能力(雷达中的应用)。

从上述扩频通信的优点可以看出,扩频通信非常适合应用于军事,事实也是如此,但随着扩频技术的发展,扩频技术现也普遍适应于民用和商用(如 CDMA 移动通信系统)。

2. 系统基本原理

扩频通信系统(以直接序列扩频为例)的工作原理图如图 3-97 所示。

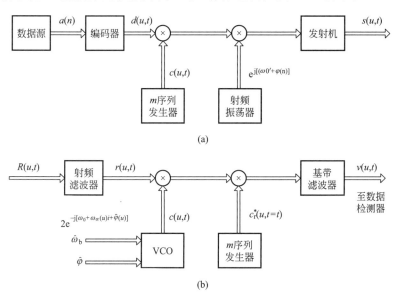

图 3-97　扩频通信系统发射、接收原理框图

从图 3-97(a)中可以看出,数据源产生的信息序列不直接进行常规数字调制,而是与伪随机序列发生器产生的伪随机码进行扩频调制,由于伪随机码的速率一般比数据源的信息速率高得多,从而扩频调制后,射频带宽得到了展宽(带宽等于伪随机码的带宽),形成了宽带的低功率谱密度信号(可以在负的信噪比下工作)。

同理,从图 3-97(b)中可以看出,扩频信号在接收机中不直接进行解调,而是先进行解扩,其处理的方法与发射机中扩的方法相反,但要求接收机中产生的伪随机码与发射的伪随机码完全同步,经过这样的处理后,展宽的频带被重新压缩回信息带宽。但在信道中引入的干扰由于与接收机的伪随机码相互独立,从而其频带被展宽。信息被压缩,干扰被展宽,从而在接收机后续的带通滤波器的有效带宽内的功率发生了变化,即信息的功率几乎毫无损失,而干扰的功率被大大削弱,因此信噪比得到了提高。

3. 典型扩频通信系统分类

扩频通信系统可以分为以下几种类型。

(1)直接序列扩频系统(DS-SS)

它是由于待传信息信号与高速率的伪随机码波形相乘后,去直接控制射频信号的某个参量,扩展了传输带宽而得名的。

(2)跳频通信系统(FH-SS)

数字信息与二进制伪码序列模二相加后,去离散地控制射频载波振荡器的输出频率,使发射信号的频率随伪码变化而跳变。

（3）跳时通信系统（TH-SS）

跳时是用伪码序列来启闭信号的发射时刻和持续时间。发射信号的"有"或"无"同伪码序列一样是随机的。

（4）混合扩频通信系统

以上 3 种基本扩频方式中的两种或多种结合起来，便构成了一些混合扩频体制。如 FH/DS、DS/TH、FH/TH 等。

4. 扩频通信系统的性能指标

（1）处理增益

扩频系统解扩器输出与输入信噪比之比称为接收机的"处理增益"。处理增益的物理意义体现在解扩器对有用信息提取的同时对干扰进行抑制的能力。处理增益的物理意义表明，采用扩展频谱技术后，该系统接收信号的信噪比在相关处理后与相关处理前的数值差异。

某个给定的处理器，其输入信噪比为 -10 dB，相关处理后的输出信噪比为 16 dB，则处理增益为 26 dB。

处理增益的数学表达式为

$$G_p = \frac{B_{射频}}{B_{基带}}$$

式中，$B_{射频}$、$B_{基带}$ 分别为扩频系统的发射带宽和扩频系统数据源信息的带宽。

国外在工程上能实现的处理增益，DS$-$SS 可以达到 70 dB。如果系统的基带滤波器输出信噪比为 10 dB，那么，这个系统输入端的信噪比为 -60 dB。也就是说，信号功率可以在低于干扰功率 60 dB 的恶劣条件下正常地工作。所以扩展频谱系统在高空超远距离的通信工程中占有显著的地位。

（2）干扰容限

从以上讨论中看出，并不是说当干扰信号的功率电平与有用信号的功率电平之比等于系统的处理增益时，相关处理后还能实现通信功能。例如，设系统处理增益为 50 dB，而输入到接收机的干扰功率电平为信号电平的 105 倍，即信噪比为 -50 dB 时，显然此时系统就不能正常工作了。因此必须引入另外一个概念——干扰容限，用来反映系统的抗干扰能力。干扰容限的定义为系统正常工作的条件下，接收机能够承受的干扰信号比有用信号高出的分贝数。

干扰容限考虑了一个可用系统输出信噪比的要求，而且顾及了系统内部信噪比的损耗（包括射频滤波器的损耗、相关处理器的混频损耗、放大器的信噪比损耗等）。因此干扰容限可以真正地反映一个扩频系统的抗干扰能力。

思考与练习

3-1　数字基带传输系统和数字频带传输系统的基本结构及各部分的功能如何？

3-2　什么是码间串扰？为了消除码间串扰，基带传输系统的传输函数应该满足什么条件？

3-3　数字调制的基本方式有哪些？其时间波形上各有什么特点？

3-4　二进制数字调制系统的误码率与哪些因素有关？

3-5　已知信号 $f(t)=10\cos 20\pi t\cos 200\pi t$,现以每秒 250 次的速率抽样。

(1) 试求抽样信号的频谱;

(2) 对 $f(t)$ 进行抽样的奈奎斯特抽样速率是多少?

3-6　已知信息速率为 64 kbit/s,若采用 $\alpha=0.4$ 的升余弦滚降频谱信号。

(1) 求它的时域表达式;

(2) 求传输带宽;

(3) 求频带利用率。

3-7　设某 2ASK 系统的码元传输速率为 1 000 B,载波信号为 $A\cos(4\pi\times10^6 t)$,则每个码元中包含多少个载波周期? 试求出 2ASK 信号的第一零点带宽。

3-8　采用 4PSK 调制传输 2 400 B/s 数据:

(1) 最小理论带宽是多少;

(2) 若传输带宽不变,而比特率加倍,则调制方式应作何改变?

第4章

➡ 信道

前述通信系统模型中已经提到过信道(Channel)。信道连接通信系统中发射端和接收端的通信设备,其功能是将信号从发送端传送到接收端。在通信系统模型中,还提到信道中噪声的存在,它对于信号传输有严重的不良影响,所以通常认为它是一种有源干扰,而信道本身的传输特性不良可以看作是一种无源干扰。本章将详细介绍信道的定义及分类、信道的数学模型、信道的加性噪声、信道容量以及信道复用和多址技术。

4.1 信道的定义及分类

1. 信道的定义

信道是指传输信号的媒质,通俗地说,是指以传输媒质为基础的信号通路;具体地说,信道是指由有钱或者无线电线路提供的信号通路。信道的作用是让信号通过,同时又会对信号产生一定的影响。

2. 信道的分类

根据信道的定义,如果信道仅是指信号的传输媒质,这种信道称为狭义信道,按照传输媒质的不同,狭义信道又可分为有线信道和无线信道;如果信道不仅是传输媒质,而且包括通信系统中的一些转换装置,这种信道称为广义信道,广义信道按照包含的功能又可以分为调制信道和编码信道。信道的分类如图 4-1 所示。

图 4-1 信道的分类

4.2 信道的数学模型

4.2.1 调制信道的数学模型

可将调制信道等效为一个双端网络,网络的输入是经过调制后的信号,网络的输出是对输入信号进行变换后的信号。设输入信号为 $s_i(t)$，网络的变换函数为 $f[\cdot]$，信道中的加性噪声为 $n_i(t)$，$n_i(t)$ 与 $s_i(t)$ 相互独立。则网络的输出信号为

$$r_0(t) = s_0(t) + n_i(t) = f[s_i(t)] + n_i(t) \tag{4.2-1}$$

若为线性时变网络，设其单位冲激响应为 $h(t, \tau)$，则

$$r_0(t) = s_i(t) * h(t, \tau) + n_i(t) \tag{4.2-2}$$

若网络为线性时不变系统，则冲激响应 $h(t, \tau)$ 与 τ 无关，记为 $h(t)$。如果冲激响应为 $A\delta(t)$，A 为一常数，则

$$r_0(t) = As_i(t) + n_i(t) \tag{4.2-3}$$

这类信道的频率响应 $H(\omega) = A$，与频率 ω 无关，是最理想的信道。实际中，理想的信道是不存在的。我们将可等效为线性时不变系统的信道称为恒参信道，将可等效为线性时变系统的信道称为变参信道。下面分别进行介绍。

1. 恒参信道及其对信号的影响

恒参信道的单位冲激响应不随时间变化，它的频率响应为

$$H(\omega) = K(\omega)\exp[-j\omega t_d(\omega)] \tag{4.2-4}$$

其中 $K(\omega)$ 为幅频特性，$\omega t_d(\omega)$ 为相频特性。当 $K(\omega)$ 为常数时，信道对所有的频率分量具有相同的衰减量。对一般的信道而言，信道对信号不同的频率分量的衰减不同，这就引起了幅度-频率畸变。例如，在通常的电话信道中可能存在各种滤波器，尤其是带通滤波器，还可能存在混合线圈、串联电容器和分路电感等，因此电话信道的幅度-频率特性总是不理想。图 4-2 示出了典型音频电话信道的总衰耗-频率特性。图中，低频截止约从 300 Hz 开始，300 Hz 以下，每倍频程衰耗升高 15～25 dB；在 300～1 100 Hz 范围内衰耗比较平缓；在 1 100～2 900 Hz 内，衰耗通常是线性上升的；在 2 900 Hz 以上，衰耗增加很快，每倍频程增加 80～90 dB。

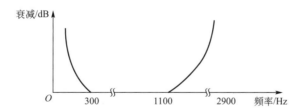

图 4-2　典型音频电话信道的相对衰耗

为了减小幅度-频率畸变，在设计总的电话信道传输特性时，一般都要求把幅度-频率畸变控制在一个允许的范围内。这就要求改善电话信道中的滤波性能，或者再通过一个线性补偿网络使幅频特性曲线变得平坦，这后一措施通常称之为"均衡"。

信道除了影响信号各频率分量的幅度特性外，还会改变各频率分量的相位特性。通常信号通过信道后会产生时延，如果对信号中各频率分量产生相同的时延，则不会使信号的整体波形产生失真。此时，信道的相位特性满足线性相位特性，即

$$\varphi(\omega) = -\omega t_d \tag{4.2-5}$$

式中 t_d 为输出信号相对输入信号的时延。实际上，时延与相位的关系为

$$t_d(\omega) = -\frac{d[\varphi(\omega)]}{d\omega} \tag{4.2-6}$$

当 $t_d(\omega)$ 随 ω 变化时，信道对信号中的各频率分量将产生不同的时延，此时，输出信号的整体波形产生失真，如图 4-3 所示。这类失真称为相位-频率畸变或相位失真。这种相位失真对模拟话音通信的影响不大，因为人耳对相频畸变不太敏感，但对数据传输来说，非线性时延致使数据波形间互相串扰，可能导致接收数据出现差错。

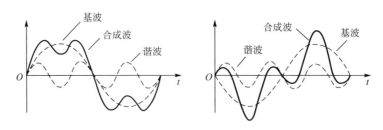

图 4-3 群延迟产生的畸变波形

2. 随参信道及其对信号传输的影响

常见的随参信道有陆地移动信道、短波和超短波信道等。随参信道的信道特性是随机变化的，这主要是由于信道中传输媒质部分的特性随机变化而产生的，如短波信道和超短波信道是以电离层的反射和散射、对流层散射为传输媒质，它们对信号的衰减和时延都不是固定不变的，而是随电离层或对流层的机理变化而变化的。变参信道有 3 个特点，对信号的衰减随时间而变；传输的时延随时间而变；多径传播。对随参信道的分析非常复杂，这里只考虑一些简单的信号并对其进行分析。

若设发射信号为 $A\cos \omega_0 t$，则经过 n 条路径传播后的接收信号为

$$R(t) = \sum_{i-1}^{n} a_i(t)\cos \omega_0 \left[t - \tau_i(t) \right] = \sum_{i-1}^{n} a_i(t)\cos[\omega_0 t + \varphi_i(t)] \qquad (4.2\text{-}7)$$

式中，$a_i(t)$ 为第 i 条路径到达的已调波信号的幅度，$\tau_i(t)$ 为第 i 条路径到达的已调波信号的时延，$\varphi_i(t)$ 为相应于第 i 个信号的相位，且有

$$\varphi_i(t) = -\omega_0 \tau_i(t) \qquad (4.2\text{-}8)$$

由于 $a_i(t)$ 与 $\varphi_i(t)$ 的随机变化较已调载波频率慢得多，因此上式可改写为

$$R(t) = \left[\sum_{i-1}^{n} a_i(t)\cos \varphi_i(t) \right]\cos \omega_0 t - \left[\sum_{i-1}^{n} a_i(t)\sin \varphi_i(t) \right]\sin \omega_0 t \qquad (4.2\text{-}9)$$

式中：设同项分量 $a_I(t) = \sum_{i-1}^{n} a_i(t)\cos \varphi_i(t)$；正交分量 $a_Q(t) = \sum_{i-1}^{n} a_i(t)\sin \varphi_i(t)$，则上式可表示为

$$R(t) = a_I(t)\cos \omega_0 t - a_Q(t)\sin \omega_0 t = a(t)\cos[\omega_0 t + \varphi(t)] \qquad (4.2\text{-}10)$$

式中，多径合成信号的包络为

$$a(t) = \sqrt{a_I^2(t) + a_Q^2(t)} \qquad (4.2\text{-}11)$$

多径合成信号的相位为

$$\varphi(t) = \arctan\left[\frac{a_Q(t)}{a_I(t)} \right] \qquad (4.2\text{-}12)$$

这里，$a_i(t)$ 及 $\varphi_i(t)$、$a_I(t)$ 及 $a_Q(t)$，以及 $a(t)$ 与 $\varphi(t)$ 均为随机过程。式(4.2-10)表明，多径合成的接收信号是一个随机幅度 $a(t)$ 与随机相位 $\varphi(t)$ 的调幅-调相波。其中，随机包络 $a(t)$ 的

变化与电离层反射的衰落 $a_i(t)$ 相类似,只是它的变化更快,因此常称多径效应引起的衰落为"快衰落"。为了减少接收失真,解决的办法可以采用"分集接收",即分别接收各主要路径不同到达时刻的信号,然后经各自不同时延调整后,再合成提取信号。以上结果是发送信号假定为等幅载波 $A\cos\omega_0 t$ 经过多径效应后形成的,显然它的频率成分不再为单一载频 ω_0,而是产生了其上下边带包含的无数频率分量,这相当于信道非线性的频率色散效应,这是随参信道的突出特点。由于多径衰落导致的幅度随机性起伏衰减,相位随机性变化,还会出现另外一种特殊现象,即频率选择性衰落。

现假定发射信号的傅里叶变换对为 $f(t)-F(\omega)$,经传输衰落后,作为一种简单情况,假定为幅度相等且分别由两条路径到达接收机的多径合成信号,时延分别为 t_0 和 $t_0+\tau$,则接收合成信号为

$$R_x(t)=Kf(t-t_0)+Kf(t-t_0-\tau) \tag{4.2-13}$$

则其接收频谱为

$$R_x(\omega)=KF(\omega)\mathrm{e}^{-\mathrm{j}\omega t_0}(1+\mathrm{e}^{-\mathrm{j}\omega\tau}) \tag{4.2-14}$$

于是可以得到该二径信道传递函数为

$$H(\omega)=K\mathrm{e}^{-\mathrm{j}\omega t_0}(1+\mathrm{e}^{-\mathrm{j}\omega\tau}) \tag{4.2-15}$$

且

$$|H(\omega)|=K|1+\mathrm{e}^{-\mathrm{j}\omega\tau}|=2K\left|\cos\frac{\omega\tau}{2}\right| \tag{4.2-16}$$

上式表示的传递函数曲线如图 4-4 所示,它表明接收信号具有频域周期性深衰落特征,且在 $\frac{(2n-1)\pi}{\tau}(n=1,2,\cdots)$ 各频点信号衰减到零。因此,接收信号质量极差,甚至接收不到这些频率分量信号,这种畸变就是所谓的频率选择性衰落。一般地由于多径及其时延 τ 总在随机变化,因此这些无限衰减也不会总选在一些固定频率值。假定能使信号带宽限制在 $2\pi/\tau$ 以内,则将缓解这种恶化情况。

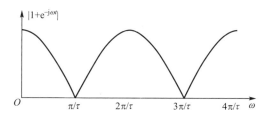

图 4-4 $|1+\mathrm{e}^{-\mathrm{j}\omega\tau}|$ 网络的传递函数曲线

通常将仅道传输函数中相邻零点的频率间隔称为多径传播媒质的相关带宽。设信道的最大时延差为 $\Delta\tau_m$,则信道的相关带宽为

$$B=1/\Delta\tau_m \tag{4.2-17}$$

由此看出,为了不引起明显的选择性衰落,传输波形的频带必须小于多径传输媒质的相关带宽 B。一般地说,数字信号传输时希望有较高的传输速率,而较高的传输速率对应有较宽的信号频带,因此,数字信号在多径媒质中传输时,容易因存在选择性衰落现象而引起严重的码间串扰。为了减小码间串扰的影响,通常要限制数字信号的传输速率。

随参信道的一般衰落特性和选择性衰落特性,是两个严重影响信号传输的重要特性。但应该指出,变参信道中还存在其他特性,例如,随参信道的传输媒质还会引起传输信道随

年份、季节、昼夜的变化而发生强弱变化,这种变化通常也称为衰落,但由于这种衰落的变化速度十分慢(通常以小时以上时间为计算单位),故称之为慢衰落。

4.2.2 编码信道的数学模型

编码信道是包括调制信道及调制器、解调器的信道。它与调制信道模型有明显的不同,调制信道对信号的影响是通过 $h(t)$ 及 $n(t)$ 使调制信号发生模拟变化,而编码信道对信号的影响则是一种数字序列的变换,即把一种数字序列变成另一种数字序列。故调制信道有时被看成是一种模拟信道,而编码信道是一种数字信道。

由于编码信道包含调制信道,因而它同样要受调制信道的影响。但是,从编码和解码的角度看,这个影响已被反映在解调器的最终结果里,致使解调器输出数字序列以某种概率发生差错。显然,如果调制信道越差,即特性越不理想和加性噪声越严重,发生错误的概率将会越大。由此看来,编码信道的模型被数字的转移概率所描述。例如,在最常遇见的二进制数字传输系统中,一个简单的编码信道模型如图 4-5 所示。之所以说这个模型是简单的,这是因为,在这里我们假设每个输出数字码元发生的差错是独立的。用编码的术语来说,这种信道是无记忆的(一码元的差错与其前后码元的差错没有依赖关系)。在这个模型里,$P(0/0)$、$P(0/1)$、$P(1/0)$ 及 $P(1/1)$ 称为信道转移概率。其中,$P(0/0)$ 及 $P(1/1)$ 是正确转移的概率,而 $P(0/1)$、$P(1/0)$ 是错误转移的概率。同时,根据概率性质还可知转移概率完全由编码信道的特性所决定,一个特定的编码信道有相应确定的转移概率关系。但应该指出,编码信道的转移概率一般需要对实际编码信道进行大量的统计分析才能得到。由无记忆二进制的编码信道模型,容易推论到任意多进制情形中。一个无记忆的四进制编码信道模型如图 4-6 所示。如果编码信道是有记忆的,信道中码元发生差错的事件是不独立的事件,则编码信道模型将要比图 4-5 或图 4-6 复杂得多。此时的信道转移概率也变得很复杂。

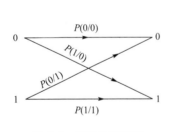

图 4-5 编码信道模型

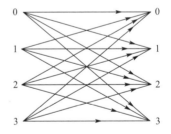

图 4-6 无记忆四进制编码信道模型

4.3 信道的加性噪声

人们将信道中存在的不需要的电信号统称为噪声。通信系统中的噪声是叠加在信号上的,没有传输信号时通信系统中也有噪声,噪声永远存在于通信系统中。噪声可以看成是信道中的一种干扰,也称为加性干扰,因为它叠加在信号之上的。噪声对于传输信号是有害的,它会使模拟信号失真,使数字信号发生错码,并限制信息的传输速率。

按照来源来分,噪声可以分为人为噪声和自然噪声两大类。人为噪声是由人类的生产活动产生的,例如电钻和电气开关瞬态造成的电火花、汽车点火系统产生的电火花、荧光灯产生的干扰、其他电台和家电用具产生的电磁波辐射等。自然噪声是自然界中存在的各种电磁波辐射,例如闪电、大气噪声和来自太阳和银河系等的宇宙噪声。此外还有一种很重要的自然噪声,即热噪声。热噪声来自一切电阻性元器件中电子的热运动。例如,导线、电阻和半导体器件均会产生热噪声。所以热噪声是无处不在、不可避免地存在于一切电子设备中,除非设备处于热力学温度 0 K(即 −273.15 ℃)。在电阻性元器件中,自由电子因具有热能而不断运动,在运动中和其他粒子碰撞而随机地以折线路径运动,即呈现为布朗运动(Brownian motion)。在没有外界作用力的条件下,这些电子的布朗运动结果产生的电流平均值为零,但是会产生一个交流电流分量,这个交流分量称为热噪声。热噪声的频率范围很广,它均匀分布在大约从接近 0 Hz 开始,直到 10^{12} Hz。在一个阻值为 R 的电阻两端,在频率宽度为 B 的范围内,产生的热噪声电压有效值为

$$V = \sqrt{4kTRB} \quad (\text{V}) \tag{4.3-1}$$

式中,$k = 1.38 \times 10^{-23}$ J/K,即玻耳兹曼常数;T 为热力学温度(K);R 是阻值(Ω);B 为带宽(Hz)。

由于在一般通信系统的工作频率范围内热噪声的频率是均匀分布的,好像白光的频谱在可见光的频谱范围内均匀分布一样,所以热噪声又常称为白噪声。由于热噪声是由大量自由电子的运动产生的,其统计特性服从高斯分布,故常将热噪声称为高斯白噪声。

按照性质分类,噪声可以分为脉冲噪声、窄带噪声和起伏噪声。脉冲噪声是突发性地产生的,幅度很大、持续时间比间隔时间短得多。由于其持续时间很短,故其频谱较宽,可以从低频一直分布到甚高频,但是频率越高频谱的强度越小。电火花就是一种典型的脉冲噪声。窄带噪声可以看作是一种非所需的连续的已调正弦波,或简单地看作是一个振幅恒定的单一频率的正弦波。通常它来自相邻电台或其他电子设备,其频谱或频率位置通常是确知的或可以测知的。起伏噪声是遍布在时域和频域内的随机噪声,包括热噪声、电子管内产生的散弹噪声和宇宙噪声都属于起伏噪声。

上述各种噪声中,脉冲噪声不是普遍地存在的,对于话音通信的影响也较小,但是对于数字通信可能有较大影响。窄带噪声也是只存在于特定频率、特定时间和特定地点,所以它的影响是有限的。只有起伏噪声是无处不在的,所以,在讨论噪声对于通信系统的影响时,主要是考虑起伏噪声,特别是热噪声的影响。

如上所述,热噪声本身是白色的。但是,在通信系统接收端解调器中对信号解调时,叠加在信号上的热噪声已经经过了接收机带通滤波器的过滤,从而其带宽受到了限制,故它已经不再是白色的了,成了窄带噪声,或称为带限白噪声。由于滤波器是一种线性电路,高斯过程通过线性电路后,仍为一高斯过程,故此窄带噪声又常称为窄带高斯噪声。设经过接收滤波器后的噪声双边功率谱密度为 $P_n(f)$,如图 4-7 所示,则此噪声的功率为

$$P_n = \int_{-\infty}^{+\infty} P_n(f)\mathrm{d}f \tag{4.3-2}$$

为了描述窄带噪声的带宽,引入噪声等效带宽的概念。这时,将噪声功率谱密度曲线的形状变为矩形(图 4-7 中虚线),并保持噪声功率不变。若令矩形的高度等于原噪声功率谱密度曲线的最大值 $P_n(f_0)$,则此矩形的宽度 B_n 应该等于

$$B_n = \frac{\int_{-\infty}^{+\infty} P_n(f)\mathrm{d}f}{2P_n(f_0)} = \frac{\int_{0}^{+\infty} P_n(f)\mathrm{d}f}{P_n(f_0)} \tag{4.3-3}$$

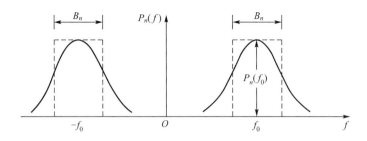

图 4-7　噪声的功率谱特性曲线

上式保证了图中矩形虚线下面的面积和功率谱密度曲线下面的面积相等,即功率相等。故将上式中的 B_n 称为噪声等效带宽。利用噪声等效带宽的概念,在讨论通信系统的性能时,可以认为窄带噪声的功率谱密度在带宽 B_n 内是恒定的。

4.4　信道容量

信道容量是指信道中信息无差错传输的最大速率。所谓信道容量 C,就是信道的极限传输能力,即信道能够传送信息的最大传输速率。其数学表达式为:

$$C = \max R_b \tag{4.4-1}$$

式中,R_b 为信息传输速率;max 表示对所有可能的输入概率分布的 R_b 的最大值为 C。在信道模型中,我们定义了两种广义信道:调制信道和编码信道。调制信道是一种连续信道,可以用连续信道的信道容量来表征;编码信道是一种离散信道,可以用离散信道的信道容量来表征。

1. 离散信道的信道容量

离散信道的容量有两种不同的度量单位,一种是用每个符号能够传输的平均信息量最大值表示信道容量 C;另一种是用单位时间内能够传输的平均信息量最大值表示信道容量 C_t。两者之间可以互相转换,若知道信道每秒能够传输多少符号,则不难从第一种转换成第二种表示,因此,这两种表示方法实质上是一样的,可以根据实际需要选用。

从信息量的概念里得知,发送 x_i 时收到 y_i 所获得的信息量等于发送 x_i 前接收端对 x_i 的不确定程度(即信息量)减去收到 y_i 后接收端对 x_i 的不确定程度:

发送 x_i 时收到 y_i 所获得的信息量为 $-\log_2 P(x_i) - [-\log_2 P(x_i/y_i)]$,对所有的 x_i 和 y_i 取统计平均值,得出收到一个符号时获得的平均信息量:

$$平均信息量/符号 = -\sum_{i=1}^{n} P(x_i)\log_2 P(x_i) - \left[-\sum_{j=1}^{m} P(y_i)\sum_{i=1}^{n} P(x_i/y_i)\log_2 P(x_i/y_i) \right]$$

$$= H(x) - H(x/y) \tag{4.4-2}$$

式中,$H(x) = -\sum_{i=1}^{n} P(x_i)\log_2 P(x_i)$ 表示每个发送符号 x_i 的平均信息量,称为信源的熵;

$H(x/y) = -\sum_{j=1}^{m} P(y_i)\sum_{i=1}^{n} P(x_i/y_i)\log_2 P(x_i/y_i)$ 为接收 y_i 符号已知后,发送符号 x_i 的平均信息量。

由上式可见,收到一个符号的平均信息量只有 $[H(x) - H(x/y)]$,而发送符号的信息源

为 $H(x)$,少了的部分 $H(x/y)$ 就是传输错误率引起的损耗。

对于二进制信源,设发送"1"的概率 $P(1)=a$,则发送"0"的概率为 $P(0)=1-a$。当 a 从 0 变到 1 时,信源的熵 $H(a)$ 可以写为:

$$H(a)=-a\log_2 a-(1-a)\log_2(1-a) \tag{4.4-3}$$

按照上式可以描绘出曲线如图 4-8 所示,由图可见,当 $a=1/2$ 时,此信源的熵达到最大值,这时两个符号的出现概率相等,其不确定性最大。

对于无噪声信道,发送符号和接收符号有一一对应关系,这时,信道模型将变成如图 4-9 所示,并且在接收到符号 y_i 后,可以确知发送的符号是 $x_i,i=1,2,\cdots,n$,因此收到的信息量是 $-\log_2 P(x_i)$,于是,由发送 x_i 时收到 y_i 所获得的信息量表达式可知,此时 $P(x_i/y_i)=0$;以及由式 4.4-2 可知,$H(x/y)=0$。所以,在无噪声条件下,从接收一个符号获得的平均信息量为 $H(x)$。而原来在有噪声条件下,从一个符号获得的平均信息量为 $[H(x)-H(x/y)]$。这再次说明 $H(x/y)$ 即为因噪声而损耗的平均信息量。

从式(4.4-2)得知,每个符号传输的平均信息量和信源发送符号概率 $P(x_i)$ 有关,我们将其对 $P(x_i)$ 求出的最大值定义为信达容量 C:

$$C=\max_{P(x)}[H(x)-H(x/y)] \quad (\text{bit/符号}) \tag{4.4-4}$$

若信道中的噪声极大,则 $H(x)=H(x/y)$,这时 $C=0$,即信道容量为零。

设单位时间内信道传输的符号数为 r(符号/s),则信道每秒传输的平均信息量等于

$$R=r[H(x)-H(x/y)] \quad (\text{bit/s}) \tag{4.4-5}$$

求 R 的最大值,即得到信道容量 C_t 的表达式:

$$C_t=\max_{P(x)}\{r[H(x)-H(x/y)]\} \quad (\text{bit/s}) \tag{4.4-6}$$

2. 连续信道的容量

对于连续信道,若 B 为信道带宽,在加性高斯白噪声的干扰下,根据香农信息论,其信道容量为

$$C=B\log_2\left(1+\frac{S}{N}\right) \tag{4.4-7}$$

式中,N 为噪声的平均功率;S 为信号的平均功率;S/N 为信噪比。由上式可以得出以下结论:

① 任何一个信道,都有信道容量 C。如果信息速率 $R_b \leqslant C$,理论上存在一种方法,能以任意小的差错概率通过信道传输;如果 $R_b > C$,在理论上无差错传输是不可能的。

② 对于给定的信道容量 C,可以用不同的带宽和信噪比的组合来传输。若减小带宽,则必须发送较大的功率,即增大信噪比 S/N;若有较大的传输带宽,则可用较小的信号功率(即较小的 S/N)来传送。这表明宽带系统表现出较好的抗干扰性。因此,当信噪比太小,不能保证通信质量时,可采用宽带系统,以改善通信质量,这就是带宽换功率的措施。但应指出,带宽和信噪比的互换并不是自动的,必须变换信号使之具有所要求的带宽。实际上这是由各种类型的调制和编码来完成的。调制和编码过程就是实现带宽与信噪比互换的手段。

4.5　信道复用和多址技术

在频率资源日益短缺的今天,用一定的频率资源(通常称为信道)来实现单用户点对点的通信无疑是一种资源的浪费,并且在许多的通信应用中是不允许的。实际情况是,在各种

通信应用中,常要求一个共同的发射媒介能够被众多用户所共享。这种构想最早源于爱迪生 1873 年的同向双工发明,经过多年的技术演变后,在人们的日常生活中已经得到了广泛的应用。信道复用在许多专业书籍中也称多址通信,就是允许多个用户同时共享一定的无线电频谱资源(信道)来进行通信。例如,移动电话向基站的发射、地面站与卫星的通信、局域网、有线电视网等都采用了信道复用技术,随着信道复用概念的提出,也就产生了多种信道复用的方式——多址方式。

4.5.1 频分多路复用

频分多路复用(FDM)是指在适合于某种传输媒体的频带中,分割成若干个频段,每个频段构成一路独立的通信信道。这样做可使多路信号同时共享这一公共传输媒体,根据这一原理,多路信号在传输之前,首先要按次序将频率搬移至指定的频段。为了适合于空间传输,发射端对载频进行调制,把整个频带搬移到所指定的频率范围内,再送入公共传输媒体中。在接收端,利用相反的处理过程,把各路信号的频率通过反调制再搬回原来的频段上,并进一步恢复各路的原始信号。通过上述发端和收端的处理后,实现了在一个传输频带上,分割用多个频段的方法,让多路信号同时进行传输。

为了让读者更清楚地理解频分多路复用的原理,下面以单边带调制(SSB)为例加以说明。

【例 4.1】 设在信道中要传输 n 路信号,各路信号频谱分别为 $F_1(\omega)$,$F_2(\omega)$,$F_3(\omega)$带宽均为 ω_m,如图 4-8(a)所示,再经 SSB 调制及频分复用后,复用后合成信号的频谱如图 4-8(b)所示。图 4-8(b)中,调制信号的载频为 ω_n,在实际应用中,为了避免各路信号频谱重叠,相邻信号之间都应有一个保护频带间隔 ω_g(这样便于滤波器的设计)。经过复用后,合成信号的带宽可表示为下式:

$$\omega_n = n\omega_m + (n-1)\omega_g \tag{4.5-1}$$

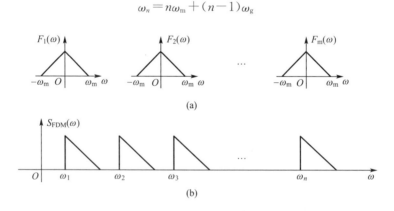

图 4-8 $S_{FDM}(\omega)$波形图

实现频分多路复用的原理框图如图 4-9 所示,根据前面所述的原理,其中各路信息 $m_1(t)$,$m_2(t)$,$m_n(t)$分别通过调制后,将各自的频谱搬移至 ω_1,ω_2,ω_n,后经带通滤波以及合路处理(再进行一次频谱搬移)以适合于信道传输。接收端的处理过程恰好与发射端完全相反,这里就不再详述。

如图 4-9 所示,各路载频的选取方法如下。

$$\omega_2 = \omega_1 + \omega_m + \omega_g$$

$$\omega_3 = \omega_2 + \omega_m + \omega_g$$
$$\omega_n = \omega_{n-1} + \omega_m + \omega_g \tag{4.5-2}$$

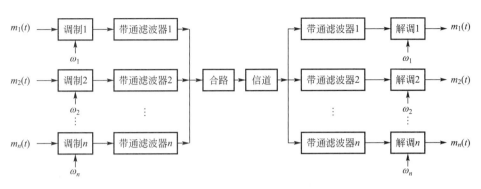

图 4-9　频分多路复用原理框图

频分多路复用方式可以单独构成通信系统,如 FDMA,也可和其他通信方式结合使用。通常在实际应用中,为避免不必要的干扰,收发双方采用不同的频段,即上行频段和下行频段,再结合其他的具体通信方式使用,如采用 FDMA/FDD 的现代移动电话系统(Advanced Mobile Phone System,AMPS),采用 TDMA/FDD 的全球移动通信系统(Global System for Mobile,GSM)等。

4.5.2　时分多路复用

时分多路复用(TDM)是使多路信号轮流占用同一个公共传输信道中的规定时间间隙。其基本原理是利用同步启闭发送端和收信端的开关来保证发送端的某一时隙对某一路信号开启,让该路信号通过,同时在收信端同步开启,以便接收发送端送出的该路信号。其余时隙则依次为各路使用,从而实现在同一个公共传输信道上以时间分割方式进行多路传输。由抽样理论可知,通过对信号的抽样,可将时间上连续的信号变成时间上离散的信号,而这些离散信号之间的时间间隙,为多路信号沿同一信道传输提供了条件。具体说,就是把时间分成一些均匀的时间间隙,将各路信号的传输时间分配在不同的时间间隙内,以达到互相分开,互不干扰的目的。从以上的描述中可以看出,时分多路通信的主要特点是利用不同时隙来传送各路不同的信号。与 FDM 不同的是,各路信号在频谱上是重叠的,但在时间上是不重叠的。目前,时分多路复用通信方式大都用于数字通信系统,例如 PCM 通信。

同样用一个例子来说明时分多路复用(TDM)的工作原理。

【例 4.2】　图 4-10 为时分多路复用示意图,设各路的信息为话音信息,并经低通滤波器滤波后,将其频带限制在 3 400 Hz 以下,而后加到快速电子旋转开关 S_1(称分配器,也称合路门),S_1 开关不断重复地匀速旋转,每旋转一周的时间等于一个抽样周期 T(这里要满足抽样理论的要求),这样就做到对每一路信号每隔周期 T 时间抽样一次。由上述过程可以看出,发端分配器不仅起到抽样的作用,同时还起到复用合路的作用。合路后的抽样信号送到编码器(如 PCM 编码器)进行量化和编码(每个抽样量化为 8 位),然后将数字信息码送往信道。在收端将这些从发送端送来的各路信息码依次解码,还原后的信号,由收端分配器旋转开关 S_2(分路门)依次接通每一路信号,再经低通平滑,重建成话音信号。由此可见,收端的分配器起到时分复用的分路作用。

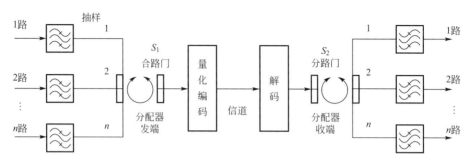

图 4-10 时分多路复用示意图

值得注意的是,在时分多路复用中,为保证正常通信,收、发端旋转开关 S_1、S_2 必须同频同相。所谓同频是指 S_1、S_2 的旋转速度要完全相同,同相指的是发端旋转开关 S_1 连接第一路信号时,收端旋转开关 S_2 也必须连接第一路,否则收端将收不到本路信号,为此要求收发双方必须保持严格的同步。时分多路复用后的数码流示意图如图 4-11 所示。

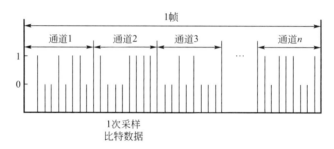

图 4-11 时分多路复用后的数码流示意图

时分多路复用(TDM)结合频分多路复用(FDM)被广泛地应用于现在的多种通信系统中,如全球移动通信系统(GSM)、美国数字蜂窝系统(USDC)、日本数字蜂窝系统(JDC)等。

4.5.3 多址技术

由于无线通信具有大面积无线电波覆盖和开放信道的特点,网内一个用户发射的信号,其他用户均可接收,那么如何才能使网内用户从播发的信号中识别出发送给本用户地址的信号就成为建立连接的首要问题,即用户应采用何种多址通信方式。

在讨论之前,首先来了解一下多址通信应用的数学基础,因为后面介绍的各种多址通信方式都以此为基础。多址通信方式的数学基础是信号的正交分割原理。我们知道,无线电信号可以用时间、频率和码型的函数表示,可改为

$$m(c,f,t)=c(t)s(f,t) \tag{4.5-3}$$

式中,$c(t)$ 是码型函数;$s(f,t)$ 为时间 t 和频率 f 的函数。

不同的多址通信方式是利用式(4.5-3)中不同的特征参量来建立的。当以传输信号载波频率的不同来建立多址通信时,称为频分多址方式(FDMA);当以传输信号的时间不同来建立多址通信时,称为时分多址方式(TDMA);当以传输信号的码型不同来建立多址通信时,称为码分多址方式(CDMA)。图 4-12 分别给出了 FDMA、TDMA 和 CDMA 的示意图。从图 4-12 中可以明显看出,以上 3 种多址通信方式分别利用了式(4.5-3)中的频率、时间和码型参量。

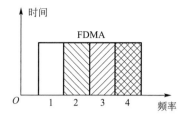 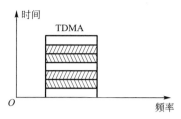 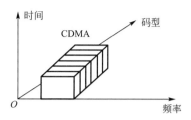

图 4-12　3 种多址通信方式示意图

　　频分多址系统是频率资源的重用,它是以频道来分离用户地址的;时分多址系统是时隙资源的重用,它是以时隙来分离用户地址的;码分多址系统是码型资源的重用,它是以码型来分离用户地址的。有的专业书籍上把多址技术根据共享的带宽划分为窄带多址系统和宽带多址系统,这只是采用了不同的分类标准。接下来我们以信号的不同特征参量为分类标准,着重介绍 FDMA、TDMA 和 CDMA。

1. 频分多址

　　频分多址(FDMA)是把通信系统的总频段划分为多个等间隔的频道(或称信道),并分配给不同用户使用的一种多址技术。

　　根据信号的正交分割原理,FDMA 要求不同用户的发射信号相互正交,即 FDMA 系统中的频道应该互不重叠,为此,通常需要在各个频道之间插入保护频带,如图 4-13 所示。

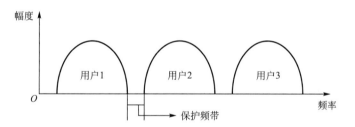

图 4-13　频分多址中用户的频谱分配示意图

　　由于存在保护频带,所以任意两个信号的频谱在任何一个频率都不可能同时取非零值。

　　用编码、频率和时间的三维图(见图 4-14)更能直观地了解 FDMA 的基本原理。从图 4-14 中可以看出,各个用户任何时间都可以发射自己的信号,但他们使用的频道不一样。

　　在实际应用中,FDMA 通信系统的基站必须同时发射和接收多个不同频率的信号。任意两个移动用户之间不能直接进行通信,而必须经过基站的中转,这个过程必须占用 4 个频道才能实现双工通信。如果网内用户众多,这时读者肯定会担心其频率资源是否够用,实际上这种忧虑是不必要的,移动台在通信时所占用的频道并不是固定指配的,它通常是在通信

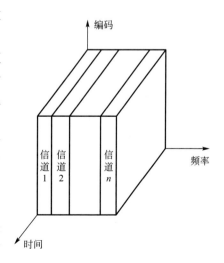

图 4-14　频分多址的三维示意图

建立图 4-14 频分多址的三维示意图阶段由系统控制中心临时分配的,通信结束后,移动台将退出它占用的频道,这些频道又可以重新分配给别的用户使用。

频分多址的特点如下。

(1) FDMA 信道每一时刻只载有一条电话线路。

(2) 若 FDMA 信道不在使用中,则它处于空闲状态,不能被其他用户使用,因而将无法增加或共享系统容量。这无疑是一种资源的浪费。

(3) 在指定音频信道后,基站和移动用户可以同时连续发信。

(4) FDMA 信道的带宽非常窄(30 kHz),因为每个信道对一个载波只支持一条线路,为了具有足够多的信道,FDMA 通常用窄带系统实现。

(5) 字符时间比平均时延扩展大得多,这意味着码间干扰比较小,因此对 FDMA 窄带系统几乎不需要均衡。

(6) FDMA 系统的复杂性比 TDMA 系统的复杂性要低。

(7) 由于 FDMA 是连续发射方式,所以可用于系统内务操作(如同步比特和组帧比特)。

(8) 由于发射机和接收机在同一时间工作,所以 FDMA 移动装置必须使用双工器,这将增加 FDMA 用户装置和基站的成本。

(9) 为了使相邻信道干扰最小,FDMA 需要进行精确的无线电频率滤波。

2. 时分多址

在时分多址(TDMA)中,频谱的使用是按照时隙的方式分配给各用户的,每个用户只有在规定的时隙内才允许发射和接收。时隙是按照一种循环的方式分配给每个用户的,如图 4-15 所示。同样,用频率、编码和时间的三维图(见图 4-16)更能直观地了解 TDMA 的工作原理。从图 4-16 中可以看出,所有用户都共享相同的无线电频谱,而信道实质上就是在时间上分割开的循环重复的时隙。

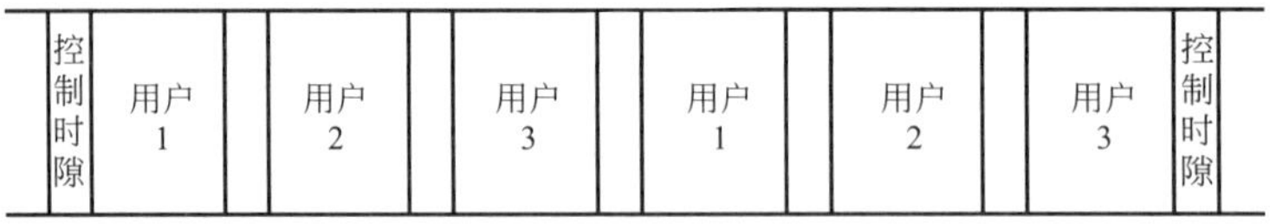

控制时隙	用户1	用户2	用户3	用户1	用户2	用户3	控制时隙

图 4-15 时分多址用户时隙示意图

在 TDMA 中,根据传输信息内容的不同,时隙所含的具体内容和组成格式也不相同。一般可以将时隙分为两类:一类是传输话音和数据的,简称业务时隙;另一类是传输控制指令的,简称控制时隙。图 4-15 中分配给各用户的时隙即为业务时隙,而两个相邻业务时隙之间的时隙就是控制时隙。图 4-17 所示为 TDMA 系统的时隙格式。在时分多址系统中,把时间分成周期性的帧,每一帧都包含前同步位、业务信息和后同步位。业务信息再分割成若干时隙(无论帧或时隙都是互不重叠的),每一个时隙就是一个通信信道,分配给一个用户。然后根据一定的时隙分配原则,使各个移动台在每帧内只能按指定的时隙向基站发射信号,在满足定时和同步的条件下,基站可以互不干扰地在各时隙中接收到各移动台的信号。同时,基站发向各个移动台的信号都按顺序安排在预定的时隙中传输,各移动台只要在指定的时隙内接收,就能从合路的信号中分离出发给它的信号。

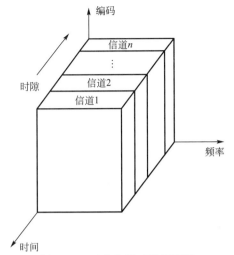

图 4-16　时分多址三维示意图

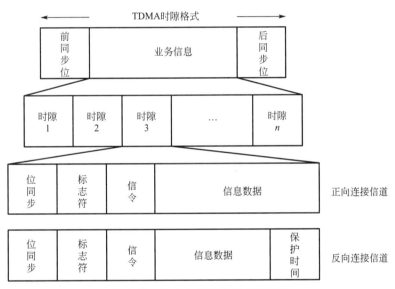

图 4-17　时分多址时隙格式示意图

　　同样根据信号的正交分割原理，TDMA 要求不同用户的发射信号相互正交，即 TDMA 系统中的时隙应该互不重叠。因此通常需要在各个时隙之间插入保护时间，如图 4-18 所示。由于有保护时间，所以任意两个相邻用户的发射信号不会在同一时刻取非零值，这样也就保证了信号之间的正交性。

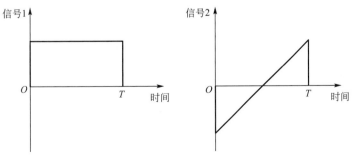

图 4-18　两路信号的时域波形

时分多址具有以下特点。

（1）TDMA 可使多个用户共享同一载波频率，其中每个用户使用无重叠的时隙。每帧的时隙数取决于调制方法、可利用的带宽等因素。

（2）TDMA 系统的各用户的数据发射不是连续的，而是突发的。这就使得电池消耗小，因为当用户的发射机不使用时（大多数时间属于这种状况）就可以关机。

（3）TDMA 使用不同的时隙进行发射和接收，因此不需要双工器。即使使用频分双工，在用户装置中也不需要双工器，只需使用一个开关，即可对发射机和接收机进行开启和断开。

（4）由于 TDMA 的发射速率一般比 FDMA 的发射速率高很多，所以在 TDMA 中通常需要自适应均衡。

（5）在 TDMA 中，保护时间应该最小。若为了缩短保护时间而将时隙边缘的发射信号加以明显抑制，则发射信号的频谱将扩展，并会引起对相邻信道的干扰。

（6）由于 TDMA 的发射是时隙式的，具有突发性，这就要求接收机必须与每个数据组保持同步，因此用于同步的系统内务操作将占用不少时间。此外，为了将不同用户分开，还需要设立保护时隙，这又会造成时间资源的浪费。

（7）TDMA 有一个优点，它能够将每帧数目不等的时隙分配给不同的用户。因此，可以根据不同用户的需求，通过优先顺序连接时隙，以便提供不同的时间宽度。

3. 码分多址

上述两种多址通信方式是将信道资源分配给不同用户的传统方法。在 TDMA 中，所有用户占用相同的无线电频带，但必须按照不同的时间顺序发射信号；在 FDMA 中，所有用户虽然可同时发射信号，但它们占用的频带不同。从时间-频率平面上看，这两种多址技术实际上只让一个发射用户占据一个资源，从本质上每个用户是在一种等效的单信道环境下工作，以此避免多用户之间的干扰。

从用户的数量角度来看，在移动通信中，当潜在的用户数比任意时刻实际用户数大得多时，以上两种传统的多址方式无疑是对信道资源的极大浪费。因此在实际使用中，给各用户的信道资源分配应该是动态的，而不是静态的。其中随机多址通信是动态共享信道的一种方法，但也存在一定问题，因为不能强迫用户按照约定进行无干扰的信号发射。针对这种情况，就要求一种既能满足随机通信又能不造成信道资源浪费的多址通信方式。码分多址方式（CDMA）便是一种极为有效的解决方法。

从用户发射信号的特性上来看，在 FDMA 和 TDMA 通信系统中，为了避免干扰，相邻信号之间都加入了保护频带和保护时间，以保证它们的正交性。但在实际通信中，使同信道中的两个信号在时域和频域不重叠是困难的，好在即使时域和频域都重叠的两个信号也是容易让它们正交的。

既然信号在时域和频域都重叠，则根据信号的正交分割原理，只有在信号的另一个特征参量——码型上做文章了。下面给出一个简单的例子加以说明。

【例 4.3】 如图 4-18 所示，两个信号虽然在时域和频域上都重叠，但很容易验证，这两个信号的互相关等于零，即两个信号同样是正交的。依此类推，可以发现，信号之间互相关为零的特征参量不光只有时间和频率，信号的"形状"也是一个值得参考的方面。

根据此原理，可以设计用户量更大的实际系统，只不过设计的重点放在如何寻找大量满足系统要求的彼此正交的码型上了。同样,用三维图(见图 4-19)可以更直观地看出 CDMA 的工作原理。

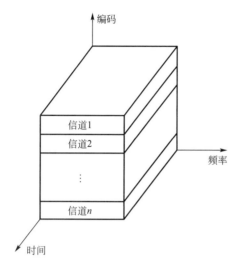

图 4-19　码分多址的三维示意图

码分多址方式的特点如下。

(1) CDMA 系统的许多用户共享相同的频率,它既可以使用时分双工,也可以使用频分双工。

(2) 与 TDMA 或 FDMA 不同,CDMA 存在一软容量限制。增加 CDMA 系统的用户数目会以一种线性形式抬高噪声门限,因此,CDMA 中的用户个数也不是无限制的。

(3) 自干扰是 CDMA 系统中的一个重要问题。自干扰主要是由于系统中使用了不完全正交的扩频码,因此在某个特定伪噪声码的解扩中,系统中其他用户的发射就有可能对期望用户的接收机产生影响。

(4) CDMA 系统中,存在有"远-近"效应问题,即当非期望用户距离接收机很近时,会产生与扩频码无关的干扰。

(5) CDMA 系统可以利用扩频码良好的相关特性来很好地抵抗多径效应。

思考与练习

4-1　简述信道及其模型的分类。

4-2　试述信道容量的定义并写出其表达式,由表达式分析信道容量的决定因素。

4-3　简述信道复用和多址技术的原理及其分类。

4-4　设某个信息源由 A、B、C 和 D 四个符号组成,每个符号独立出现,其出现概率分别为 1/4、1/4、3/16、5/16,经过信道传输后,每个符号正确接收的概率为 1 021/1 024,错为其他符号的条件概率分别均为 1/1 024,试求此信道的容量 C。

4-5　设一幅黑白数字相片有 400 万个像素,每个像素有 16 个亮度等级。若用 3 kHz 带宽的信道传输,且信号噪声功率比等于 10 dB,试问需要传输多长时间?

4-6　若在频分复用中,原始信号为话音信号(3 400 Hz),调制方式为 DSB,主载频为 100 kHz,为了使 5 路信号进行频分复用,发射的射频信号带宽为多少? 各路信号的载频为多少?

第5章

→ 同步原理

同步是通信系统中一个重要的实际问题,在通信系统的设计中,同步设计占有十分重要的地位。通信系统能否有效、可靠地工作,很大程度上依赖于有无良好的同步系统。通信系统中的同步又可分为载波同步、位同步、帧同步、网同步几大类。当采用同步解调或相干检测时,接收端需要提供一个与发射端调制载波同频同相的相干载波,获得这个相干载波的过程称为载波同步。数字通信中,除了有载波同步的问题外,还有位同步的问题。因为消息是一串连续的信号码元序列,解调时抽样判决的时刻应位于每个码元的终止时刻,因此,接收端必须产生一个用于定时的脉冲序列,通常把在接收端产生与接收码元重复频率和相位一致的定时脉冲序列的过程称为位同步。实际应用中,数字通信的消息总是用若干码元组成具有一定语意的基本单位,因此,在接收这些数字流时,同样也必须知道这些基本单位的起止时刻,在接收端产生与基本单位起止时刻相一致的定时脉冲序列,统称为帧同步。然而,随着数字通信的发展,特别是计算机通信及计算机网络的发展,通信系统也由点对点的通信发展到多点间的通信,这时,多个用户相互连接而组成了数字通信网,为了保证通信网内各用户之间可靠地进行数据交换,还必须实现网同步。

5.1　载　波　同　步

通信系统中,相干解调的关键是本地对发送信号中载波的提取。载波信号提取有两种方法。

(1) 插入导频法:发送导频,收端用窄带滤波器提取导频信号,用来产生本地载波。

(2) 直接提取法:直接从已调信号中提取载波信号。

下面分别介绍这两种方法。

5.1.1　载波同步的插入导频法

由于在抑制载波系统中无法从接收信号中直接提取载波。例如,DSB、VSB、SSB 和 BPSK 本身都不含有载波分量或即便含有一定的载波分量也难以从已调信号中分离出来。为了获取载波同步信息,可以采取插入导频的方法。插入导频是在已调信号的频谱中再加入一个低功率的线谱(其对应的正弦波形即称为导频信号)。在接收端可以容易地利用窄带滤波器把它提取出来,经过适当处理形成接收端的相干载波。显然,导频的频率应当与载频有关或者就是载频。

插入导频法是在发送有用信号的同时,在适当的频率位置上,插入一个(或多个) 称为导频的正弦波,接收端就由导频提取出载波。插入导频适用的调制方式有多种,但基本原理相似。这里仅介绍抑制载波的双边带信号(DSB)中的插入导频法。在 DSB 信号中插入导频时,导频的插入位置应在已调信号频谱为零的位置,否则将会引起导频与信号频谱成分重叠,接收时滤波器不易提取。图 5-1 所示为插入导频的一种方法,插入的导频并不是加入调制器的载波,而是将该载波移相 90°后的"正交载波",其收发端原理图如图 5-2 所示。不将载波直接作为导频是由于当将载波频率的信号直接作为导频信号时,在接收端低通滤波器中可以观察到有直流分量存在,这个直流分量将通过低通滤波器对数字信号产生影响,而当发射端使用 90°移相后的正交载波作为导频信号时,在接收端低通滤波器的输出中没有直流分量,也就不会对数字信号造成影响。

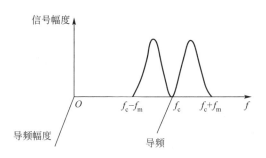

图 5-1 DSB 信号的导频插入示意图

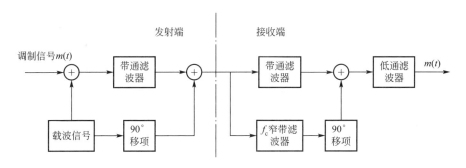

图 5-2 插入导频法发射收发端原理框图

另外,插入导频法提取载波要使用窄带滤波器,这个窄带滤波器也可以用锁相环来代替,这是因为锁相环本身就是一个性能良好的窄带滤波器,因而使用锁相环后,载波提取的性能将有改善。

5.1.2 载波同步的直接提取法

1. 平方变换法和平方环法

对于 ASK 信号和 FSK 信号,由于这两种已调信号的功率谱中存在载波分量的线谱,因而可以用窄带滤波器直接提取,所以也称直接法。而对于 PSK 信号来讲,由于其功率谱中并不存在载波分量的谱线,因而必须先进行非线性处理,例如平方律运算。下面着重以 PSK 信号为例,介绍几种提取载波信号的方法。同时为了保证提取载波的质量,一般采用锁相环,主要有平方环、科斯塔斯(Costas)环、去调制环与调制环、判决反馈环等,以下主要对前两种锁相环进行分析。

平方变换法的原理图如图 5-3 所示。平方变换法是将已调信号经过一个平方律运算部件后由一个中心频率为 $2f_c$ 的窄带滤波器提取 2 倍频信号,再经过二分频电路即可提取出载波。上述方法中,只要将 $2f_c$ 的窄带滤波器改为锁相环就成为平方环法。

图 5-3 平方变换法提取载波原理图

图 5-4 是二相 PSK 系统中常用的载波同步锁相环的原理图。接收的中频二相 PSK 信号经过平方电路(如二极管全波整流)后,就可消除相位调制,产生出载波频率的二倍频谱线分量 $2f_c$,而 VCO 工作在载波频率 f_c 上,经二倍频后送至鉴相器与接收的 $2f_c$ 进行鉴相,产生环路跟踪所需要的控制电压。平方电路输出的 $2f_c$ 分量中含有参考载波的相位信息,环路对它进行跟踪,并滤除调制的连续谱和白噪声对它的干扰,压控振荡器输出的就是比较纯净的相干载波。数学分析如下。

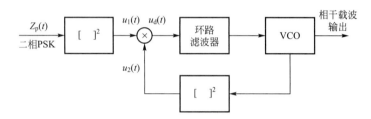

图 5-4 平方环提取载波原理图

设平方电路输入的二相 PSK 信号为

$$Z_p(t) = AD(t)\cos(\omega_c t + \theta_1) \tag{5.1-1}$$

式中,$D(t)$ 代表数字脉冲波形,取值为 1 或 -1,θ_1 代表环路所需跟踪的载波相位。平方电路输出取载波的 2 倍频分量为

$$u_1(t) = kD^2(t)A^2[\cos(2\omega_c t + \theta_1) - 1]/2 \tag{5.1-2}$$

只取余弦函数部分,又 $D^2(t) = 1$,所以可得

$$u_1(t) = kA^2\cos(2\omega_c t + \theta_1)/2 \tag{5.1-3}$$

若环路已经进入锁定状态,VCO 输出经倍频后送到鉴相器的信号为

$$u_2(t) = U_2\cos(2\omega_c t + \theta_2) \tag{5.1-4}$$

则鉴相器输出取直流为

$$u_d = k_d\sin(\theta_2 - \theta_1) \tag{5.1-5}$$

上式表示平方环的鉴相特性。k_d 是鉴相灵敏度,u_d 为误差控制电压,它使 $(\theta_2 - \theta_1)$ 趋于零。由于平方电路输出的信号中,含有噪声和调制连续谱的干扰,所以,平方电路后要加窄带滤波器以抑制噪声和调制连续谱干扰。

2. 科斯塔斯环

科斯塔斯环原理框图如图 5-5 所示。与平方环不同的是,科斯塔斯环的输入信号是不进行平方运算的。该环中,VCO 提供了两路互相正交的载波,即同相参考载波 $u_{2I}(t)$ 和正交参考载波 $u_{2Q}(t)$,并分别加到同相鉴相器 I 和正交鉴相器 Q,与输入 PSK 信号进行鉴相。具体分析如下。

两个互为正交的参考载波分别为

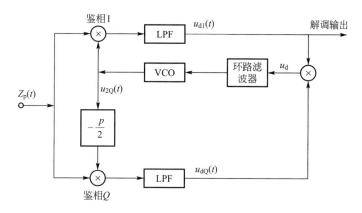

图 5-5 科斯塔斯环原理框图

$$u_{2I}(t)=U_2\cos(\omega_c t+\theta_2) \tag{5.1-6}$$

同相鉴相器输出，又经低通滤波器 LPF 后可得到：

$$u_{2Q}(t)=U_2\sin(\omega_c t+\theta_2) \tag{5.1-7}$$

正交鉴相器输出，又经低通滤波器 LPF 后可得到：

$$u_{dI}=k_{dI}D(t)\cos(\theta_2=\theta_1) \tag{5.1-8}$$

这两个输出中，仍有数字信息 $D(t)$，故它们又加到相乘器上可得：

$$u_{dQ}=k_{dQ}\sin 2(\theta_2-\theta_1) \tag{5.1-9}$$

式(5.1-9)与平方环中的式(5.1-5)相同，即两者的鉴相特性相同，因而载波跟踪特性是等效的。由于科斯塔斯环有同相和正交鉴相器，又称同相正交环。

从图 5-5 中可以看出，科斯塔斯环的工作频率是载波频率本身，而平方环的工作频率是载波频率的两倍。因此当载波频率较高时，科斯塔斯环可以更容易实现且具有相对较高的可靠性。另外，通信系统中常使用多相位相移调制，同样可以使用类似平方法和多相科斯塔斯环的方法实现载波信号的提取。

5.1.3 两种载波同步方法的比较

1. 插入导频法的特点

（1）有单独的导频信号，一方面可以提取同步载波，另一方面可以利用它作为自动增益控制。

（2）有些不能用直接法提取同步载波的调制系统只能用插入导频法。

（3）插入导频法要多消耗一部分不带信息的功率，因此与直接法比较，在总功率相同的条件下信噪功率比要小一些。

2. 直接提取法的特点

（1）不占用导频功率，因此信噪功率比可以大一些。

（2）可以防止插入导频法中导频和信号之间由于滤波不好而引起的相互干扰，也可以防止信道不理想引起导频相位的误差。

（3）有的调制系统不能用直接提取法（如 SSB）。

载波同步系统的主要性能指标如下。

(1) 效率：为获得同步,载波信号应尽量少消耗发送功率。

(2) 精度：指提取的同步载波与需要的载波标准比较,应该有尽量小的相位误差。

(3) 同步建立时间：一般要求同步建立时间越短越好。

(4) 同步保持时间：一般要求同步保持时间越长越好。

5.2 位 同 步

载波同步对于相干解调是必需的,而对于非相干解调是不需要的,另外载波同步对于基带传输也是不需要的,因为基带传输没有载波调制问题。

对于位同步,根据其概念分析,它只与系统采用的体制有关,即位同步存在于数字通信系统中,而在模拟通信系统中是不存在的。位同步方法与载波同步方法类似也有两种方法,即插入导频法和直接提取法。

5.2.1 位同步的插入导频法

为了既能提取位同步信号,又不至于使插入的导频信号对数码的判决产生影响,插入导频法需要发送端额外再送出时钟信号,常用的有两种形式。一种是在待传输的数码流中插入导频信号。在判决前应先抑制掉这个导频信号,因此导频在频域中的插入位置应在数码频谱的边缘或者零点处,如图 5-6 所示。在接收端,接收的混合信号分为两条支路,一条用带阻滤波器抑制其中的导频信号,让数码流通过,送到取样判决电路；另一条用窄带滤波器提取导频信号,抑制数码流,然后形成位定时脉冲。其原理框图如图 5-7 所示。

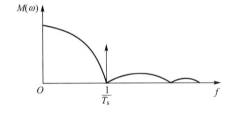

图 5-6 频域中导频插入位置示意图

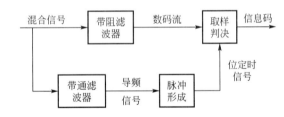

图 5-7 接收机形成位定时脉冲原理框图

另一种形式是使待传输的数字信号包络按位同步信号进行变化。在相移键控或频移键控的通信系统中,对已调信号进行附加的幅度调制后,接收端只要进行包络检波,就可以形成位同步信号,具体分析如下。

设相移信号的表达式为

$$s_1(t) = \cos[\omega_1 t + \varphi(t)] \tag{5.2-1}$$

现在用某种波形的位同步信号对 $s_1(t)$ 进行幅度调制,若这种波形为升余弦波形,则其表达式为

$$m(t) = \frac{1}{2}(1 + \cos \omega t) \tag{5.2-2}$$

式中,$\omega = 2\pi/T_s$, T_s 为码元宽度,幅度调制后的信号为

$$s(t) = \frac{1}{2}(1 + \cos \omega t)\cos[\omega_1 t + \varphi(t)] \tag{5.2-3}$$

接收端对 $s(t)$ 进行包络检波，包络检波器的输出为 $\frac{1}{2}(1+\cos \omega t)$，除去直流分量后，就可以获得位同步信号 $\frac{1}{2}\cos \omega t$。

在 5.1.1 节中介绍的载波同步导频插入法和以上位同步导频插入法都是在频域内的插入。事实上，同步信号也可以在时域内插入，这时载波同步信号、位同步信号和数据信号分别被安排在不同的时段内传送，接收端用锁相环路提取出同步信号并保持它，就可以对随后而来的数据进行解调。

5.2.2　位同步的直接提取法

直接提取法又称自同步法。并不是所有的信号形式都适于自同步法，采用自同步法提取位同步信号的依据主要有以下两个。

（1）数字信号（基带信号或数字调制信号）中确实含有位同步信息。

（2）数字信号频谱中并不一定存在位同步信号这一离散频率分量，但通过变换可以获得。在实际的通信系统中，由于基带信号中的同步频率分量已经被调制到载波频率上，因此数字调制信号的频谱中不含位同步频率分量，要产生位同步频率分量，必须先把调制信号变为基带数字信号。然而，也不是所有基带数字信号频谱中都存在离散的位同步频率分量，其中随机二进制基带数字信号中，是否存在位同步频率分量，取决于它的码型。由基带数字信号的频谱分析已得到重要结论，在归零的二进制随机脉冲序列的频谱中，含有位同步频率离散分量。而非归零二进制随机脉冲序列的频谱中，没有位同步离散分量，如图 5-8 所示。因此直接提取法可分为解调后的基带码波形的位同步提取和解调前的波形的位同步提取。

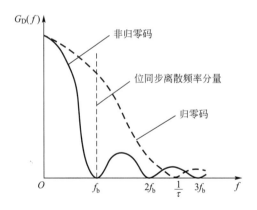

图 5-8　基带数字信号功率谱曲线

从解调后的基带信号中产生位同步接收端解调输出的基带波形不同，产生位同步的方法也不同，主要有以下几种波形。

（1）基带波形为方波

一般传输系统的频带总是受限的，所以解调器输出端的基带信号已不再是方波。需加一方波形成电路。若方波形成电路之后的基带信号是单极性不归零信号，根据频谱分析的结论它不含位同步信号。所以要经过微分、整流环节变成单极性归零信号，它含有信息码、噪声和位同步频率分量，再用一高 Q 值（或锁相环）回路滤出同步频率分量，进而通过波形整形电路得到位同步信号。系统原理框图及波形图如图 5-9(a) 和图 5-9(b) 所示。

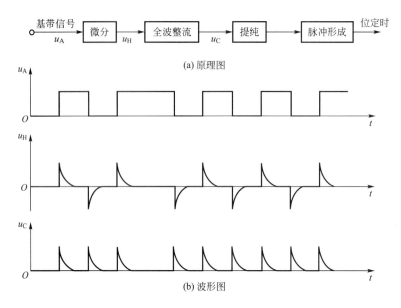

图 5-9 从方波中产生位同步信号示意图

（2）基带信号是频带受限的实际的数字通信系统中多数的传输频带是受限的。解调后的基带信号上升沿、下降沿不陡峭，而是变得比较圆滑。在这种情况下，可以直接进行整流来产生归零脉冲，以便提取位同步分量。可以省去方波形成和微分电路。图 5-10 说明了这一方法的原理。

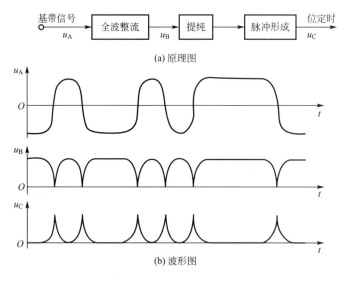

图 5-10 从频带受限的基带信号中产生位同步信号

（3）基带信号为不归零的随机二进制序列对于不归零的随机二进制序列，根据频谱分析的结论，不能直接从其中滤出位同步信号。但是可对该信号进行某种变换，例如，变成归零脉冲后，则该序列中就有 $f = 1/T_s$ 的位同步信号分量，可再用一个窄带滤波器，对其进行位同步分量的滤波，便可滤出此位同步信号分量，进而将它通过一移相器调整相位后，就可以形成位同步脉冲。它的特点是先形成含有位同步信息的信号，再用滤波器将其滤出。

2. 从解调前的信号中产生位同步

这里主要针对相位调制信号进行讨论,从调相信号中产生位同步的常用方法有包络检波法和延迟相干法等。

(1) 包络检波法

当系统频带小于调相信号带宽时,调制信号的包络会产生"凹陷",因此启发人们用包络检波法来产生位同步信号,如图 5-11 所示。这种方法与上述的从频带受限的基带信号中产生位同步的方法类似,所不同的是,位同步的建立是在解调之前,因此它不依赖于解调电路。尤其在相干检测接收机中,采用包络检波法可以使载波同步和位同步互不影响。位同步的建立与解调电路的故障无关,因而位同步比较可靠。另外,其电路也比较简单,所以是通常采用的方法之一。

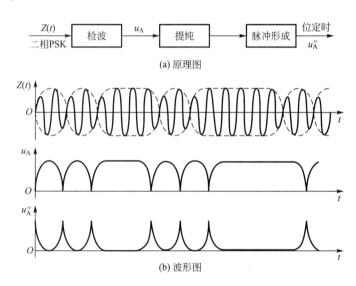

图 5-11　包络检波法产生位同步信号示意图

(2) 延迟相干法

当系统传输带宽远大于信号频谱宽度,或者对通过系统滤波器的中频调相信号采取了对称限幅而使包络不产生"凹陷"或"凹陷"不明显时,包络检波法就不适用了。从这种频带不受限的中频 PSK 信号中产生位同步,应采用延迟相干法。图 5-12 是其原理框图和波形图。值得指出的是,图 5-12(a)中的延迟电路的延迟时间 τ 小于 T_s 而不能等于 T_s。中频调相信号一路经过移相器与另一路经过延时 τ 后相乘,取基带,得到一个脉冲宽度为 τ 的基带脉冲序列 $u(t)$,因为 $\tau < T_s$,是归零脉冲,所以 $u(t)$ 便含有位同步频率分量 f_b。显然,从图 5-12 中可以看出,位同步分量的大小与移相器和 τ 的取值有关。

位同步系统的性能指标如下。

(1) 效率:为获得位同步,发射信号应尽量少消耗发送功率。

(2) 精度:同步建立并稳定以后,由于收、发频率不稳和噪声的影响,造成的最大位同步定时误差。

(3) 同步建立时间:一般要求同步建立时间越短越好。

(4) 同步保持时间:一般要求同步保持时间越长越好。

（5）同步带宽：锁相环能够使收端位同步脉冲的相位与输入信号的相位同步所允许的最大频差。

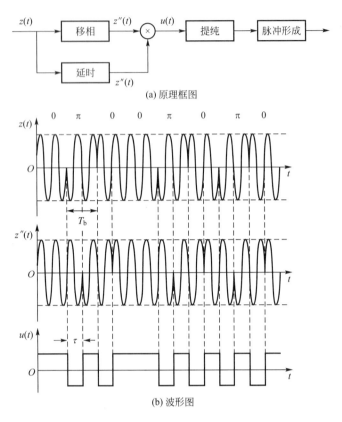

(a) 原理框图

(b) 波形图

图 5-12　延迟相干法产生位同步信号

5.3　帧　同　步

5.3.1　帧同步系统的主要要求与功能

帧同步的概念已经很清楚了，现对帧同步系统的主要要求进行介绍。

（1）捕捉时间要短。它主要指开机后能很快建立同步或失步后能迅速恢复同步，有时也称为同步引入时间或同步恢复时间。例如，对于语音信号传输，人耳不易感觉小于 100 ms 以内的中断，所以捕捉时间应小于这个时间。

（2）工作稳定可靠，要有保护措施，防止假失步和假同步。即帧同步系统不能因为偶然出现的传输差错（包括偶然出现的接收码组出错和接收码流中含有假同步码组）就宣布系统进入失步或同步。针对这种情况，帧同步系统要能够采取保护措施判别真假失步和同步状态。

不论采用哪种同步方法，帧同步电路一般应有 3 个基本功能：一是从收到的总信码流中识别出帧同步码，并进行核对；二是有前方和后方保护计数电路；三是能对收定时系统的相位进行调整。

5.3.2 帧同步系统同步方法

在数字通信系统中,实现帧同步的方法通常有两种,即起止式同步法和集中式插入同步法,现介绍如下。

1. 起止式同步法

起止式同步法比较简单,一般是在数据帧的开始和结束位置加入特定的起始和停止脉冲来表示数据帧的开始和结束。该方法已在电传机中广泛使用,如图 5-13 所示。其中由 1.5 个码元宽度的高电平转换到 1 个码元宽度的低电平表示数据帧的开始;由 1 个码元宽度的低电平转换为 1.5 个码元宽度的高电平表示结束。电报码占 5 个码元宽度。另外,在计算机 RS-232 串行口通信中通常也使用类似方法。

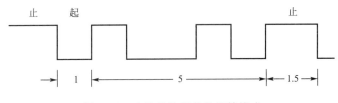

图 5-13 电传机使用的数据帧格式

2. 集中式插入同步法

集中式插入同步法应用得比较广泛,例如对于移动通信系统中,集中式插入同步法的帧同步码,要求在接收端进行同步识别时伪同步出现的可能性尽量小,并要求此码组具有尖锐的自相关函数,以便识别。另外,识别器也要尽量简单,目前用得最广泛的是性能良好的巴克码。

巴克码是一种具有特殊规律的二进制码组。它是一个非周期序列,一个 n 位的巴克码 $\{X_1, X_2, \cdots, X_n\}$,每个码元只可能取值 $+1$ 或 -1,它的局部自相关函数为:

$$R(j) = \sum_{i=1}^{n-j} X_i X_{i+j} = \begin{cases} n & \text{当 } j = 0 \\ 0, +1, -1 & \text{当 } 0 < j < n \\ 0 & \text{当 } j > n \end{cases} \tag{5.3-1}$$

遗憾的是巴克码的数量并不多,目前已找到的只有 7 个,如表 5-1 所示。

表 5-1 目前找到的巴克码组

长度	巴克码组	长度	巴克码组
2	+ +	7	+ + + − − + −
3	+ + −	11	+ + + − − − + − − + −
4	+ + + − , + + − +	13	+ + + + + − − + + − + − +
5	+ + + − +		

表中"+"表示 X_i 取值为 $+1$,"−"表示 X_i 取值为 -1,现以 7 位巴克码组$\{+ + + − − + −\}$为例,求出它的自相关函数如下。

当 $j=0$ 时, $R(j) = \sum_{i=1}^{n-j} X_i X_i = 1 + 1 + 1 + 1 + 1 + 1 + 1 = 7$

当 $j=1$ 时，$\qquad R(j) = \sum_{i=1}^{n-j} X_i X_{i+1} = 1+1-1+1-1-1 = 0$ $\qquad\qquad$ (5.3-2)

同样可以求出 $j=2,3,4,5,6,7$ 时的 $R(j)$ 的值分别 $-1,0,-1,0,-1,0$。另外，再求出 j 为负值的自相关函数，两者一起画出的 7 位巴克码的 $R(j)$ 与 j 的关系曲线如图 5-14 所示。由图可见，自相关函数在 $j=0$ 时具有尖锐的峰值。

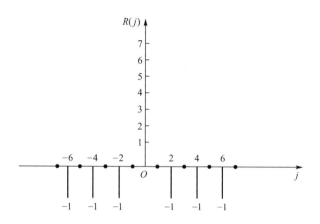

图 5-14　7 位巴克码的自相关函数

产生巴克码的方法常用移位寄存器，7 位巴克码产生器如图 5-15 所示。图 5-15(a) 是串行式产生器，移位寄存器的长度等于巴克码组的长度。7 位巴克码由 7 级移位寄存器单元组成，各寄存器单元的初始状态由预置线预置成巴克码组相应的数字。7 位巴克码的二进制数为 1110010，移位寄存器的输出端反馈至输入端的第一级，因此，7 位巴克码输出后，寄存器各单元均保持原预置状态。移位寄存器的级数等于巴克码的位数。另一种是采用反馈式产生器，同样也可以产生 7 位巴克码，如图 5-15 (b) 所示，这种方法也叫逻辑综合法，此结构节省器件。

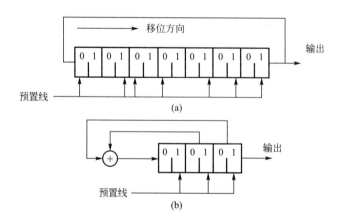

图 5-15　7 位巴克码产生器

巴克码的识别仍以 7 位巴克码为例，用 7 级移位寄存器、相加器和判决器就可以组成一个巴克码识别器，如图 5-16 所示。各移位寄存器输出端的接法和巴克码的规律一致，即与巴克码产生器的预置状态相同。

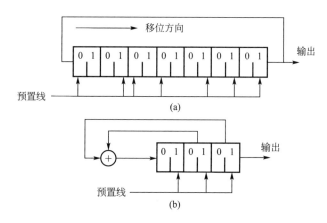

图 5-16　7 位巴克码识别器

当输入数据中的 1 进入移位寄存器时,输出电平为 +1,而 0 进入移位寄存器时,输出电平为 -1,识别器实际是对输入的巴克码进行相关运算。当 7 位巴克码在图 5-17(a) 中的 t_1 时刻已全部进入了 7 级移位寄存器时,7 级移位寄存器输出端都输出 +1,相加后得最大输出 7,若判决器的判决电平定为 6,那么,就在 7 位巴克码的最后一位 0 进入识别器后,识别器输出一个帧同步脉冲表示一帧数字信号的开头,如图 5-17(b) 所示。

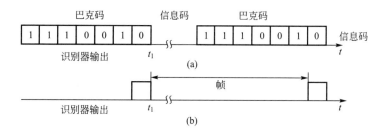

图 5-17　7 位巴克码用于帧同步

5.4　网　同　步

当通信是在点对点之间进行时,在完成了载波同步、位同步和帧同步之后,就可以进行可靠的通信了。但是对于网络用户(如移动通信系统)而言,在上述同步建立后,还不能正常通信,因为网络要求在许多用户之间实现相互连接,构成一个庞大的网络,所以上述同步显然是不够的,为了保证网络中各点之间能可靠地通信,必须在网内建立一个统一的时间标准,称为网同步。现以移动通信系统的网同步为例简单加以介绍。

移动通信系统中可以采用主从同步法进行网同步,如图 5-18 所示。主站备有一个高稳定度的时钟源(一般是一台铂原子钟),主站将主时钟源产生的时钟逐站传送至网内的各站。

各个基站的定时脉冲频率都直接或间接来自主时钟源,所以网内各站的时钟频率相同,各基站的时钟频率通过各自的锁相环来保持和主站的时钟频率一致。由于主时钟到各站的传输线路长度不等,会使各站引入不同的时延,因此各站都设置了时延调整电路,以补偿不同的时延,使各站的时钟不仅频率相同,且相位也一致。

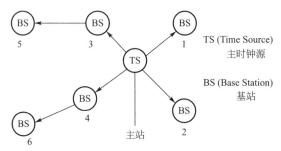

图 5-18　主从同步法

主从同步法的主要缺点是,当主时钟发生故障时,会使全网无法工作。当某一中间站发生故障时(如图 5-18 中的基站 3,4),不仅该站不能工作,其后的各站都因失步而无法工作,而且铂、铯原子钟的造价又十分昂贵。鉴于此,移动网络的提供者引入了全球定位系统 GPS (Global Position System),GPS 完全克服了主从同步法进行网同步的缺点,其精确的定时信号可使网络完全同步。

利用 GPS 进行网同步的移动通信系统如图 5-19 所示,对比图 5-18 可以明显地看出,利用 GPS 系统同步具有以下明显的优势:

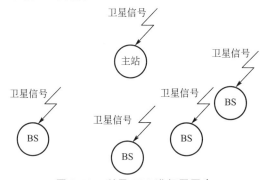

图 5-19　利用 GPS 进行网同步

(1) 除非 GPS 系统产生故障,否则主时钟源不会出现问题。

(2) 无论是主站还是基站,对于网同步信号的接收具有同等的地位,一个单点故障不会影响其他基站。

(3) GPS 的算法本身消除了由于各个基站的位置不同引起的相位偏差,不再需要另加时延调整设备。

(4) 运用 GPS 信号作为同步,其成本也要比主从同步法低,这也是制造商在同步技术中引入 GPS 的主要原因。

思考与练习

5-1　什么是载波同步? 为什么需要解决载波同步的问题?

5-2　插入导频法载波同步有什么特点?

5-3　位同步系统的性能指标主要有哪些?

5-4　试述巴克码的定义。

5-5　计算长度为 11 的巴克码的自相关函数。

第6章

➡ 差错控制编码

信号在传输过程中,由于信道传输特性不理想及加性噪声的影响,接收端所收到的信号不可避免地会产生错误。如图 6-1 所示,对于模拟信号而言,信号波形会发生畸变,引起信号失真,并且信号一旦失真就很难纠正过来,因此,在模拟系统中只能采取各种抗干扰、防干扰措施,尽量将干扰降到最低程度以保证通信质量。

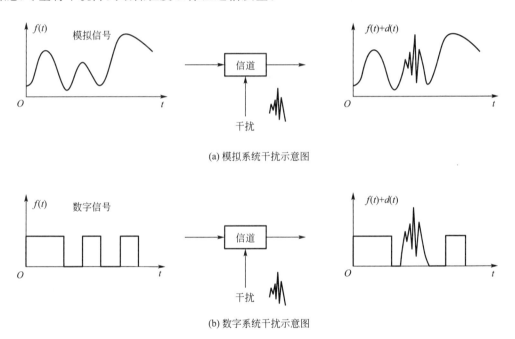

图 6-1 两种通信系统干扰示意图

而在数字系统中,尽管干扰同样会使信号产生变形,但一定程度的信号畸变不会影响对数字信息的接收,因为我们只关心数字信号的电平状态(是高电平还是低电平,或者是正电平还是负电平),而不太在乎其波形的失真。也就是说,数字系统对干扰或信道特性不良的宽容度比模拟系统大(这也就是为什么说数字通信比模拟通信抗干扰能力强的原因之一)。但是当干扰超过系统的限度就会使数字信号产生误码,从而引起信息传输错误。

数字通信系统中,除了前面所介绍的合理设计基带信号,适当选择调制、解调方式等措施外,比较重要的措施就是采用差错控制编码来进一步保证通信系统设计指标的实现。差错控制编码理论现已比较完善,相应的技术也比较成熟,并已成功地应用于各种通信系统中。

6.1 概　　述

6.1.1　差错控制编码的基本概念

1. 基本概念

香农在 1948 年和 1957 年发表的"通信的数学理论""适用于有扰信道的编码理论某些成果"两篇论文中提出了关于有扰信道中信息传输的重要理论——香农第二定理。该定理指出：对于一个给定的有扰信道，若该信道容量为 C，则只要信道中的信息传输速率 R 小于 C，就一定存在一种编码方式，使编码后的误码率随着码长 n 的增加按指数下降到任意小的值。或者说只要 $R<C$，就存在传输速率为 R 的纠错码。

该定理虽然没有明确指出如何对数据信息进行纠错编码，也没有给出这种具有纠错能力通信系统的具体实现方法，但它奠定了信道编码的理论基础，并为人们从理论上指出了信道编码的努力方向。从数字信号基带传输的原则中可知，差错控制是信道编码中需要考虑的诸多因素中的一个重要因素，而差错控制编码的基本思想就是在数字信号序列中加入一些冗余码元，这些冗余码元不含有通信信息，但与信号序列中的信息码元有着某种制约关系，这种关系在一定程度上可以帮助人们发现或纠正在信息序列中出现的错误也就是误码，从而起到降低误码率的作用。

这些冗余码元被称为监督（或校验）码元。所谓差错控制编码就是寻找合适的方法将信息码元和监督码元编排在一起的过程。需要说明的是，有些书常把差错控制编码称为信道编码，而差错控制编码实际上仅是信道编码中的一个重要组成部分（其他内容包括位定时、分组同步、减少高频分量、去除直流分量等等）。

2. 分类

根据编码方式和不同的衡量标准，差错控制编码有多种形式和类别。下面我们简单地介绍几种主要分类。

（1）根据编码功能可分为检错码、纠错码和纠删码三种类型，只能完成检错功能的叫检错码；具有纠错能力的叫纠错码；而纠删码既可检错也可纠错。

（2）按照信息码元和附加的监督码元之间的检验关系可以分为线性码和非线性码。若信息码元与监督码元之间的关系为线性关系，即监督码元是信息码元的线性组合，则称为线性码。反之，若两者不存在线性关系，则称为非线性码。

（3）按照信息码元和监督码元之间的约束方式可分为分组码和卷积码。在分组码中，编码前先把信息序列分为 k 位一组，然后用一定规则附加 m 位监督码元，形成 $n=k+m$ 位的码组。监督码元仅与本码组的信息码元有关，而与其他码组的信息码元无关。但在卷积码中，码组中的监督码元不但与本组信息码元有关，而且与前面码组的信息码元也有约束关系，就像链条那样一环扣一环；所以卷积码又称连环码或链码。

（4）系统码与非系统码。在线性分组码中所有码组的 k 位信息码元在编码前后保持原来形式的码叫系统码，反之就是非系统码。系统码与非系统码在性能上大致相同，而且系统码的编、译码都相对比较简单，因此得到广泛应用。

(5) 纠正随机错误码和纠正突发错误码。顾名思义,前者用于纠正因信道中出现的随机独立干扰引起的误码,后者主要对付信道中出现的突发错误。

3. 差错控制方式

前向纠错(FEC)、检错重发(ARQ)和混合纠错(HEC)是常用的三种差错控制方式。图 6-2是这三种方式构成的差错控制系统原理框图。

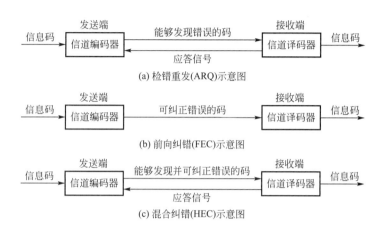

图 6-2　3 种差错控制方式示意图

在前向纠错(FEC)系统中,发信端将信息码经信道编码后变成能够纠正错误的码,然后通过信道发送出去;收信端收到这些码组后,根据与发信端约定好的编码规则,通过译码能自动发现并纠正因传输带来的数据错误。前向纠错方式只要求单向信道,因此特别适合于只能提供单向信道的场合,同时也适合一点发送多点接收的广播方式。因为不需要对发信端反馈信息,所以接收信号的延时小、实时性好。这种纠错系统的缺点是设备复杂、成本高,且纠错能力愈强,编译码设备就愈复杂。

检错重发(ARQ)系统的发信端将信息码编成能够检错的码组发送到信道,收信端收到一个码组后进行检验,将检验结果(有误码或者无误码)通过反向信道反馈给发信端,作为对发信端的一个应答信号。发信端根据收到的应答信号做出是继续发送新的数据还是把出错的数据重发的判断。检错重发系统根据工作方式又可分为三种,即停发等候重发系统、返回重发系统和选择重发系统,如图 6-3 所示。在图 6-3(a)中,发信端在 $t=0$ 时刻将码组 1 发给收信端,然后停止发送,等待收信端的应答信号。收信端收到该码组并检验后,将应答信号 ACK 发回发信端,发信端确认码组 1 无错,就将码组 2 发送出来;收信端对码组 2 进行检验后,收信端判断该码组有错并以 NAK 信号告知发信端,发信端将码组 2 重新发送一次,收信端第二次收到码组 2 经检验后无错,即可通过 ACK 信号告诉发信端无错,发信端接着发送码组 3,4,…,从上述过程中可见,发信端由于要等收信端的应答信号,发送过程是间歇式的,因此数据传输效率不高。但由于该系统原理简单,在计算机通信中仍然得到应用。

返回重发系统的工作原理如图 6-3(b)所示,在这种系统中发信端不停顿地发送信息码组,不再等候 ACK 信号,如果收信端发现错误并发回 NAK 信号,则发信端从下一个码组开始重发前一段 N 个码组,N 的大小取决于信号传输和处理所造成的延时,也就是发信端从发错误码组开始,到收到 NAK 信号为止所发出的码组个数,图中 N=5。收信端收到码组 2 有错。发信端在码组 6 后重发码组 2、3、4、5、6,收信端重新接收,图中码组 4 连续两次出错,发信端重发两次。这种返回重发系统的传输效率比停发等候系统有很大改进,在很多数据传输系统中得到应用。

图 6-3(c)描述选择重发系统的工作过程:这种重发系统也是连续不断地发送码组,收信端检测到错误后发回 NAK 信号,但是发信端不是重发前 N 个码组,而是只重发有错误的那一组。图中显示发信端只重发收信端检出有错的码组 2,对其他码组不再重发。收信端对已认可的码组,从缓冲存储器读出时重新排序,恢复出正常的码组序列。显然,选择重发系统传输效率最高,但价格也最贵,因为它要求较为复杂的控制,在收、发两端都要求有数据缓存器。

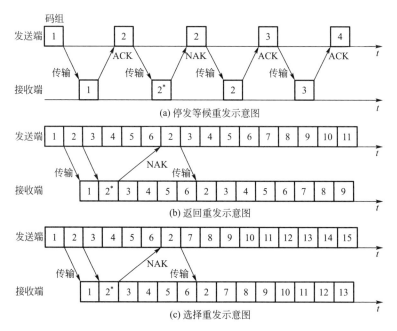

图 6-3 检错重发的 3 种工作方式

混合纠错方式是前向纠错方式和检错重发方式的结合。如图 6-2(c)所示。其内层采用 FEC 方式,纠正部分差错;外层采用 ARQ 方式,重传那些虽已检出但未纠正的差错。混合纠错方式在实时性和译码复杂性方面是前向纠错和检错重发方式的折中,较适合于环路延迟大的高速数据传输系统。

6.1.2 检错和纠错原理

在讨论检错和纠错问题之前,我们先介绍一下数字通信中码元的两种错误形式:随机错误和突发错误。

(1)随机错误。由随机噪声引起的码元错误,其特点是码元中任意一位或几位发生从 0 变 1 或从 1 变 0 的错误是相互独立的,彼此之间没有联系,一般不会引起成片的码元错误。

(2)突发错误。由突发噪声引起的码元错误,比如,闪电、电器开关的瞬态、磁带缺陷等都属于突发噪声。该错误的特点是各错误码元之间存在相关性,因此是成片出现,也就是说突发错误是一个错误序列,该序列的首部和尾部码元都是错的,中间的码元有错的也有对的,但错的码元相对较多,错误序列的长度(包括首和尾在内的错误所波及的段落长度)称为突发长度。

　　根据前面给出的基本概念我们知道,必须在信息码序列中加入监督码元才能完成检错和纠错功能,其前提是监督码元要与信息码之间有一种特殊的关系。下面从一个简单的例子出发,详细介绍检错和纠错的基本原理。

　　假设要发送一组具有四个状态的数据信息(比如,一个电压信号的四个值,1 V、2 V、3 V、4 V)。我们首先要用二进制码对数据信息进行编码,显然,用 2 位二进制码就可完成,编码表如表 6-1 所示。

表 6-1　2 位编码表

数据信息/V	1	2	3	4
数据编码	00	01	10	11

　　假设不经信道编码,在信道中直接传输按表中编码规则得到的 0、1 数字序列,则在理想情况下,收信端收到 00 就认为是 1 V,收到 10 就是 3 V,如此可完全了解发信端传过来的信息。而在实际通信中由于干扰(噪声)的影响,会使信息码元发生错误从而出现误码(比如码组 00 变成 10、01 或 11)。从上表可见,任何一组码不管是一位还是两位发生错误,都会使该码组变成另外一组信息码,从而引起信息传输错误。

　　因此,以这种编码形式得到的数字信号在传输过程中不具备检错和纠错的能力,这是我们所不希望的。该例中问题的关键是 2 位二进制码的全部组合都是信息码组或称许用码组,任何一位(或两位)发生错误都会引起歧义。为了克服这一缺点,我们在每组码后面再加 1 位码元,使 2 位码组变成 3 位码组。这样,在 3 位码组的 8 种组合中只有 4 组是许用码组,而其余 4 种被称为禁用码组,编码表变成表 6-2 所示。

表 6-2　3 位编码表

数据信息/V	1	2	3	4	×	×	×	×
数据编码	000	011	101	110	001	010	100	111

　　在许用码组 000、011、101、110 中,右边加上的 1 位码元就是监督码元,它的加入原则是使码组中 1 的个数为偶数,这样监督码元就和前面 2 位信息码元发生了关系,这种编码方式称为偶校验(Even Parity),反之,如果加入原则是使码组中 1 的个数为奇数,则编码方式称为奇校验(Odd Parity)。现在我们再看一下出现误码的情况,假设许用码组 000 出现 1 位误码,即变成 001、010 或 100 三个码组中的一个,可见这三个码组中 1 的个数都是奇数,是禁用码组。

　　因此,当收信端收到这三个码组中的任何一个时,就知道是误码,用这种方法可以发现 1 位或 3 位出现错误的码组,而无法检出 2 位错误,因为一个码组出现 2 位错误,其奇偶性不变。那么,收信端能否从误码中判断哪一位发生错误了呢(即纠正错误)? 比如对误码 001 而言,如果是 1 位发生错误,原码可能是 000、101 或 011;如果 3 位都错,原码就是 110,我们现在无法判断出原码到底是哪一组。也就是说,通过增加 1 位监督码元,我们可以检出 1 位或 3 位错误(3 位出错的概率极小),但无法纠正错误。那么我们能否通过增加监督码元的位数来增加检错位数或实现纠错功能呢? 比如我们在表 6-2 中再加 1 位监督码元变成 4 位编码(见表 6-3),看看情况如何。

表 6-3 4 位编码表

数据信息/V	1	2	3	4	×	×	×	×
数据编码	0000	0110	1010	1100	0001	0010	1000	1111
					0100	0111	1011	1101
					1110	1001	0101	0011

所谓码元距离就是两个码组中对应码位上码元不同的个数,简称码距(也称汉明距)。码距反映的是码组之间的差异程度,比如,00 和 01 两组码的码距为 1;011 和 100 的码距为 3。那么,多个码组之间相互比较,可能会有不同的码距,其中的最小值被称为最小码距(用 $d_{\min}$ 表示)。比如,000、001、110 三个码组相比较,码距有 1 和 2 两个值,则最小码距为 1;表 6-3 中的 4 个许用码组的最小码距为 2。

有分析表明,一种编码方式的检错与纠错能力与许用码组中的最小码距有关。比如,表 6-2 中 8 个码组的最小码距为 1,若这 8 个码组都作为许用码组,则没有检错能力,更不用说纠错了;若我们选取其中四个作为许用码组(如表所示),则最小码距为 2,可以检出 1 位或 3 位错误;如果只选两组 000 和 111 为许用码组时,其最小码距为 3,那么就可以发现所有 2 位以下的错误,若用来纠错,则可纠正 1 位错误。

根据理论推导,可以得出以下结论:

(1) 在一个码组内要想检出 e 位误码,要求最小码距为

$$d_{\min} \geq e+1 \qquad (6.1\text{-}1)$$

(2) 在一个码组内要想纠正 t 位误码,要求最小码距为

$$d_{\min} \geq 2t+1 \qquad (6.1\text{-}2)$$

(3) 在一个码组内要想纠正 t 位误码,同时检测出 e 位误码($e \geq t$),要求最小码距为

$$d_{\min} \geq t+e+1 \qquad (6.1\text{-}3)$$

有了上述结论我们就知道表 6-3 和表 6-2 中的编码检错和纠错能力之所以一样,是因为它们的最小码距都是 2。

显然,要提高编码的纠、检错能力,不能仅靠简单地增加监督码元位数(即冗余度),更重要的是要加大最小码距(即码组之间的差异程度),而最小码距的大小与编码的冗余度是有关的,最小码距增大,码元的冗余度就增大,但码元的冗余度增大,最小码距不一定增大。因此,一种编码方式具有检错和纠错能力的必要条件是信息编码必须有冗余,而充分条件是码元之间要有一定的码距。另外,检错要求的冗余度比纠错要低。

在把 k 位信息码编制成 n 位差错控制码的过程中,我们把信息码的位数 k 与差错控制码的位数 n 之比定义为编码效率,用 R_c 表示,即

$$R_c = \frac{k}{n} \qquad (6.1\text{-}4)$$

因为 $k<n$,所以,$R_c<1$。显然,编码的冗余度越大,编码效率越低。也就是说,通信系统可靠性的提高,是以降低有效性(即编码效率)来换取的。差错控制编码的一个关键技术(也是努力方向)就是寻找一种好的编码方法,在一定的差错控制能力的要求下,使得编码效率尽可能的高,同时译码方法尽可能的简单。

码元重量简称码重,被定义为一个码组中非零码元的个数。比如,码组 100110 的码重为 3,0110 的码重是 2。它反映一个码组中"0"和"1"的"比重"。

6.1.3　几种常见的检错码

1. 奇偶校验码

奇偶校验码是数据通信中最常见的一种简单检错码,其编码规则是:把信息码先分组,形成多个许用码组,在每一个许用码组最后(最低位)加上一位监督码元即可。加上监督码元后使该码组中 1 的数目为奇数的编码称为奇校验码,为偶数的编码称为偶校验码。根据编码分类,可知奇偶校验码属于一种检错、线性、分组系统码。

奇偶校验码的监督关系可以用以下公式进行表述。假设一个码组的长度为 n(在计算机通信中,常为一个字节),表示为 $(a_{n-1}, a_{n-2}, \cdots, a_0)$,其中前 $n-1$ 位是信息码,最后一位 a_0 为校验位,那么,对于偶校验码必须保证:

$$a_{n-1} \oplus a_{n-2} \oplus a_{n-3} \oplus \cdots \oplus a_0 = 0$$

监督码元 a_0 的取值(0 或 1)可由下式决定:

$$a_{n-1} \oplus a_{n-2} \oplus a_{n-3} \oplus \cdots \oplus a_0 = 1$$

对于奇校验码必须保证:

$$a_{n-1} \oplus a_{n-2} \oplus a_{n-3} \oplus \cdots \oplus a_0 = 1$$

监督码元 a_0 的取值(0 或 1)可由下式决定:

$$a_0 = a_{n-1} \oplus a_{n-2} \oplus a_{n-3} \oplus \cdots \oplus a_1 \oplus 1$$

根据奇偶校验的规则我们可以看到,当码组中的误码为偶数时,校验失效。比如有两位发生错误,会有这样几种情况:00 变成 11,11 变成 00,01 变成 10,10 变成 01,可见无论哪种情况出现都不会改变码组的奇偶性,偶校验码中 1 的个数仍为偶数,奇校验码中 1 的个数仍为奇数。因此,简单的奇偶校验码只能检测出奇数个位发生错误的码组。

面我们讨论奇偶校检码的码距问题。假设两个码组同为奇数(或偶数)码组,如果两组码只有 1 位不同,则它们的奇偶性就不同,这与假设相矛盾;如果两组码有 2 位不同,则它们的奇偶性不变。换句话说,构造不出码距为 1 的奇偶校检码,所以奇偶校验码的最小码距为 2。

2. 水平奇偶校验码

为克服上述简单奇偶校验码检错能力不高且不能检测突发错误的缺点,我们可以将经过简单奇偶校验编码的码组按行排列成方阵,每一行是一个码组,若有 n 个码组则方阵就有 n 行。比如,有经过奇偶校验编码的 7 个码组 01011011001、01010100100、00110000110、11000111001、00111111110、00010011111、11101100001 排成方阵共有 7 行(见表 6-4)。

表 6-4　水平奇偶校验码

码组	信息码元										监督(校验)码元
1	0	1	0	1	1	0	1	1	0	0	1
2	0	1	0	1	0	1	0	0	1	0	0
3	0	0	1	1	0	0	0	0	1	1	0
4	1	1	0	0	0	1	1	1	0	0	1
5	0	0	1	1	1	1	1	1	1	0	0
6	0	0	0	1	0	0	1	1	1	0	1
7	1	1	1	0	1	1	0	0	0	0	1

如果传输时按码组逐行传输的话，则与简单奇偶校验码没有区别。但若发信端按列进行传输，即 0001001110100100010101…1001011。收信端按列接收后再按行还原成发信端的方阵，然后按行进行奇偶校验，则纠错情况就会发生变化。观察该表可见，因为是逐列发送，在一列中不管出现几个误码（偶数个或奇数个），对应在每一行都只是一位误码，所以都可以通过水平奇偶校验检验出来；但对于每一行（一个码组）而言仍然只能检出所有奇数个错误。与简单奇偶校验编码相比，这种方法的最大优点是可以检出所有长度小于行数（码组数）的突发错误。

3. 二维奇偶校验码

在上述水平奇偶校验编码的基础上，若再加上垂直奇偶校验编码就构成二维奇偶校验码。比如对表 6-4 的 7 个码组再加上一行就构成二维偶校验码，如表 6-5 所示。二维奇偶校验码在发送时仍按列发送，收信端顺序接收后仍还原成表 6-5 的方阵形式。二维奇偶校验码比一维奇偶校验码多了个列校验，因此，其检错能力有所提高。除了检出行中的所有奇数个误码及长度不大于行数的突发性错误外，还可检出列中的所有奇数个误码及长度不大于列数的突发性错误。同时还能检出码组中大多数出现偶数个错误的情况，比如，在码组 1 中头两位发生错误，从 01 变成 10，则第 1 列的 1 就变成 3 个，第 2 列的 1 也变成 3 个，而两列的校验码元都是 0，所以可以查出这两列有错误。也就是说，码组中出现了 2 位（偶数位）误码，但具体是哪一个码组（那一行）出现误码还无法判断。

表 6-5　二维奇偶校验码

码组	信息码元										监督(校验)码元
1	0	1	0	1	1	0	1	1	0	0	1
2	0	1	0	1	0	1	0	0	1	0	0
3	0	0	1	1	0	0	0	0	1	0	0
4	1	1	0	0	0	1	1	1	0	0	1
5	0	0	1	1	1	1	1	1	0	0	0
6	0	0	0	1	1	0	0	1	1	1	1
7	1	1	1	0	1	1	0	0	0	0	1
监督码元	0	0	1	1	1	0	0	0	0	1	0

4. 群计数码

在奇偶校验码中，我们通过添加监督位将码组的码重配成奇数或偶数。而群计数码的编码原则是先算出信息码组的码重（码组中"1"的个数），然后用二进制计数法将码重作为监督码元添加到信息码组的后面。比如表 6-4 中的 7 个信息码组变成群计数码后的形式见表 6-6。

表 6-6　群计数码

码组	信息码元	监督(校验)码元
1	0 1 0 1 1 1 0 1 1 0 0	0 1 0 1
2	0 1 0 1 0 1 0 1 0 0 1 0	0 1 0 0
3	0 0 1 1 0 0 0 0 0 1 1	0 1 0 0

码组	信息码元	监督(校验)码元
4	1 1 0 0 0 1 1 1 0 0	0 1 0 1
5	0 0 1 1 1 1 1 1 1 1	1 0 0 0
6	0 0 0 1 0 0 1 1 1 1	0 1 0 1
7	1 1 1 0 1 1 0 0 0 0	0 1 0 1

这种码属于非线性分组系统码,检错能力很强,除了能检出码组中奇数个错误之外,还能检出偶数个 1 变 0 或 0 变 1 的错误,但对 1 变 0 和 0 变 1 成对出现的误码无能为力。可以验证,除了无法检出 1 变 0 和 0 变 1 成对出现的误码外,这种码可以检出其他所有形式的错误。

5. 恒比码

恒比码的编码原则是从确定码长的码组中挑选那些"1"和"0"个数的比值一样的码组作为许用码组。这种码通过计算接收码组中"1"的数目是否正确,就可检测出有无错误。表 6-7 是我国邮电部门在国内通信中采用的五单位数字保护电码,它是一种五中取三的恒比码。每个码组的长度为 5,其中"1"的个数为 3,每个许用码组中"1"和"0"个数的比值恒为 3/2。许用码组的个数就是 5 中取 3 的组合数,正好可以表示 10 个阿拉伯数字。

表 6-7 五单位数字保护电码表

阿拉伯数字	编码	阿拉伯数字	编码
0	01101	5	00111
1	01011	6	10101
2	11001	7	11100
3	10110	8	01110
4	11010	9	10011

不难看出这种码的最小码距是 2,它能够检出码组中所有奇数个错误和部分偶数个错误。该码也是非线性分组码,但不是系统码,其主要优点是简单,适用于对电传机或其他键盘设备产生的字母和符号进行编码。

6.2 线性分组码

我们先介绍分组码的概念:大家知道信源输出的是由"0"和"1"组成的二进制序列,在分组码中,该二元信息序列被分成码元个数固定的一组组信息,每组信息的码元由 k 位二进制码元组成,则共有 2^k 个不同的组合即不同的信息。

信道编码器就是要对这 2^k 个不同的信息用 2^k 个不同的码组(或码字)表示,2^k 个码组的位数是一样的,假设为 n,且 $n>k$,则这 2^k 个码组的集合就被称作为分组码。简单地说,将信息码进行分组,然后为每组信息码附加若干位监督码元的编码方法得到的码集合称为分组码。

为讨论方便,我们把由 k 位二进制码元构成 2^k 个信息码组用矩阵 D 表示,则由 n 位二进制码元组成的分组码中就必须有 2^k 个不同的码组才能代表 2^k 个信息,把这 2^k 个不同的码组用矩阵 C 表示,则 D 和 C 必须一一对应。因为 $n>k$,所以,在一个 n 位码组中,有 $n-k$ 个不代表信息的码元,这些码元被称为监督码元或校验码元。

显然,如果上述分组码每个码组之间没有关系的话(彼此独立),则对于大的 k 值或 n 值(信息码或分组码的码长很大),编码设备会极为复杂,因为编码设备必须储存 2^k 个码长为 n 的码组。因此,我们需要构造码组之间有某种关系的分组码,以降低编码的复杂性,线性分组码就是满足这一条件的一种分组码。

所谓线性分组码就是一种长度为 n,其中 2^k 个许用码组(代表信息的码组)中的任意两个码组的模 2 和仍为一个许用码组的分组码。这种长度为 n,有 2^k 个码组的线性分组码我们称为线性 (n,k) 码(或 (n,k) 线性码)。线性分组码有两个重要性质:一个是封闭性,即任意两个许用码组之模 2 和仍为一许用码组;另一个是码组的最小码距等于非零码的最小码重。

设有一 (n,k) 线性分组码,即 $c_1,c_2,\cdots,c_n$,其中信息码组为 $d_1,d_2,\cdots,d_k$,分组码码组系统格式如图 6-4 所示。具有这种结构的线性分组码又称线性分组系统码。

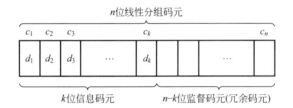

图 6-4　线性分组码格式

相应的信息码组行向量和分组码码组行向量为

$$C=(c_1,c_2,\cdots,c_n) \tag{6.2-1}$$
$$D=(d_1,d_2,\cdots,d_k) \tag{6.2-2}$$

则一个分组码组的前 k 位是信息码元,后 $n-k$ 位是监督码元(设监督码元位数 m,则有 $m=n-k$),每一个分组码组可以由信息码元线性组合而成,即

$$c_1=d_1$$
$$c_2=d_2$$
$$\vdots$$
$$c_k=d_k$$
$$c_{k+1}=h_{11}d_1\oplus h_{12}d_2\oplus\cdots\oplus h_{1k}d_k$$
$$\vdots$$
$$c_n=h_{m1}d_1\oplus h_{m2}d_2\oplus\cdots\oplus h_{mk}d_k$$

式中,h_{ij} 是二进制常数,值为 0 或 1;$h_{mi}d_i$ 表示模 2 乘,也可表示为 $h_{mi}\odot d_i$。其运算规则是:$1\odot 0=0\odot 1=0\odot 0=0$;$1\odot 1=1$。可见,在线性分组码中,信息码元和监督码元可以用线性方程联系起来。上述各式描述一个分组码码组与一个信息码码组之间的关系。

将上述 C 与 D 的 n 个关系式用矩阵表示为

$$(c_1 \quad c_2\cdots c_n)=(d_1 \quad d_2\cdots d_k)\begin{bmatrix} 1 & 0 & 0 & \cdots & 0 & h_{11} & h_{21} & \cdots & h_{m1} \\ 0 & 1 & 0 & \cdots & 0 & h_{12} & h_{22} & \cdots & h_{m2} \\ \vdots & \vdots & \vdots & & \vdots & \vdots & \vdots & & \vdots \\ 0 & 0 & 0 & \cdots & 1 & h_{1k} & h_{2k} & \cdots & h_{mk} \end{bmatrix}$$

即
$$C = DG \qquad (6.2\text{-}3)$$

式中,G 为生成矩阵,是一个 $k \times n$ 阶矩阵。该矩阵又可分解为两个子矩阵

$$G = \begin{pmatrix} 1 & 0 & 0 & \cdots & 0 & h_{11} & h_{21} & \cdots & h_{m1} \\ 0 & 1 & 0 & \cdots & 0 & h_{12} & h_{22} & \cdots & h_{m2} \\ \vdots & \vdots & \vdots & & \vdots & \vdots & \vdots & & \vdots \\ 0 & 0 & 0 & \cdots & 1 & h_{1k} & h_{2k} & \cdots & h_{mk} \end{pmatrix}$$

$$= (I_k \quad P)$$

其中,I_k 为 k 阶单位阵,P 为 $k \times m$ 阶矩阵,即

$$I_k = \begin{pmatrix} 1 & 0 & 0 & \cdots & 0 \\ 0 & 1 & 0 & \cdots & 0 \\ \vdots & \vdots & \vdots & & \vdots \\ 0 & 0 & 0 & \cdots & 1 \end{pmatrix} \quad P = \begin{pmatrix} h_{11} & h_{21} & \cdots & h_{m1} \\ h_{12} & h_{22} & \cdots & h_{m2} \\ \vdots & \vdots & & \vdots \\ h_{1k} & h_{2k} & \cdots & h_{mk} \end{pmatrix}$$

这样,分组码 C 又可表示为

$$C = D(I_k \quad P) \qquad (6.2\text{-}4)$$

需要说明的是,上述各式中的 C 和 D 可以是由一个码组构成的一个行向量,也可以是由 2^k 个行向量构成的 $2^k \times n$ 阶分组码矩阵或 $2^k \times k$ 阶信息码矩阵。

式(6.2-3)说明,(n,k) 线性码完全由生成矩阵 G 的 k 行元素决定,即任意一个分组码码组都是 G 的线性组合。而 (n,k) 线性码中的任何 k 个线性无关的码组都可用来构成生成矩阵,所以,生成矩阵 G 的各行都线性无关,如果各行之间有线性相关的,就不可能由 G 生成 2^k 个不同的码组了。其实,G 的各行本身就是一个码组。如果已有 k 个线性无关的码组,则可用其直接构成 G 矩阵,并由此生成其余码组。

综上所述,由于可以用一个 $k \times n$ 阶矩阵 G 生成 2^k 个不同的码组,因此,编码器只需储存 G 矩阵的 k 行元素(而不是一般分组码的 2^k 码组),就可根据信息向量构造出相应的一个分组码码组(或根据信息码矩阵构造出相应的一个分组码矩阵),从而降低了编码的复杂性,并提高了编码效率。

【例 6.1】 给定一个 $(7,4)$ 线性分组码的生成矩阵

$$G = \begin{pmatrix} g_1 \\ g_2 \\ g_3 \\ g_4 \end{pmatrix} = \begin{pmatrix} 1 & 0 & 0 & 0 & 1 & 1 & 0 \\ 0 & 1 & 0 & 0 & 0 & 1 & 1 \\ 0 & 0 & 1 & 0 & 1 & 1 & 1 \\ 0 & 0 & 0 & 1 & 1 & 0 & 1 \end{pmatrix}$$

若信息码 $d = (1101)$,求该信息码的线性分组编码 C。

解:根据式(6.2-3)可得

$$C = DG = (1 \quad 1 \quad 0 \quad 1) \begin{pmatrix} g_1 \\ g_2 \\ g_3 \\ g_4 \end{pmatrix} = (1 \quad 1 \quad 0 \quad 1) \begin{pmatrix} 1 & 0 & 0 & 0 & 1 & 1 & 0 \\ 0 & 1 & 0 & 0 & 0 & 1 & 1 \\ 0 & 0 & 1 & 0 & 1 & 1 & 1 \\ 0 & 0 & 0 & 1 & 1 & 0 & 1 \end{pmatrix}$$

即对信息码[1101]的线性分组编码为[1101000]。注意在矩阵乘法中,是模 2 乘和模 2 加。上式也可写成

$$C = 1 \cdot g_1 \oplus 1 \cdot g_2 \oplus 0 \cdot g_3 \oplus 1 \cdot g_4$$

$$=(1\ \ 0\ \ 0\ \ 0\ \ 1\ \ 1\ \ 0)\oplus(0\ \ 1\ \ 0\ \ 0\ \ 0\ \ 1\ \ 1)\oplus(0\ \ 0\ \ 0\ \ 1\ \ 1\ \ 0\ \ 1)$$
$$=(1\ \ 1\ \ 0\ \ 1\ \ 0\ \ 0\ \ 0)$$

由以上讨论可知,编码前的信息码组共有 2^k 种组合,而编码后的码组在 k 位信息码元之外还附加了 m 位校验码元,共有 2^n 种组合,显然,$2^n>2^k$,这就是说 C 与 D 的关系不唯一。因此,选择适当的矩阵 P,就可得到既具有较强的检错或纠错能力,实现方法又比较简单且编码效率较高的一种线性分组码,目前已经找到不少性能较好的矩阵 P。

【例 6.2】 已知线性 $(6,3)$ 码的生成矩阵为

$$G=\begin{bmatrix} 1 & 0 & 0 & 1 & 0 & 1 \\ 0 & 1 & 0 & 0 & 1 & 1 \\ 0 & 0 & 1 & 1 & 1 & 0 \end{bmatrix}$$

求线性分组码、各码组的码重、最小码距和该码的差错控制能力。

解 因为 $k=3$,所以信息码码组矩阵 (3×8) 为 $D=\begin{bmatrix} 0 & 0 & 1 \\ 0 & 1 & 0 \\ 0 & 1 & 1 \\ 1 & 0 & 0 \\ 1 & 0 & 1 \\ 1 & 1 & 0 \\ 1 & 1 & 1 \end{bmatrix}$

则由式 $(6.2\text{-}3)$ 可得出分组码码组矩阵 (6×8) 为

$$C=DG=\begin{bmatrix} 0 & 0 & 1 \\ 0 & 1 & 0 \\ 0 & 1 & 1 \\ 1 & 0 & 0 \\ 1 & 0 & 1 \\ 1 & 1 & 0 \\ 1 & 1 & 1 \end{bmatrix}\begin{bmatrix} 1 & 0 & 0 & 1 & 0 & 1 \\ 0 & 1 & 0 & 0 & 1 & 1 \\ 0 & 0 & 1 & 1 & 1 & 0 \end{bmatrix}=\begin{bmatrix} 0 & 0 & 0 & 0 & 0 & 0 \\ 0 & 0 & 1 & 1 & 1 & 0 \\ 0 & 1 & 0 & 0 & 1 & 1 \\ 0 & 1 & 1 & 1 & 0 & 1 \\ 1 & 0 & 0 & 1 & 0 & 1 \\ 1 & 0 & 1 & 0 & 1 & 1 \\ 1 & 1 & 0 & 1 & 1 & 0 \\ 1 & 1 & 1 & 0 & 0 & 0 \end{bmatrix}$$

从该矩阵可见非零码组的最小码重为 3,则分组码的最小码距 $d_{\min}=3$,另外,根据式 $(6.1\text{-}1)$ 至式 $(6.1\text{-}3)$ 可知该分组码能够检 2 位错,纠 1 位错,或同时纠 1 位错检 1 位错。

需要说明的是,任何线性分组码都包含全零码组。因为任一码组与其本身模 2 加都会得到全零码组。

下面我们简要介绍译码原理。由式 $(6.2\text{-}4)$ 可得:

$$C=D[I_k\quad P]=[D\quad DP]=[D\quad C_m] \tag{6.2-5}$$

其中,$C_m=DP$,是 $k\times m$ 阶监督码元矩阵,因此有:

$$DP\oplus C_m=0 \tag{6.2-6}$$

将上式改写为

$$(D \quad C_m)\begin{pmatrix} P \\ I_m \end{pmatrix} = O \qquad (6.2\text{-}7)$$

即

$$CH^T = O \qquad (6.2\text{-}8)$$

上式表明线性分组码中任一码组与校验矩阵 H 的转置相乘,其结果为 m 位全零向量,因此,用校验矩阵检查二元序列是不是给定分组码中的码组非常方便,"校验"之名由此而来。

可以推导出校验矩阵 H 与生成矩阵 G 满足

$$GH^T = H^T G = O \qquad (6.2\text{-}9)$$

设行向量 $R = (r_1, r_2, \cdots, r_n)$ 是收信端通过信道收到的码组。由于信道干扰会产生误码,接收向量 R 和发送向量 C 就会有差别,我们用向量 $E = (e_1, e_2, \cdots, e_n)$ 表示这种差别。由此定义三者之间的关系为

$$E = R \oplus C \qquad (6.2\text{-}10)$$

若 R 中的某一位 r_i 与 C 中的相同位 c_i 一样时,E 中的 $e_i = 0$;若不同(即出现误码),则 $e_i = 1$。可见向量 E 能够反映误码状况,因此,称之为错误向量或错误图样。比如,发送向量 $C = (11011001)$,而接收向量 $R = (10001011)$,显然,R 中有 3 个错误,由式 6-14 可得错误图样 $E = (01010010)$。可见,E 的码重就是误码的个数,因此 E 的码重越小越好。

式 6.2-10 也可写为

$$R = E \oplus C \qquad (6.2\text{-}11)$$

定义矩阵 S 为伴随式,则有

$$S = RH^T \qquad (6.2\text{-}12)$$

式中,S 是长度为 $m = n\text{-}k$ 的二元序列,有 $2m$ 种组合。则由式(6.2-8)、式(6.2-11)和式(6.2-12)可得:

$$S = (E \oplus C)H^T = EH^T \oplus CH^T = EH^T \qquad (6.2\text{-}13)$$

上式表明伴随式 S 只与错误图样 E 有关,而和发送码组无关。S 可以称为 R 的伴随式,也可称为校正子。当 S 为零矢量时,说明 R 没有错,R 是码组 C;当 S 为非零矢量时,说明 R 有错,R 不是码组 C。

有了上述概念,我们就可以引入收信端的译码原理。当通信双方确定了信道编码后,生成矩阵 G 和与之紧密相关的监督矩阵 H 也就随之而定。对于收信端而言,它可以知道生成矩阵 G、监督矩阵 H 以及接收到的行向量 R。

为了译码,收信端先利用式(6.2-12)求出伴随式 S,然后利用式 6.2-13 解出错误图样 E,最后根据式(6.2-10)或式(6.2-11)解出发送码组 C。

需要说明的是,上述步骤仅仅是一个概念上的解释,具体方法还比较麻烦。因为对于一个伴随式 S,有 $2k$ 个错误图样与之对应,换句话说,就是式(6.2-13)的解不唯一,真正的错误图样只是 $2k$ 个错误图样中的一个。因此,译码时需要通过列 S 与 E 的对照表,确定其中一个真正的错误图样,然后代入式(6.2-1),才能求解正确码组。限于篇幅,有兴趣的读者可参阅其他相关书籍。下面我们举一个例子说明译码过程。

【例 6.3】 已知一线性(6,3)码的生成矩阵为

$$G = \begin{bmatrix} 1 & 0 & 0 & 1 & 0 & 1 \\ 0 & 1 & 0 & 0 & 1 & 1 \\ 0 & 0 & 1 & 1 & 1 & 0 \end{bmatrix}$$

S 与 E 的对照表如下:

S	E
000	000000
101	100000
011	010000
110	001000
100	000100
010	000010
001	000001
111	100010

求当接收端收到码组 $R=(111011)$ 时，所对应的信息码组 D。

解：根据前面 H^{T} 的定义式可得

$$H^{\mathrm{T}}=\begin{pmatrix} P \\ I_m \end{pmatrix}=\begin{pmatrix} 1 & 0 & 1 \\ 0 & 1 & 1 \\ 1 & 1 & 0 \\ 1 & 0 & 0 \\ 0 & 1 & 0 \\ 0 & 0 & 1 \end{pmatrix}$$

将接收码组 $R=(111011)$ 代入(6.2-12)式，可得

$$S=RH^{\mathrm{T}}=(1\ \ 1\ \ 1\ \ 0\ \ 1\ \ 1)\begin{pmatrix} 1 & 0 & 1 \\ 0 & 1 & 1 \\ 1 & 1 & 0 \\ 1 & 0 & 0 \\ 0 & 1 & 0 \\ 0 & 0 & 1 \end{pmatrix}=(0\ \ 1\ \ 1)$$

从 $S\text{-}E$ 关系表中可知，$S=(011)$ 所对应的错误图样为 $E=(010000)$。将 $R=(111011)$ 和 $E=(010000)$ 代入式(6.2-10)或式(6.2-11)可得

$$C=R\oplus E=101011$$

从 C 中分出信息码组为 $D=(101)$。

6.3 循 环 码

循环码是线性分组码的一个重要分支。循环码具有代数结构清晰、性能较好、编译码简单和易于实现的特点，基于这些特点，循环码有较强的纠错能力，而且其编码和译码电路很容易用移位寄存器实现，因而在前向纠错(Forward Error Correction，FEC)系统中得到了广泛的应用。

循环码可定义为：对于一个 (n,k) 线性码 C，若其中的任一码组向左或向右循环移动任意位后仍是 C 中的一个码组，则称 C 是一个循环码。循环码是一种分组码，前 k 位为信息码元，后 m 位为监督码元。它除了具有线性分组码的封闭性之外，还具有一个独特的性质即循环性。循环性指的是任一许用码组经过循环移位后所得到的码组仍为一许用码组。若 $c=$

$(c_1,c_2,\cdots,c_n)$ 是一个循环码组,对它左循环移位一次,得到 $c^{(1)}=(c_2,c_3,\cdots,c_n,c_1)$ 也是许用码组,移位 i 次得到 $c^{(i)}=(c_{i+1},c_{i+2},\cdots,c_n,c_1,\cdots,c_i)$ 还是许用码组。不论右移或左移,移位位数多少,其结果均为循环码组。

在代数编码理论中,可以把循环码组中各码元当作一个多项式的系数,即把一个长为 n 的码组表示为

$$c(x)=c_1x^{n-1}+c_2x^{n-2}+\cdots+c_n$$

式中,$c(x)$ 称为码多项式,变量 x 称为元素,其幂次对应元素的位置,它的系数即为元素的取值(我们不关心 x 本身的取值),系数之间的加法和乘法仍服从模 2 规则。比如一个 (7,3) 循环码中第 7 个码组为 (1100101)(见表 6-8),则该码组可表示为

$$c_7(x)=1\times x^6+1\times x^5+0\times x^4+0\times x^3+1\times x^2+0\times x+1$$
$$=x^6+x^5+x^2+1$$

表 6-8　一种 (7,3) 循环码中 7 个码组

码组编号	信　息　位			监　督　位			
	c_1	c_2	c_3	c_4	c_5	c_6	c_7
1	0	0	0	0	0	0	0
2	0	0	1	0	1	1	1
3	0	1	0	1	1	1	0
4	0	1	1	1	0	0	1
5	1	0	0	1	0	1	1
6	1	0	1	1	1	0	0
7	1	1	0	0	1	0	1
8	1	1	1	0	0	1	0

观察可见,该码的信息位与监督位排列顺序一致、分明,所以是一种系统码。下面再举一例说明系统码与非系统码的区别。对一组 4 位信息码组,附加 3 位监督码元可编成两种以上循环码,见表 6-9。

表 6-9　(7,4) 循环码码组

码组序号	信息码				系统码							非系统码						
	k_1	k_2	k_3	k_4	c_1	c_2	c_3	c_4	c_5	c_6	c_7	c_1	c_2	c_3	c_4	c_5	c_6	c_7
1	0	0	0	0	0	0	0	0	0	0	0	0	0	0	0	0	0	0
2	0	0	0	1	0	0	0	1	0	1	1	0	0	0	1	0	1	1
3	0	0	1	0	0	0	1	0	1	1	0	0	0	1	0	1	1	0
4	0	0	1	1	0	0	1	1	1	0	1	0	0	1	1	1	0	1
5	0	1	0	0	0	1	0	0	1	1	1	0	1	0	1	1	0	0
6	0	1	0	1	0	1	0	1	1	0	0	0	1	0	0	1	1	1
7	0	1	1	0	0	1	1	0	0	0	1	0	1	1	1	0	1	0
8	0	1	1	1	0	1	1	1	0	1	0	0	1	1	0	0	0	1
9	1	0	0	0	1	0	0	0	1	0	1	1	0	1	1	0	0	0
10	1	0	0	1	1	0	0	1	1	1	0	1	0	1	0	0	1	1

续表

码组序号	信息码				系统码							非系统码						
	k_1	k_2	k_3	k_4	c_1	c_2	c_3	c_4	c_5	c_6	c_7	c_1	c_2	c_3	c_4	c_5	c_6	c_7
11	1	0	1	0	1	0	1	0	0	1	1	1	0	0	1	1	1	0
12	1	0	1	1	1	0	1	1	0	0	0	1	0	0	0	1	0	1
13	1	1	0	0	1	1	0	0	0	1	0	1	1	1	0	1	0	0
14	1	1	0	1	1	1	0	1	0	0	1	1	1	1	1	1	1	1
15	1	1	1	0	1	1	1	0	1	0	0	1	1	0	0	0	1	0
16	1	1	1	1	1	1	1	1	1	1	1	1	1	0	1	0	0	1

从表中可见,对于 16 组信息,系统码和非系统码都具有 16 个相同的编码码组,但与信息码的对应(映射)关系不一样。系统码的前 4 位对应的都是信息码,而后 3 位都是监督码元,二者泾渭分明,且编码前后信息码形式保持不变。而非系统码从第 5 组开始信息码就"乱"了,虽然每组信息码仍有一个确定的编码码组与之对应,但已经没有了系统码那种前后一致的信息码结构。由于一般我们只研究系统码,所以,有些书上直接说循环码是一种系统码。

另外,还需说明的是,对于一个 (n,k) 线性码 C,根据不同的方法(生成矩阵)可以有多种编码形式,其中包含系统码和非系统码,但系统码是唯一的,其余的都是非系统码。

通过上述介绍,我们简要地了解了数字(数据)通信中信道编码的基本概念和常用的检纠错编码,但限于篇幅,还有很多内容没有涉及,为了使读者对编码有一个全面、系统的认识,我们给出编码所研究的主要问题:

(1)根据实际通信系统对纠错能力的要求,寻找合适的码型(通常是一种长码型)。要求该码型可以在数学上证明具有满足要求的纠错能力,并具有数学结构,且能够根据此结构用一些设备实现编码和译码。

(2)寻找实用的编码方法,尽量提高编码效率。

(3)寻找实用的译码方法,尽量降低译码的复杂性。

6.4 卷 积 码

前面介绍的线性分组码是把 k 个信息比特的序列编成 n 个比特的码组,而每个码组的 $n-k$ 个监督位仅与本码组的 k 个信息位有关,而与其他码组无关。但正由于此,为了达到一定的纠错能力和编码效率,分组码的码组长度一般都要求比较大,且编译码时必须把整个信息码组存储起来。由此产生的问题便是,译码延时随 n 的增加而增加,这显然不利于码的串行传输。鉴于此,人们提出了另外一种编码方法——卷积码,它有效地解决了这个问题。

卷积码与分组码相比,主要相同点和不同点如下。

(1)相同之处:卷积码也是将 k 个信息比特编成 n 个比特,但 k 和 n 通常很小,特别适合以串行形式进行传输,时延小。

(2)不同之处:卷积码编码后的 n 个码元不仅与当前段的 k 个信息有关,还与前面的 $N-1$ 段信息有关,编码过程中互相关联的码元个数为 nN。

从以上卷积码与分组码的区别可以明显看出,由于卷积码的关联码元数远大于分组码,因此在编码器复杂性相同的情况下,卷积码的纠错性能较分组码有较大提高,实验发现,卷

积码的差错率随 N 的增加而是指数下降。但令人遗憾的是,卷积码没有分组码那样严密的数学分析手段,目前大多是采用计算机来进行性能优良码的搜索。

1. 卷积码的构造

卷积码编码器的一般结构形式如图 6-4 所示。从图 6-4 中可以看出,卷积码编码器包括如下几个部分。

（1）1 个由 N 段组成的输入移位寄存器,每段有 k 级,共有 Nk 个移位寄存器。

（2）1 组 n 个模 2 加法器。

（3）1 个由 n 级组成的输出移位寄存器。由图 6-5 所示卷积码编码器的结构可以得到其编码过程,对应于每段 k 个比特的输入序列,输出 n 个比特。n 个输出比特不仅与当前的 k 个输入信息有关,还与前 $(N-1)k$ 个信息有关。将 N 称为约束长度,通常把卷积码记为 (n,k,N)。

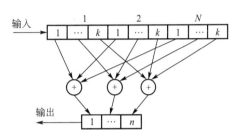

图 6-5 卷积码编码器的结构示意图

2. 卷积码的图解描述

卷积码的描述方法一般有两种:图解法和解析表示。限于篇幅,在这里着重对卷积码的图解法,即树图法和网格图法进行介绍。感兴趣的读者可以参考相关的专业书籍了解卷积码的解析表示。

（1）树图法

下面以 $(2,1,3)$ 卷积码为例加以介绍。

【例 6.4】 $(2,1,3)$ 卷积码的编码器如图 6-6 所示,从图中可以看出,移位寄存器每输入一个信息比特,经编码后产生两个输出比特。假设移位寄存器的起始状态为全 0,当第 1 个输入比特为 0 时,可以看出,输出比特为 00,若输入比特为 1 时,输出比特为 11。当再输入第 2 个信息比特时,原先第一个信息比特右移一位,此时输出比特同时受第 1、2 个信息比特的影响。

依此类推,这个过程可以形象地用一个树状图（见图 6-7）来表示。设起点状态为 $a(00)$,当输入第 1 个信息比特为 0 时,从图中可以看出输出比特为 00,若输入比特为 1 时,输出比特为

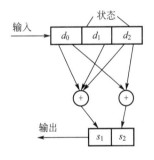

图 6-6 $(2,1,3)$ 卷积码
编码器模型

11,因此可画出上下两个分支,横线上面是输出比特,上分支对应输入比特 0,下分支对应输入比特 1。很显然,对于第 j 个输入信息比特,有 2^j 条支路。但可以发现,经过 3 级输入后,树状图的节点状态开始重复。

2. 网格图法

由于树状图中节点状态的重复,启发人们将重复状态节点进行合并,得到一种更为紧凑的表示法——网格图法。针对例 6.4,可得到如图 6-8 所示的网格图。在网格图中,把码树中具有相同状态的节点合并在一起,码树中的上支路用实线表示,码树中的下支路用虚线表示,各支路上标注的码元为输出比特,自上而下 4 行节点分别表示 a,b,c,d 共 4 种状态（一般

情况下,具有 $2^{k(N-1)}$ 种状态)。从第 N 节(从左向右计数)开始,网格图开始重复。当给定一个具体输入序列时,就可以根据图 6-8 进行(2,1,3)卷积码的编码了。

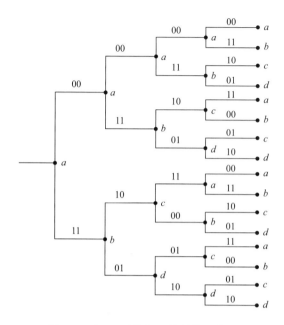

图 6-7 (2,1,3)卷积码的树状图表示

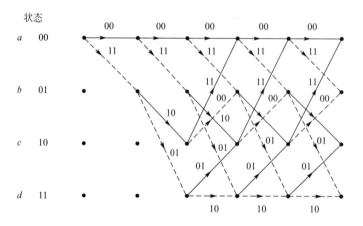

图 6-8 (2,1,3)卷积码的网格图表示

3. 卷积码的维特比译码

卷记码的译码方式有 3 种,维特比译码,序列译码和门限译码。就其性能来说,维特比译码最优,门限译码最差;但从实现复杂度来看,维特比译码最复杂,门限译码最简单。限于篇幅,在这里只着重介绍维特比译码的原理。在介绍之前,首先对维特比译码的理论基础进行介绍。

（1）卷积码的最大似然译码

当某一个特定的信息 M 进入编码器时,发送序列为 $X(M)$,接收到的序列为 Y,若译码器输出为 $M'\neq M$,说明译码出现了差错。假设所有信息序列是等概出现的,译码器在收到 Y

序列情况下,若 $P[Y/X(M')] \geqslant P[Y/X(M)]$,对于 $M' \neq M$,则判定输出为 M'。可以证明,这将使序列差错率最小。这种译码器是最佳的,称为最大似然序列译码器。条件概率 $P[Y/X()]$ 称为似然函数,最大似然译码器判定的输出信息是使似然函数为最大时的消息。一般用对数似然函数比较方便,因为对于二进制对称信道来说,求最大对数似然函数就相当于求序列之间的最小汉明距离。因此,最大似然译码的任务是在树状图或网格图中选择一条路径,使相应的译码序列与接收到的序列之间的汉明距离最小。

（2）维特比译码

如前所述,卷积码网格图中共有 $2^{k(N-1)}$ 种状态,每个节点有 2^k 条支路引入,也有 2^k 条支路引出。根据最大似然函数译码准则,可以用卷积码的网格图来进行译码。维特比译码算法的译码过程如下:

（1）计算汇聚在每个节点上的两条路径的对数似然函数累加值,当级数大于等于 $2^{k(N-1)}$ 时,对汇聚在每个节点上的两条路径的对数似然函数累加值进行比较,保留具有较大对数似然函数累加值的路径,而丢弃另外一条。

（2）经挑选后,第 N 级只留下了 2^{N-1} 条幸存路径;选出的路径连同它们的对数似然函数累加值一起被存储起来。

（3）由于每个节点会引出两条支路,因此以后各级中路径的延伸都增大一倍,但比较它们的对数似然函数累加值后,丢弃一半,保存下来的路径总数保持恒定。

（4）当出现两条路径的对数似然函数累加值相同时,任选一条作为幸存路径。

（5）当序列发送完毕后,作为维特比译码的终止信号,再发送一段不发生错误的信息。

（6）最后保存下来的唯一路径,便是最后的译码结果。

6.5 TCM 网格编码

在现代通信系统中,调制解调器与纠错码编译码器是两个主要的组成部分,而在传统的数字传输系统中,纠错编码与调制是各自独立设计并实现的,译码和解调也是如此。这就出现了一些问题,传统的数字传输系统所采用的独立的译码和解调将使信息产生一定的损失,这主要是由于传统接收单元的处理是首先将接收信号进行解调,对接收信号进行独立硬判决后,再将结果送入译码器进行译码,而这种硬判决结果会导致接收端接收信息的不可恢复的丢失。解决的方法是收端采用软判决译码,即译码器将直接对调制信道的无限量化"软"输出抽样进行处理。于是相应的发端将考虑把编码和调制结合起来作为一个整体进行设计。

1. 欧式距离

从通信理论可知,系统的误码率决定于信号序列之间的欧氏距离,而编码的作用则是加大欧氏距离,从而降低系统的误码率。欧氏距离的定义为,所用信号星座中信号点之间的几何距离,详见图 6-9 所示（以 8PSK 为例）。

前边提到过码的汉明距离与该码的检纠错能力密切相关,而欧氏距离在一些环境下并不是与汉明

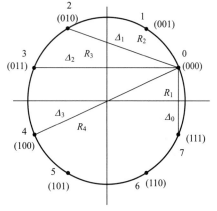

图 6-9 8PSK 采用的星座图

距离完全一致的(8PSK 和 QPSK 条件下是一致的)。

图 6-8 所示的是调制方式为 8PSK 的星座图,可以明显看出,此星座图中存在 4 种欧氏距离,即 R_1、R_2、R_3、R_4 而 3 个码元组成的 8 个子码之间的汉明距离只有 3 种,即 d_1、d_2、d_3,无论采用什么样的映射关系,总会出现这样的情况,即两个汉明距离较大的子码所对应的信号点之间的欧氏距离,比两个汉明距离较小的子码所对应的信号点之间的欧氏距离还要小,也就是说,不能保证在汉明距离意义上的最佳编码也可使已调信号之间的最小欧氏距离最大。

2. TCM 集分割原理

为了解决前面所提出的汉明距离与欧氏距离在最佳编码意义上的矛盾,人们引入了集分割原理。所谓集分割是将一信号集接连地分割成较小的子集,并使分割后的子集内的最小欧氏距离得到最大的增加。每一次分割都是将一较大的信号集分割成较小的两个子集,这样可得到一个表示集分割的树图(二叉树)。每经过一级分割,子集数就加倍,而子集内最小距离亦增大。设经过 i 级分割后子集内最小距离为 $\Delta_i(i=0,1,\cdots)$,则有 $\Delta_0 < \Delta_1 < \Delta_2 \cdots$。设计 TCM 方案时,将调制信号集进行 k 级分割,直至 Δ_k 大于所需的欧氏距离为止,如图 6-10所示(其中画出了 8PSK 的集分割示意图)。

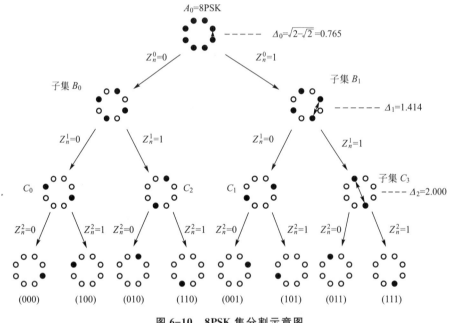

图 6-10   8PSK 集分割示意图

图 6-10 所示的同一级的同一节点的两个分支所对应的编码比特为 $Z_n^i = 0$ 或为 1,因此不同的子集对应于不同的编码比特,于是这些编码比特将唯一确定对应的子集。

对于带限信道,一般网格编码调制采用将卷积码和多电平(或多相位)信号组合起来的方式这类信号有两个基本特征。

(1)星座图中所用的信号点数大于未编码同种调制所需的点数(通常扩大一倍),这些附加的信号点为纠错编码提供冗余度。

(2)采用卷积码在相继的信号点之间引入某种依赖性,因而只有某些信号点序列才是允许出现的,这些允许的信号序列可以模型化为网格结构,因而称为网格编码调制。

在 TCM 编码调制中应用最多的是 UB 码,即 $(n+1, n, m)$ 的卷积码,n 比特的信息组进入编码器后,得到了 $n+1$ 个码元组成的子码(或分支),且每一个码与信息星座中的一个信号点相对应,因此信号空间(星座)共有 2^{n+1} 个点。为了保证发送信号序列之间的欧氏距离最大,可将发送信号空间的 2^{n+1} 个点划分为若干子集,子集中信号点之间的最小欧氏距离随着划分的次数的增加而加大(这就是集分割原理)。

3. TCM 码的构造原理

得到了信号点的子集划分后,当卷积码编码器给定时,剩下的问题是如何使 2^{n+1} 个信号点和编码器输出的 2^{n+1} 个子码对应,才能进行恰当的映射,使已调信号之间的欧氏距离最大。具体编码中应配合卷积码的网格图。具体的构造规则如下(参考图 6-9)。

(1) 重合分支(子码)的输出信号点取自同一 C_i 子集。

(2) 进入某一状态的所有分支的输出信号取自 C_0、C_1 或 C_2、C_3 子集。

(3) 从某一状态出发的所有分支输出信号取自同一 B_i 子集。

6.6　空时编码

1. 空时编码的基本概念

在大多数散射环境中,经常采用天线分集(即空间分集)来减少多径衰落效应,效果较好。但传统的天线分集是使用多个接收天线,因此会造成接收装置成本、体积和功率加大,这种方法不适合于下行连接。鉴于此,可以采用多个发射天线的分集方法,也称为发射分集。由于 3G 系统要求具有比现行蜂窝移动无线通信系统高得多的话音质量和高达 2 Mbit/s 的高比特率数据服务,因此使用空时编码的发射分集受到了格外的重视。

空时编码(space-time code)是无线通信的一种新的编码和信号处理技术,它使用多个发射和接收天线进行信息的发射与接收,可以大大提高无线通信系统的信息容量和信息速率。空时编码的实质是在不同天线发射的信号之间引入时域和频域相关,使得在接收端可以进行分集接收。与不使用空时编码的编码系统相比,空时编码可以在不牺牲带宽的情况下获得更高的编码效益。空时编码的空时结构可以在接收机结构相对简单的情况下,有效地提高无线通信系统的容量。因此,空时编码的两个基本问题如下。

(1) 空时编码问题,如何在发射端实现信息字符序列的编码与发射。

(2) 空时译码问题,包括组合和决策两个子问题,即在接收机中如何将多径信号组合起来(组合问题),又如何对发射的信号进行最大似然检测(决策问题)。

2. 空时编码的原理

迄今为止提出的空时码分为两种形式,空时格形码(space-time trellis code)和空时分组码(space-time block code)。由于空时格形码的译码过于复杂,这里就不过多描述了,这里主要介绍空时分组码。

(1) 空时分组编码的构造(STBC)

令 $c_0, c_1, \cdots, c_{k-1}$ 是 k 个待发射的字符,它们在 p 个时隙 $t = 1, 2, \cdots, p$ 内被发射,空时分

组码由 $n \times p$ 发射矩阵 $\boldsymbol{C}$ 定义,其中 n 为发射天线的个数(通常取 $n=k$)。矩阵 $\boldsymbol{C}$ 的元素是字符变量 $c_0, c_1, \cdots, c_{k-1}$ 和它们的复数共轭 $c_0^*, c_1^*, \cdots, c_{k-1}^*$ 的线性组合。空时分组编码矩阵设计准则之一是要满足正交条件

$$\boldsymbol{C}\boldsymbol{C}^{\mathrm{H}} = \gamma \boldsymbol{I}_k \tag{6.6-1}$$

式中,$\gamma = |c_0|^2 + |c_1|^2 + \cdots + |c_{k-1}|^2$,$\boldsymbol{I}_k$ 为 k 阶单位阵。

现以两个发射天线为例加以讨论(如图 6-10 所示)。空时分组编码定义为

$$\boldsymbol{C}_{2 \times 2} \begin{bmatrix} c_0 & c_1 \\ -c_1^* & c_0^* \end{bmatrix} \tag{6.6-2}$$

(2)STBC 编码的空间分集接收技术

技术原理如图 6-11 所示,信源 c_0、c_1 经 STBC 编码后得:

$$\boldsymbol{C}_{2 \times 2} \begin{bmatrix} c_0 & -c_1^* \\ c_1 & c_0^* \end{bmatrix} \tag{6.6-3}$$

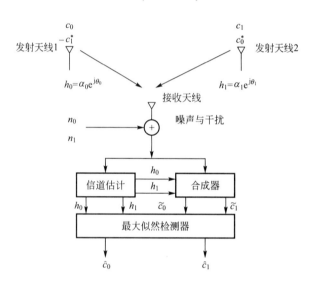

图 6-11 使用 STBC 编码的空间分集接收框图

分别在两个时隙从两个天线发射,设天线 1 到接收天线的传输函数为 $h_0 = a_0 \mathrm{e}^{\mathrm{j}\theta_0}$,天线 2 到接收天线的传输函数为 $h_1 = a_0 \mathrm{e}^{\mathrm{j}\theta_1}$,考虑到信道衰落在连续的两个码间是恒定的,可以得到:

$$h_0(t) = h_0(t+T)$$

$$h_1(t) = h_1(t+T) \tag{6.6-4}$$

上式中,T 为码元周期,接收的信号可以改写成:

$$r_0 = r(t) = h_0 c_0 + h_1 c_1 + n_0$$

$$r_1 = r(t+T) = -h_0 c_1^* + h_1 c_0^* + n_1 \tag{6.6-5}$$

式中,r_0,r_1 分别是在 t 和 $t+T$ 时刻接收到的信号,n_0 和 n_1 是代表噪声的复随机变量。接收方案采用一个天线对接收的两个信号进行合成估计。

$$c_0 = h_0^* r_0 + h_1 r_1^*$$

$$c_1 = h_1^* r_0 + h_0 r_1^* \tag{6.6-6}$$

最后采用最大似然准则：

$$d^2(c_0, c_i) \leqslant d^2(c_1, c_k) \quad i \neq k \tag{6.6-7}$$

式(6.6-4)中,$d^2(x, y) = (x - y)(x^* - y^*)$ 是信号 x 与 y 的平方欧式距离,从式中可以给出传输信号的最佳估计值 $\hat{c}_0$ 和 $\hat{c}_0$。

以上分析主要是以两条发射天线和一条接收天线为例,这一方法后来被推广到任意多条天线的情况。

思考与练习

6-1 在通信系统中采用差错控制的目的是什么？

6-2 试述码率、码重和码距的定义。

6-3 什么是线性码？它具有哪些重要性质？

6-4 设有码长 $n = 15$ 的汉明码,试问其监督位 r 应该等于多少？其码率等于多少？试写出其监督码元和信息码元之间的关系。

6-5 已知某线性码的监督矩阵为

$$\boldsymbol{H} = \begin{pmatrix} 1110100 \\ 1101010 \\ 1011001 \end{pmatrix}$$

试列出其所有可能的码组。

6-6 已知一个(7,3)码的生成矩阵为

$$\boldsymbol{G} = \begin{pmatrix} 1001110 \\ 0100111 \\ 0011101 \end{pmatrix}$$

试写出其所有许用码组,并求出其监督矩阵。

6-7 已知一个(15,11)汉明码的生成多项式为 $g(x) = x^4 + x^3 + 1$,试求出其生成矩阵和监督矩阵。

第7章
➡ 典型通信系统

随着信息技术的发展和互联网的普及,以各种通信技术为核心构建的各种通信系统都在发生着日新月异的变化,这些变化又使人们日常信息的获取方式有了更大的选择空间,下面着重介绍一些具有代表性的典型通信系统和技术。

7.1 GSM 数字蜂窝移动通信系统

随着第一代模拟移动通信系统的没落,之后广泛使用的移动通信系统为第二代移动通信系统,具有代表性的便是 GSM(Global System for Mobile communication) 数字蜂窝移动通信系统。

GSM 数字蜂窝移动通信系统是由欧洲主要电信运营商和制造厂家组成的标准化委员会设计出来的,它是在蜂窝系统的基础上发展而成的。

GSM 使用时分多址技术(TDMA),其基本思想是系统中各移动台占用同一频段,但占用不同的时隙,即在一个通信网内各台占用不同的时隙来建立通信的方式。通常各移动台只在规定的时隙内以突发的形式发射它的信号,这些信号通过基站的控制在时间上依次排列、互不重叠;同样,各移动台只要在指定的时隙内接收信号,就能从各路信号中把基站发给它的信号识别出来。

GSM 系统中既采用了 TDMA 技术,也采用了 FDMA 技术。具体来说就是,1 个频道(1个载波)可同时传送 8 个话路,而一个频道暂用 200 kHz 带宽,即频道间隔为 200 kHz。这样,在 GSM 的 25 MHz 带宽内,总共可容纳 1 000 个用户。

蜂窝系统的概念和理论最早在 20 世纪 60 年代就由美国贝尔实验室等单位提出来了,但由于当时器件水平的限制,直到 1979 年美国才在芝加哥开通了第一个 AMPS(先进的移动电话业务)模拟蜂窝系统,而北欧也于 1981 年 9 月在瑞典开通了 NMT(Nordic 移动电话)系统,接着欧洲先后在英国开通 TACS 系统,在德国开通 C-450 系统等。

蜂窝移动通信的出现可以说是移动通信的一次革命,其频率复用大大提高了频率利用率并增大了系统容量,网络的智能化实现了越区转接和漫游功能,扩大了客户的服务范围。

GSM 数字蜂窝移动通信系统从理论的提出到第一个试验系统的诞生(1993 年)耗时多年,随后通过不断地改进和完善,基本形成了现今的两个主要规范 GSM900 和 DCS1800,这两个规范之间的差别很小,都包括了 12 项内容,其共同点都只对功能和接口制定了详细的规范,未对硬件作出规定,这便给各运营商留下了广阔地选择空间,反过来也刺激了 GSM 数字蜂窝移动通信系统的广泛使用。从 1993 年以后,由于 3G 概念的提出,GSM 技术规范的进一步修改实际上已终止。但由于现今第三代移动通信系统还未大规模商用,GSM 还必须承担主要移动通信系统的角色,并可能长期与 2.5G 共存。

我国参照 GSM 标准制定了自己的技术标准,主要内容如表 7-1 所示。

表 7-1 我国 GSM 标准的主要技术标准

项目	内容	项目	内容
使用频段/MHz	890~915(MS→BSS) 935~960(BSS→MS)	基站最大功率/W	300
收发间隔/MHz	45	小区半径/km	0.5~5
载频间隔/kHz	200	信号调制类型	GMSK
单载波信道数/个	8	传输速率/(kbit/s)	270

7.1.1 GSM 系统的构成及功能

GSM 数字蜂窝移动通信系统主要是由交换网络子系统(NSS)、无线基站子系统(BSS)、操作维护中心(OMC) 和移动台(MS)四大部分组成,如图 7-1 所示。其中 NSS 与 BSS 之间的接口为 A 接口,BSS 与 MS 之间的接口为 U_m 接口。与模拟移动通信系统(TACS 规范)不同的是,GSM 规范对上述两个接口的定义都非常明确,即各接口都是开放式的。

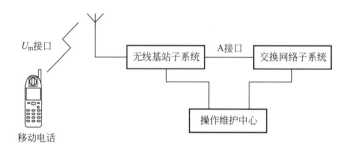

图 7-1 GSM 蜂窝移动通信系统的组成

GSM 系统架构框图如图 7-2 所示,A 接口右侧是 NSS 系统,它包括移动业务交换中心(MSC)、拜访位置寄存器(VLR)、归属位置寄存器(HLR)、鉴权中心(AUC)和移动设备识别寄存器(EIR),以及公众电信网络(如 PSTN、ISDN、PSPDN),A 接口左侧是 BSS 系统,它包括基站控制器(BSC)和基站收发信台(BTS)。NSS 系统与 BSS 系统共同拥有短消息中心(SC),操作维护中心(OMC)。U_m 接口左侧是移动台部分(MS),其中包括移动终端(MS)和客户识别卡(SIM)。

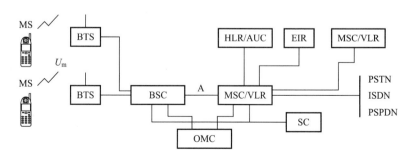

图 7-2 GSM 系统架构示意图

下面对 GSM 系统各个功能单元简单加以介绍。

1. 交换网络子系统(NSS)

交换网络子系统(NSS)主要完成交换功能和客户数据与移动性管理、安全性管理所需的数据库功能。NSS 由一系列功能实体所构成,各功能实体介绍如下。

(1) MSC

MSC 是 GSM 系统的核心,是对位于它所覆盖区域中的移动台进行控制和完成话路交换的功能实体,也是移动通信系统与其他公用通信网之间的接口。它可完成网络接口、公共信道信令系统和计费等功能,还可完成 BSS、MSC 之间的切换和辅助性的无线资源管理、移动性管理等。另外,为了建立至移动台的呼叫路由,每个 MS 还应能完成入口 MSC(GM-SC)的功能,即查询位置信息的功能。

(2) VLR

VLR 是一个数据库,存储 MSC 为了处理所管辖区域中 MS(统称拜访客户)的来话、去话呼叫所需检索的信息,例如客户的号码,所处位置区域的识别,向客户提供的服务等参数。

(3) HLR

HLR 也是一个数据库,存储管理部门用于移动客户管理的数据。每个移动客户都应在其归属位置寄存器(HLR)注册登记,它主要存储两类信息:一是有关客户的参数;二是有关客户目前所处位置的信息。以便建立至移动台的呼叫路由,例如 MSC、VLR 地址等。

(4) AUC

AUC 用于产生为确定移动客户的身份和对呼叫保密所需鉴权、加密的 3 个参数(随机号码 RAND、符合响应 SRES、密钥 KC)的功能实体。

(5) EIR

EIR 也是一个数据库,存储有关移动台设备参数。主要完成对移动设备的识别、监视、闭锁等功能,以防止非法移动台的使用。

2. 无线基站子系统(BSS)

BSS 系统是在一定的无线覆盖区中由 MSC 控制,与 MS 进行通信的系统设备,它主要负责完成无线发送、接收和无线资源管理等功能。功能实体可分为基站控制器(BSC)和基站收发信台(BTS)。

(1) BSC

BSC 具有对一个或多个 BTS 进行控制的功能,它主要负责无线网络资源的管理、小区配置数据管理、功率控制、定位和切换等,是个很强的业务控制点。

(2) BTS

BTS 无线接口设备,它完全由 BSC 控制,主要负责无线传输,完成无线与有线的转换、无线分集、无线信道加密、跳频等功能。

3. 移动台(MS)

移动台就是移动客户设备部分,它由两部分组成,移动终端(MS)和客户识别卡(SIM)。

(1) MS

MS 就是"机",它可完成话音编码、信道编码、信息加密、信息的调制和解调、信息发射和接收。

（2）SIM

SIM 卡就是"身份卡"，它类似于现在所用的 IC 卡，因此也称为智能卡，存有认证客户身份所需的所有信息，并能执行一些与安全保密有关的重要指令，以防止非法客户进入网络。

4. 操作维护子系统(OMC)

GSM 系统还有个操作维护子系统（OMC），它主要是对整个 GSM 网络进行管理和监控，通过它实现对 GSM 网内各种部件功能的监视、状态报告、故障诊断等功能。

7.1.2 GSM 系统的信令

在通信系统中，把协调不同实体所需的信息称为信令信息。信令负责通话的建立，GSM 的信令包括传输（TX）、无线资源管理（RR）、移动管理（MM）、呼叫管理（CM），以及操作、管理和维护（OAM）等功能部分。GSM 信令系统的特点如下。

（1）统一的接口定义，可适应多厂商环境，特别是统一的 A 接口，可以使运营公司选用不同厂商生产的 MSC 和 BSS 组成系统。

（2）信令系统严格分层，支持业务开放和系统互联。在网络侧，即 MSC、HLR、VLR、EIR 之间均采用和 OSI 7 层结构一致的 7 号信令系统。在用户接入侧，即 MSC 和基站间及空中接口均采用和 ISDN 用户-网络接口（UNI）一致的 3 层结构。

（3）网络侧信令着眼于系统互联。由 7 号信令支持的统一的 MAP 信令使 GSM 系统可以容易地实现广域联网和国际漫游；灵活的智能网结构便于系统引入智能业务，实现快速增值服务。

（4）用户接入侧信令着眼于业务综合接入，便于未来各类 ISDN 业务的引入，为向个人通信发展奠定基础。

GSM 中采用了开放标准接口（OSI）的分层协议结构。其中下一层协议为上一层协议提供服务，上一层协议利用下一层所提供的功能，在建立连接之后，对等层之间形成逻辑上的通路。在信令系统中，可简单分为物理层、链路层、网络层和各种高层应用，现介绍如下。

（1）物理层

该层定义了信令数据链路的物理、电气和功能特性及链路接入方法。信令数据链路是由两个数据信道组成的信令传输双向通路。这两个信道传输方向相反，在数字环境下，通常采用 64 kbit/s 的数字信道。这些数字通路可以通过交换网络的半固定连接通路和信令终端相连接，这种方式易于实现数据链路和数据终端设备的自动重新分配。信令数据链路也可以采用模拟通路，其传输速率不低于 4.8 kbit/s。通常经过调制/解调器和信令终端设备之间相连，不通过交换网络连接。物理层是信令的载体，如光纤、PCM 传输线、数字微波等。信令数据链路的一个十分重要的特性是链路应为透明的，即在它上面传送的数据不能有任何改变。

（2）链路层

该层负责把约定的消息变成码流，并提供一定的纠错能力和流量控制。它定义信令消息沿信令数据链路传送的功能和过程。它和物理层一起为两信令点之间的消息传送提供了一条可靠的链路。

（3）网络层

该层负责消息流的组织和路由，并行处理几个对话，保证提供多用户服务。

对于移动通信来说,大部分的信令都和移动台(MS)相关。移动台虽然只和 BTS 有接口,但发往 BTS 和从 BTS 发往 MS 的信令消息中还包括了 MS 与 GSM 网中其他设备之间的通信信息,即要在无线接口上传输各种不同的协议。因此在各接口上需要有专门的协议鉴别器(PD)和报文鉴别器(MD)以区分信令信息和哪个应用协议有关。这在信令的分析和处理时尤其要注意区分。具体有 U_m 接口信令系统,A 接口信令系统,Abis 接口信令系统,MAP 接口信令系统。感兴趣的读者可以参阅移动通信的专业书籍,这里不再详述。

7.2 码分多址蜂窝移动通信系统

码分多址(CDMA)技术,其基本思想是系统中各移动台占用同一频带,但各用户使用彼此正交的用户码,从而使基站和移动台通过相关检测能区分用户之间的信息,CDMA 系统使用了 CDMA 技术和 FDMA 技术。

CDMA 技术早已在军用抗干扰通信中得到了广泛应用,其中 1989 年 11 月,Qualcomm 在美国的现场试验证明 CDMA 用于蜂窝移动通信的容量大,并经理论推导其为 AMPS 容量的 20 倍,GSM 容量的 4 倍,这一结果成为 CDMA 投入商用的里程碑。从此之后,美国、韩国和日本等国家和地区都进入了 CDMA 的快速发展期,1995 年美国的 CDMA 公用网开始投入商用,1996 年韩国自己的 CDMA 系统也大规模地投入商用。1998 年全球 CDMA 用户已达 500 多万,CDMA 的研究和商用进入高潮,1999 年在日本和美国形成增长的高峰期,全球的增长率高达 250%,用户达到 2 000 万。

在中国,CDMA 的发展并不迟,也有长期军用研究的技术积累,1993 年国家 863 计划已开展 CDMA 蜂窝技术研究。1994 年 Qualcomm 首先在天津建技术试验网。1998 年具有 14 万容量的长城 CDMA 商用试验网在北京、广州、上海、西安建成,并开始小部分商用。联通公司经过一段时间试用后,于 2002 年开始大规模营建。

根据试用情况发现,CDMA 呼通率高,语音清晰,未发生过掉话断线(包括高速公路上),这又充分证明了 CDMA 技术是成熟的,其系统容量和话音质量较目前其他蜂窝系统(GSM、TDMA、PDC、TACS、AMPS)是最优的。

近年来 CDMA 以超过 100% 的增长速度发展,远快于 GSM 40% 的增长速度。与此同时,无线通信在未来的通信中起着越来越重要的作用,CDMA 已经成为移动通信主要的无线接入技术。以 CDMA 技术为平台的各种移动通信技术已成为 3G 和 4G 的关键技术。

7.2.1 CDMA 系统构成及功能

CDMA 系统的架构框图如图 7-3 所示。CDMA 系统中各单元的功能简单介绍如下。

(1)移动台(MS)

MS 包括手机和车台等,是用户终端。无线信道的设备通过 MS 给用户提供接入网络业务的能力。

(2)基站(BS)

BS 设于某一地点,是服务于一个或几个蜂窝小区的全部无线设备的总称。它是在一定的无线覆盖区域内,由移动交换中心(MSC)控制,与移动台进行通信的设备。

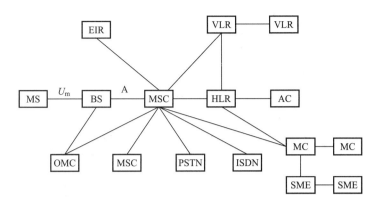

图 7-3　CDMA 系统架构示意图

（3）移动交换中心（MSC）

MSC 是完成对位于它所服务的区域中的移动台进行控制、交换信息的功能实体，也是与其他 MSC 或其他公用交换网之间的用户业务的自动连接设备。

（4）归属位置寄存器（HLR）

HLR 是为了记录的目的赋予指定用户身份的一个位置登记器。登记的内容是用户的信息，如 ESN、DN、IMSI（MSI）服务项目信息、当前位置，批准有效的时间段等。

（5）拜访位置寄存器（VLR）

VLR 是 MSC 检索信息用的位置寄存器。例如处理发至或来自一个拜访用户的呼叫信息（用户号码），向用户提供本地用户的服务等参数。

（6）设备识别寄存器（EIR）

EIR 是为了记录的目的而分配给用户设备身份的寄存器。用于对移动设备的识别、监视、闭锁等。

（7）监权中心（AC）

AC 是一个管理与移动台相关的鉴权信息的功能实体。

（8）消息中心（MC）

MC 是一个存储和转送短消息的实体。

（9）短消息实体（SME）

SME 是合成和分解短消息的实体，有时 HLR、VLR、EIR 及 AC 位于 MSC 之中，SME 位于 MSC、HLR 或 MC 之中。

码分多址数字蜂窝移动通信网不是公共交换电话网（PSTN）的简单延伸，它是与 PSTN、ISDN、PSPDN 等并行的业务网。由于移动用户大范围的移动，该网在管理上应相对独立。

7.2.2　CDMA 系统的关键技术

CDMA 系统之所以较 GSM 系统优越，与其所使用的关键技术是密不可分的，现着重介绍几项。

1. 语音激活技术

统计结果表明，人们在通话过程中，只有 35％的时间在讲话，另外 65％的时间处于听对方讲话、话句间停顿或其他等待状态。在 CDMA 数字蜂窝移动通信系统中,所有用户共享同一个无线频道,当某一个用户没有讲话时,该用户的发射机不发射信号或发射信号的功率小,其他用户所受到的干扰就相应地减少。为此,在 CDMA 系统中,采用相应的编码技术,使用户的发射机所发射的功率随着用户语音编码的需求进行调整。当用户讲话时,语音编码器输出速率高,发射机所发射的平均功率大;当用户不讲话时,话音编码器输出速率很低,发射机所发射的平均功率很小,这就是语音激活技术。在蜂窝移动通信系统中,采用语音激活技术可以使各用户之间的干扰平均减少 65%。也就是当系统容量较大时,采用语音激活技术可以使系统容量增加约 3 倍。在频分多址、时分多址和码分多址 3 种制式中,唯有码分可以方便而充分地利用语音激活技术。

2. 扇区划分技术

扇区划分技术是指位于蜂窝小区中心的基站利用天线的定向特性把蜂窝小区分成不同的扇面,如图 7-4 所示。常用的方法有利用 120°扇形覆盖的定向天线组成的三叶草形无线区,如图 7-4(a) 所示;利用 60°扇形覆盖的定向天线组成的三角形无线蜂窝区,如图 7-4(b) 所示;利用 120°扇形覆盖的定向天线组成的 120°扇形无线蜂窝区,如图 7-4(c) 所示。

在频分多址和时分多址制式中,在每个蜂窝小区中采用分扇区技术通常只能起到减少干扰的作用,但不能增加系统容量。而在码分多址制式蜂窝移动通信系统中,利用 120°扇形覆盖的定向天线把一个蜂窝小区划分成 3 个扇区时[见图 7-4(c)],平均处于每个扇区中的移动用户是该蜂窝的 1/3,相应的各用户之间的多址干扰分量也减少为原来的 1/3 左右,由于 CDMA 系统为自干扰系统,从而系统的容量将增加约 3 倍(实际上,由于邻扇区之间有重叠,一般能提高 2.55 倍)。

(a) 三叶草形　　　　(b) 三角形　　　　(c) 120°扇形

图 7-4　3 种主要的蜂窝小区示意图

3. 切换技术

当移动用户从一个小区(或扇区)移动到另一个小区(或扇区)时,移动用户从一个基站的管辖范围移动到另一个基站的管辖范围,通信网的控制系统为了不中断用户的通信就要进行一系列调整,包括通信链路的转换、位置的更新等,这个过程就叫越区切换。越区切换可分为硬切换和软切换。

越区切换实现了小区(或扇区)间的信道转换,保证一个正在处理或进行中的呼叫不中断。在模拟 FDMA 系统和数字 TDMA 系统中,移动用户在越区切换时,需要在另一个小区(或扇区)寻找空闲信道,当该区有空闲信道时才能切换。这时移动台的收、发频率等都要相应地调整,称之为硬切换,如图 7-5(a) 所示,这种切换过程是首先切断原通话链路,然后与新的基站接通新的通话链路。这种先断后通的切换方式势必引起通信的短暂中断。

图 7-5　硬切换和软切换示意图

在 CDMA 系统中,由于所有的小区(或扇区)都可以使用相同的频率,小区(或扇区)之间是以码型的不同来区分的,当移动用户从一个小区(或扇区)移动到另一个小区(或扇区)时,不需要移动台的收、发频率切换,只需在码序列上相应地调整,称之为软切换,如图 7-5(b)所示。软切换的优点在于首先与新的基站接通新的链路,然后切断原通话链路,这种先通后断的切换方式不会出现"乒乓"效应,并且切换时间也很短。实现软切换以后,切换引起掉话的概率大大降低,保证了通信的可靠性。CDMA 系统中移动台在进行业务信道通信中,会发生以下几种切换。

(1)软切换。当移动台开始与一个新的基站联系时,并不立即中断与原来基站之间的通信。软切换仅能用于具有相同频率的 CDMA 信道之间,软切换可提供在基站边界处的前向业务信道和反向业务信道的路径分集。

(2)更软切换这种切换发生在同一基站具有相同频率的不同扇区之间。

(3)硬切换。移动台先中断与原基站的联系,再与新基站取得联系。硬切换一般发生在不同频率的 CDMA 信道间。

(4)CDMA 到模拟网切换。移动台从 CDMA 业务信道转到模拟话音信道。

7.3　第三代移动通信系统

20 世纪 80 年代的 TACS 等模拟移动通信系统为第一代移动通信系统,20 世纪 90 年代 GSM,CDMA 等为第二代移动通信系统,IMT2000 等系统可称为第三代移动通信系统(3G)。

随着互联网和多媒体业务的发展,使移动通信与数据业务、多媒体业务相结合的第三代移动通信系统成为过去几年来人们研究的热点。3G 系统是 GSM、CDMA 发展的必然产物,也推动了移动通信行业的巨大发展。第三代移动通信系统包含的内容很多,下面简要从其特征来描述,旨在让读者了解第三代移动通信系统与前两代移动通信系统的不同之处。

7.3.1　3G 的主要性能特征

3G 的主要性能特征如下。

(1)全球普及和全球无缝漫游的系统。第二代移动通信系统一般为区域或国家标准,而第三代移动通信系统将是一个覆盖全球范围使用的系统。它将使用共同的频段,全球统一标准。

(2)具有支持多媒体业务的能力,特别是支持 Internet 业务。现有的移动通信系统主要以提供话音业务为主,随着进一步发展,一般也仅能提供 $100 \sim 200$ kbit/s 的数据业务,GSM 演进到最高阶段的速率能力为 384 kbit/s。而第三代移动通信的业务能力将比第二代明显提高。它应能支持从话音到分组数据和多媒体业务;应能根据需要,提供带宽。ITU 规定的第三代移动通信无线传输技术的最低要求中,必须满足在 3 个环境的 3 种要求(详见表 7-2)。

表 7-2　3G 系统传输速率要求

环境	要求
快速移动环境	最高速率达 144 kbit/s
室外到室内或步行环境	最高速率达 384 kbit/s
室内环境	最高速率达 2 Mbit/s

(3) 便于过渡、演进。由于第三代移动通信引入时,第二代网络已具有相当规模,所以第三代的网络一定要能在第二代网络的基础上逐渐灵活演进而成,并应与固定网兼容。

(4) 高频谱效率。

(5) 高服务质量。

(6) 低成本。

(7) 高保密性。

根据以上对 3G 的描述,多个国家和技术组织相继提出了多个 3G 方案,由于方案众多,于是出现了 IMT-2000 家族概念,它不要求所提出的传输技术的一致性,只要所提出的系统能满足以下两个基本要求,即可成为 IMT-2000 的家族成员。

(1) 阶段性实现的业务能力和网络能力。IMT-2000 的实现要分阶段,不能一次到位。IMT-2000 的业务能力方面(相比 2G)要能提供多媒体业务。

(2) 具有国际电信联盟(ITU) 定义的一组 IMT-2000 接口能力。图 7-6 所示为 IMT-2000 网络及接口示意图。IMT-2000 系统分为终端侧和网络侧。终端侧包括用户识别模块(UIM) 和移动终端(MT),网络侧设备分为两个网:无线接入网(RAN) 和核心网(CN)。

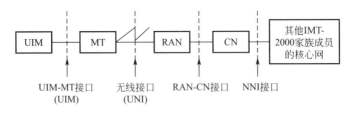

图 7-6　IMT-2000 网络及接口示意图

7.3.2　3G 系统的组成

3G 中,除了 IMT-2000 家族以外还包括欧洲的 UMTS,这是欧洲电信标准学会(ETSI) 与协调管制问题的欧洲无线电通信委员会(ERC) 共同提出的。

这里着重讨论 IMT-2000 系统,下面以此系统为例加以介绍。IMT-2000 系统的组成如图 7-6 所示。它主要有 4 个功能子系统构成,即核心网(CN)、无线接入网(RAN)、移动台(MS) 和用户识别模块(UIM) 组成。分别对应于 GSM 系统的交换子系统(NSS)、基站子系统(BSS)、移动台(MS)和 SIM 卡。4 个实体形成了如下几个接口。

① IMT2000 家族成员之间互通的网络-网络接口(NNl)。

② 用户识别模块接口(UIM-MT)。

③ 无线接入网络与核心网之间的接口(RAN-CN)。

④ 用户与网络之间的接口 UNI（无线接口）。

IMT-2000 中的无线接入网部分由以下两部分组成。

① 无线载体通用功能部分。具有包括所有与采用的无线传输技术无关的控制和传输功能。

② 无线传输特殊功能部分。具有包括与无线技术有关的各项功能,可以进一步细分为无线传输技术的无线传输适配功能。

IMT-2000 中的核心网部分。早期网络可通过互通功能单元与 IMT-2000 相连;同时 IMT-2000 接入网也可通过一定的适配功能模块而接入早期的核心网。

对于 3G 地面无线接口技术,各国提交了 15 种,在国际电联芬兰会议上,确定了 5 个 IMT-2000 技术提案的规范,包括 IMT-2000 CDMADS,IMT-2000 CDMAMC,IMT-2000 CDMATDD,IMT-2000 TDMA SC 和 IMT-2000 TDMA MC。其中 IMT-2000 CDMATDD 包括我国的 TD-SCDMA,TD-SCDMA 是我国针对 3G(IMT-2000) 提出的解决方案,它既能向下兼容在我国现处主导地位的 GSM 网络,又在频率利用率及多媒体业务的提供上具有 2G 无法比拟的优越性,完全满足 ITU 对 3G 系统的各项要求。

7.3.3　3G 系统的关键技术

3G 系统的性能特征给人们展示了一个美好的通信前景,但这些美好前景要以克服 3 G 系统所面临的技术难题为前提。这些难题有蜂窝移动通信系统所固有的,也有 3G 系统所特有的,具体如下。

1. 多径衰落

多径衰落存在于所有的移动通信系统中,由于无线电波在传播的过程中发生的散射、反射和折射,从而产生多条传播路径,多条路径信号到达接收机后,使合成信号产生严重衰落现象。

2. 时延扩展

信号经不同路径会产生不同时延,信号间的干扰就明显存在,从而限制了移动通信系统的数据传输速率。

3. 多址干扰

3G 采用码分多址技术,虽然各用户的扩频码具有极强的自相关性和弱的互相关性,但实际上各用户之间的干扰不可能完全消除,多址干扰是 3G 系统所特有的一种干扰。

4. 远近效应

远近效应是 CDMA 系统所特有的问题,指近处大功率的信号对远处小功率信号产生的很强的干扰。

为了解决 3G 所面临的问题,各国都在进行广泛和深入地研究,提出了一些 3G 系统的关键技术和解决方法,现简单介绍如下。

1. 多载波调制

在信号调制方面,系统可采用自适应多进制调制方法,即根据无线信道的衰落程度、信道流量或其他参数的动态变化,收发信机同步地改变调制的进制数。在衰落较轻或业务空闲时,减少进制数,反之增加进制数。对于扩频通信,信号带宽从几十兆赫到几百兆赫,而无线环境的相干带宽一般不到 1 MHz,是一个频率选择性衰落信道,因此将带宽分成多个载波调制且并行传输,这样每个窄带信号经历的是多个平坦的非频率选择性衰落信道,当修改载波数而各路的传输速率不变时,也就是改变了总的传输速率,所以多载波调制可以方便地满足不同业务的需要,可以灵活地实现多媒体业务。

2. 多址技术

多址技术是解决多用户共享无线资源的技术,主要有 3 种方案:频率、时间、正交码。对应上述 3 种多址技术,有 3 种基本的复用方式,即频分多址、时分多址、码分多址。第一代系统主要采用 FDMA,第二代系统主要采用 TDMA,第三代系统主要采用 CDMA。CDMA 采用一组正交码以区别不同的用户,具有频率规划简单、频谱利用率高、软切换、软容量等优点。3G 要求提供从几千比特每秒到 2 Mbit/s 的可变速率业务,运行于多环境,按需分配带宽,采用多射频信道带宽。灵活的 CDMA 多址技术可以满足 3G 的要求。

3. 软件无线电

软件无线电主要是利用现代数字信号处理技术、微电子及软件技术,基于同样的硬件平台,通过加载不同的软件,获得不同的业务特性。对于系统升级、网络平滑过渡、多频多模的运行等,相对简单容易、成本低廉、安全性高。这特别适合于 3G 要求的多模式、多频段、多速率、多业务、多环境等。但是软件无线电技术还不够成熟,需要解决的问题比较多。

4. 智能天线

从本质上说,智能天线技术是雷达系统自适应天线阵在通信系统中的新应用。由于其体积及计算复杂性的限制,目前仅适应于在基站系统中的应用。智能天线包括两个重要组成部分,一是对来自移动台发射的多径电波方向进行到达角(DOA)估计,并进行空间滤波,抑制其他移动台的干扰。二是对基站发送信号进行波束形成,使基站发送信号能够沿着移动台电波的到达方向发送回移动台,从而降低发射功率,减少对其他移动台的干扰。智能天线技术用于 TDD 方式的 CDMA 系统是比较合适的,能够起到在较大程度上抑制多用户干扰,从而提高系统容量的作用。其困难在于存在多径效应,每个天线均需一个 Rake 接收机,从而使基带处理单元复杂度明显提高。

5. 信道编码

3G 的另外一项核心技术是信道编译码技术。在 3G 主要提案中(包括 WCDMA 和 CD-MA 2000 等),除采用与 IS-95CDMA 系统相类似的卷积编码技术和交织码技术之外,还建议采用 Turbo 编码技术及 RS-卷积级联码技术。有兴趣的读者可以参阅编码的专业书籍对上述两种编码进行了解。

6. 功率控制技术

在 CDMA 系统中,由于用户共用相同的频带,且各用户的扩频码之间存在着非理想的相关特性,用户发射功率的大小将直接影响系统的总容量,从而使得功率控制技术成为 CD-MA 系统中的最为重要的核心技术之一。常见的 CDMA 功率控制技术可分为开环功率控制、闭环功率控制和外环功率控制 3 种类型。开环功率控制的基本原理是根据用户接收功率与发射功率之积为常数的原则,先行测量接收功率的大小,并由此确定发射功率的大小;闭环功率控制是通过对接收功率的测量值及与信干比门限值的对比,确定功率控制比特信息,然后通过信道把功率控制比特信息传送到发射端,并据此调节发射功率的大小;外环功率控制技术则是通过对接收误帧率的计算,确定闭环功率控制所需的信干比门限。在 WCD-MA 和 CDMA 2000 系统中,上行信道采用了开环、闭环和外环功率控制技术,下行信道则采用了闭环和外环功率控制技术。

7. 多用户检测

在传统的 CDMA 接收机中,各个用户的接收是相互独立进行的。在多径衰落环境下,由于各个用户之间所用的扩频码通常难以保持正交,因而造成多个用户之间的相互干扰,并限制系统容量的提高。解决此问题的一个有效方法是使用多用户检测技术,通过测量各个用户扩频码之间的非正交性,用矩阵求逆方法或迭代方法消除多用户之间的相互干扰。目前,主要有两种基本的方法来实现多用户检测,一是线性检测法,它的基本思路是通过线性变换来消除不同用户间的相关性,使得送入每个用户的检测器信号只与自己的信号相关;二是相减式干扰对消器,它从送入匹配滤波器输入端的信号中减去本地估计出的来自其他用户的多址干扰,从而消除多址干扰。

除上述这些关键技术的提出和研究之外,在体制过渡上,我国的北电网络提出了 3G 的一体化网络构想,摩托罗拉提出了如何分别从 GSM 和 GPRS 过渡到 3G(UMTS) 的演进方案,爱立信、东方通信、中国联通、华为等众多电信巨头也相继提出了自己的演进计划。

7.4　第四代移动通信系统

7.4.1　概述

随着人们对移动通信系统各种需求的与日俱增,2G、2.5G、3G 系统已不能满足现代移动通信系统日益增长的高速多媒体数据业务需求。这使得全世界通信业的专家们将目光投向了第四代、第五代移动通信,以期最终实现商业无线网络、局域网、蓝牙、广播、电视卫星通信的无缝衔接并相互兼容,真正实现"任何人在任何地点以任何形式接入网络"的梦想。

1. 4G 的产生背景

在商业等领域,3G 技术存在一些不足,主要体现如下。

(1) 3G 缺乏全球统一标准。

(2) 3G 所运用的语音交换架构仍承袭了 2G 的电路交换,而不是完全 IP 形式。

（3）由于采用 CDMA 技术,因此 3G 难以达到很高的通信速率,无法满足用户对高速多媒体业务的需求。

（4）由于 3G 空中接口标准对核心网有所限制,因此 3G 难以提供具有多种 QoS 及性能的各种速率的业务。

（5）由于 3G 采用不同频段的不同业务环境,因此需要移动终端配置有相应不同的软、硬件模块,而 3G 移动终端目前尚不能够实现多业务环境的不同配置,也就无法实现不同频段的不同业务环境间的无缝漫游。所有这些局限性推动了人们对下一代通信系统——4G 的研究和期待。

2. 4G 的概念

第四代移动通信可称为宽带接入和分布式的网络,它具有非对称的超过 2 Mbit/s 的数据传输能力。它包括宽带无线固定接入、宽带无线局域网、移动宽带系统和交互式广播网络。第四代移动通信系统超越标准可以在不同的固定、无线平台和跨越不同的频带的网络中提供无线服务,可以在任何地方用宽带接入互联网(包括卫星通信和平流层通信),能够提供定位定时、数据采集、远程控制等综合功能。此外,第四代移动通信系统是多功能集成的宽带移动通信系统,是宽带接入 IP 系统。

3. 4G 的特点

4G 主要具有以下特点:

（1）高速率、高容量。对于大范围高速移动用户(250 km/h)

数据速率为 2 Mbit/s,对于中速移动用户(60 km/h),数据速率为 20 Mbit/s,对于低速移动用户(室内或步行者),数据速率为 100 Mbit/s。4G 系统容量至少应是 3G 系统容量的 10 倍以上。

（2）网络频带更宽。每个 4G 信道将占有 100 MHz 频谱,相当于 WCDMA 3G 网络的 20 倍。

（3）兼容性更加平滑。4G 应该接口开放,能够跟多种网络互连,并且具备很强的对 2G、3G 手机的兼容性,以完成对多种用户的融合,在不同系统间进行无缝切换,传送高速多媒体业务数机的兼容性,以完成对多种用户的融合,在不同系统间进行无缝切换,传送高速多媒体业务数据。

（4）灵活性更强。4G 拟采用智能技术,可自适应地进行资源分配。采用智能信号处理技术对信道条件不同的各种复杂环境进行信号的正常收/发。

（5）具有用户共存性。能根据网络的状况和信道条件进行自适应处理,使低、高速用户和各种用户设备能够并存与互通,从而满足多类型用户的需求。运营商或用户花费更低的费用就可随时随地地接入各种业务。

7.4.2　4G 的网络架构

基于网络融合的 4G 网络架构如图 7-7 所示。从图中可以看出,基于人们对 4G 宽带接入和分布网络的普遍理解,4G 网络将来可能是一种全 IPv6 的网络结构(包括各种接入网和核心网)。4G 系统是一个集成广播电视网络、无线蜂窝网络、卫星网络、无线局域网、蓝牙等系统和固定的有线网络为一体的结构,各种类型的接入网通过媒体接入系统都能够无缝地接入基于 IP 的核心网,形成一个公共的、灵活的、可扩展的平台。

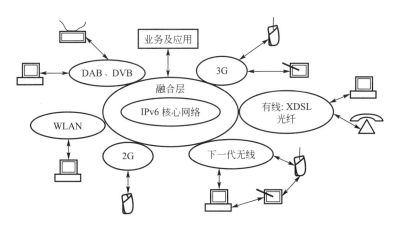

图 7-7 4G 的网络架构

由于这些接入系统各自拥有不同的应用领域、小区范围以及无线环境因此可以将它们以一种分层的结构组织起来,移动终端接入系统中时,它们根据自己的业务类型,自动地选择接入系统,以达到对业务的最佳支持。这些接入系统可分为以下 5 层。

(1)分配层:主要由 DAB 和 DVB 系统组成,它的服务小区范围较大,特别适合于广播业务。另外,它可与 GSM、3G、PSTN、ISDN 等网络结合,由这些系统提供上行链路,而由 DAB、DVB 系统提供宽带下载信道。

(2)蜂窝层:包括第二代、第三代移动通信系统以及新的无线接口(用于提供更高速率的信息服务)。这些系统主要是为个人通信服务的,它们各有较大的系统容量。

(3)热点小区:对应于高速信号传输的应用环境和个人连接服务。例如,公司、会议中心、机场等地方,宽带本地接入网中 WLAN 是最好的选择。它支持自适应的调制方式、不对称的数据通信以及高速的信号传输。

(4)个人网络层:指的是办公室、家庭等短距离应用环境。不同的设备之间可以通过蓝牙、DECT(数字增强无线通信)等系统连接在一起。另外,这些系统也可以作为个人链路连接到其他的网络层或直接连接到媒体接入系统。

(5)固定层:指由双绞线、同轴电缆、光纤等组成的层。此外,固定无线接入或无线本地环路系统也可以归到这一类,它们主要提供高的系统容量,用于支持个人通信服务。

7.4.3 4G 的关键技术

1. OFDM 技术

OFDM(正交频分复用)是一种无线环境下的高速传输技术,其基本原理是:将高速数据信号通过串/并变换,分配到传输速率相对较低的若干个子信道中进行传输。在频域内将信道划分成若干个互相正交的子信道,每个子信道均拥有自己的载波,分别对其进行调制,信号通过各个子信道独立地进行传输。如果各个子信道的带宽被划分得足够窄,每个子信道的频率特性就可近似地看作是平坦的,即每个子信道都可看作无符号间干扰的理想信道。这样在接收端不需要使用复杂的信道均衡技术即可对接收信号可靠地进行解调。

OFDM 系统的优势：

(1) 高速率的数据流通过串/并变换使得每个子载波的数据符号持续长度相对增加，这有效地减少了无线信道的时间弥散所带来的符号间干扰，从而减少了接收机内均衡的复杂度。有时甚至不采用均衡器，而仅仅通过插入循环前缀的方法即可消除符号间干扰的不利影响。

(2) 传统的频分多路传输方法是将频带分为若干个不相交的子频带来传输并行数据流子信道之间要保留足够的保护频带。而 OFDM 系统由于各个子载波之间存在正交性，允许子信道的频谱相互重叠，因此与常规的频分复用系统相比 OFDM 系统可以最大限度地利用频谱资源。当子载波个数很多时，系统的频谱利用率趋于 2 Bd/Hz。

(3) 各个子信道中的正交调制和解调可以通过反离散傅里叶变换(IDFT)和离散傅里叶变换(DFT)的方法来实现。对于子载波数目较大的系统可以通过快速傅里叶变换(FFT)来实现。而随着大规模集成电路技术与 DSP 技术的发展 IFFT 与 FFT 都是容易实现的。

(4) 无线业务一般存在非对称性，即下行链路中的数据传输量大于上行链路中的数据传输量，这就要求物理层支持非对称高速率数据传输。OFDM 系统可以通过使用不同数量的子载波来实现上行和下行链路中不同的传输速率。

(5) OFDM 可以容易地与其他多种接入方式结合使用，构成各种系统，其中包括多载波码分多址 MC-CDMA、跳频 OFDM 以及 OFDM-TDMA 等，从而使得多个用户可以同时利用 OFDM 技术进行信息传输。

OFDM 系统内存在有多个正交的子载波，而且其输出信号是多个子信道的叠加，因此与单载波系统相比存在如下缺点：

(1) 易受频率偏差的影响。子信道的频谱相互覆盖，这对其正交性提出了严格的要求。由于无线信道的时变性，在传输过程中出现无线信号的频谱偏移或发射机与接收机本地振荡器之间存在的频率偏差，都会使 OFDM 系统子载波的正交性遭到破坏，导致子信道的信号相互干扰。这种对频率偏差的敏感是 OFDM 系统的主要缺点。

(2) 存在较高的峰值平均功率比。多载波系统的输出是多个子信道信号的叠加。如果多个信号的相位一致，所得到的叠加信号的瞬时功率就会远远高于信号的平均功率，这样会出现较大峰值平均比，可能带来信号畸变，使信号的频谱发生变化，从而导致各个子信道之间的正交性遭到破坏、产生干扰、使系统的性能恶化，这就对发射机内功率放大器提出了很高的要求。

2. 多输入多输出(MIMO)系统技术

多用户检测(MUD)技术能够有效地消除码间干扰，提高系统性能。多用户检测的基本思想是把同时占用某个信道的所有用户或某些用户的信号都当作有用信号，而不是作为干扰信号处理，利用多个用户的码元、时间、信号幅度以及相位等信息联合检测单个用户的信号，即综合利用各种信息及信号处理手段，对接收信号进行处理，从而达到对多用户信号的最佳联合检测。多用户检测是 4G 系统中抗干扰的关键技术，能进一步提高系统容量，改善系统性能。随着不同算法和处理技术的应用与结合多用户检测获得了更高的效率、更好的误码率性能和更少的条件限制。

在基站端放置多个天线，在移动台也放置多个天线，基站和移动台之间可形成 MIMO 通信链路。MIMO 技术在不需要占用额外的无线电频率的条件下，利用多径来提供更高的数据吞吐量,并同时增加覆盖范围和可靠性。它解决了当今任何无线电技术都面临的两个最困难的问题,即速度与覆盖范围。它的信道容量随着天线数量的增大而线性增大。也就是说可以利用 MIMO 信道成倍地提高无线信道容量。在不增加带宽和天线发送功率的情况下频谱利用率可以成倍地提高。MIMO 技术可以分为两类:一类是成倍提高系统容量的空间复用技术,其代表是分层空时编码方案;另一类是旨在提高链路增益的空时分集技术,其代表是空时格型编码和空时块型编码。

3. 智能天线技术

智能天线(SA)技术具有抑制信号干扰、自动跟踪以及数字波束调节等智能功能,它被认为是未来移动通信的关键技术。智能天线使用数字信号处理技术,产生空间定向波束,使天线主波束对准用户信号的到达方向,旁瓣或零陷对准干扰信号的到达方向,以达到充分利用移动用户信号并消除或抑制干扰信号之目的。智能天线可以提高信噪比、提升系统通信质量、缓解无线通信日益发展与频谱资源不足的矛盾,降低系统整体造价。智能天线的核心是智能算法,算法能够决定电路实现的复杂程度和瞬时响应速率,因而需要选择较好的算法实现波束的智能控制。

4. 软件无线电技术

软件无线电(SDR)技术是将标准化、模块化的硬件功能单元经过一个通用硬件平台利用软件加载方式来实现各种类型无线电通信系统的一种具有开放式结构的新技术。软件无线电的核心思想:在尽可能靠近天线的地方使用宽带 A/D 和 D/A 变换器并尽可能多地使用软件来定义无线功能,各种功能和信号处理都尽可能用软件实现。其软件系统包括各类无线信令规则与处理软件、信号流变换软件、信源编码软件、信道纠错编码软件和调制解调算法软件等。软件无线电技术有助于不同标准和系统的融合。软件无线电在 4G 中的可能应用包括:采用软件无线电实现的基站可同时为多个网络服务,当终端移动时,可重新配置,如当移动终端移动到一个采用不同标准的移动系统中时,终端可按照该系统的标准重新进行自动配置,从而获得系统提供的各种服务。

5. IPv6 技术

4G 通信系统选择了采用 IP 的全分组方式传送数据流,因此 IPv6 是 4G 网络的核心协议。选择 IP 主要基于以下几点考虑:

(1)巨大的地址空间。在一段可预见的时期内它能够为所有可以想象出的网络设备提供一个全球唯一的地址。

(2)自动控制。IPv6 还有另一个基本特性就是它支持无状态或有状态两种地址自动配置方式。无状态地址自动配置方式是获得地址的关键。在这种方式下,需要配置地址的节点使用一种邻居发现机制获得一个局部连接地址。一旦得到这个地址之后,使用另一种即插即用的机制,在没有任何人工干预的情况下,获得一个全球唯一的路由地址。对于有状态地址配置机制,如 DHCP(动态主机配置协议),需要一个额外的服务器,因此也需要很多额外的操作和维护。

(3)服务质量(QoS)。它包含几个方面的内容。从协议的角度看,IPv6 与目前的 IPv4 提供相同的 QoS,但是 IPv6 的优点体现在能够提供不同的服务。这一优点来自于 IPv6 报头中新增加的字段"流标志"。有了这个 20 位长的字段,在传输过程中,各节点就可以识别和分开处理任何 IP 地址。尽管对这个流标志的准确定位还没有制定出有关标准,但将来它可用于基于服务级别的新计费系统。

(4)移动性。IPv6 在新功能和新服务方面可提供更大的灵活性。每个移动设备有一个固定的家区地址,这个地址与设备当前接入互联网的位置无关。当设备在家区以外的地方使用时通过一个转交地址来提供移动节点当前的位置信息。移动设备每次改变位置都要将其转交地址告诉给它的家区地址和它所对应的通信节点。在家区以外的地方,移动设备传送数据包时,通常在 IPv6 报头中将转交地址作为源地址。

思考与练习

7-1　简述典型通信系统的发展过程。

7-2　试述 CDMA 系统的构成。

7-3　试列出 3G 系统的关键技术。

7-4　简述 4G 的特点及其关键技术。

第8章

→ 5G移动通信技术

随着现代社会的快速发展,现代科学技术的发展也日新月异,而通信技术方面的技术变革,更是站在当今发展最快的技术变革行列的前茅。4G移动网络是我国当前正大力推广的移动通信技术,现已发展得十分成熟,而5G移动网络则是面向2020年的第五代移动通信技术。很多国家自2013年起就开始研究5G移动网络,目前我国5G移动网络正处于探索阶段。本章将根据我国5G移动网络研究现状,着重介绍目前我国5G的发展现状、应用前景、关键技术及面临的难题。

8.1 5G的发展现状及应用前景

随着社会经济以及科学技术的不断发展,移动通信技术也有突飞猛进的进步和发展。从2G到3G,再到当前的4G,短短几年,移动通信技术有了质的飞跃。不同类型的通信技术具有各自的发展阶段和技术特点。接下来的通信技术朝什么方向发展,有什么创新技术,这些都是人们对移动通信技术发展的期望和关注点。5G通信技术是接下来发展的趋向,也将成为新一代的移动通信系统。每一代网络的出现与应用都是对移动网络技术进步的充分肯定与证明。为进一步促进移动网络技术发展,加快新一代5G移动网络的来临,有需要对5G移动网络应用现状与发展趋势进行关注与分析。5G是未来十年的发展方向,在2020年以后将成为第五代的移动通信系统。根据以往的移动通信技术发展的规律分析,5G应具有超高的频谱利用率及利用能效,在传输速率和资源的利用效率方面,将比现今的4G技术有一个质的提升,在其无线信号的覆盖性能、传输时效、通信安全及用户体验方面也将会有明显的提高和进步。5G移动通信技术和其他无线移动技术有着深入的联系和结合,形成了新一代的全面性的通信网络,满足未来十年互联网移动通信网速的1000倍数据的要求。未来5G移动通信还须很强的灵活性,可实现自动化和智能化的网络调整。移动互联网技术的发展为5G移动通信提供了动力基础。移动互联网将成为未来各种技术的基础性平台。当前的移动通信技术和无线技术将成为5G通信系统的基础,但有着更高的通信传输质量和系统效率的要求。未来5G技术的发展方向将在三个方面得到提升:(1)无线传输效率;(2)通信系统的智能化和系统吞吐率;(3)无线通信频率资源。当前科学信息技术处于新的发展和变革时期,5G技术的发展将有这样的特点:①更加注重用户的体验,提高和改善通信网络的传输速率、吞吐效率及3D等能力,将成为5G性能的重要指标;②完善和健全网络,实现多点、多面、多用户多无线,提高系统性能;③5G技术将实现无处不在的无线信号覆盖,优化系统的设计目标;④充分利用高频段频谱资源,实现5G的普遍广泛应用;⑤可灵活化的配置5G移动无线通信网络,相关通信运营商可根据实时的流量动态调整网络资源,降低成本和消耗。

5G移动通信技术,已经成为移动通信领域的全球性研究热点。随着科学技术的深入发展,5G 移动通信系统的关键支撑技术会得以明确,在未来几年,该技术会进入实质性的发展阶段,即标准化的研究与制定阶段。同时,5G 移动通信系统的容量也会大大提升,其途径主要是进一步提高频谱效率、变革网络结构、开发并利用新的频谱资源等。2013 年初,欧盟等国家的第 7 框架计划中启动了关于 5G 的研发项目,共有 29 个参与方,我国的华为公司也参与其中。随着该项目的启动,各种 5G 移动通信技术的研发组织应运而生,如韩国成立的 5G 技术论坛,中国成立的 IMT-2020(5G)推进组等。目前,世界各个国家正积极的就 5G 移动通信技术的应用需求、关键技术指标、使能技术、候选频段、发展愿景等各个方面进行全面的研讨,制定出关于 5G 移动通信技术的相关行业标准进程。

移动互联网的快速发展是推动 5G 移动通信技术发展的主要动力,移动互联网技术是各种新兴业务的基础平台,目前现有的固定互联网络的各种服务业务将通过无线网络的方式提供给用户,后台服务及云计算的广泛应用势必会对 5G 移动通信技术系统提出较高的要求,尤其是在系统容量要求与传输质量要求上。5G 移动通信技术的发展目标主要定位在要密切衔接其他各种无线移动通信技术上,为快速发展的网络通信技术提供全方位和基础性的业务服务。就世界各国的初步估计,包括 5G 移动通信技术在内的无线移动网络,其在网络业务能力上的提升势必会在三个维度上同步进行:第一,引进先进的无线传输技术之后,网络资源的利用率将在 4G 移动通信技术的基础上提高至少 10 倍以上;第二,新的体系结构(如高密集型的小区结构等)的引入,智能化能力在深度上的扩展,有望推进整个无线网络系统的吞吐率提升大概 25 倍左右;第三,深入挖掘更为先进的频率资源,比如可见光、毫米波、高频段等,使得未来的无线移动通信资源较 4G 时代扩展 4 倍左右。为了提升 5G 移动通信技术的业务支撑能力,其在网络技术方面和无线传输技术方面势必会有新的突破。在网络技术方面,将采用更智能、更灵活的组网结构和网络架构,比如采用控制与转发相互分离的软件来定义网络架构、异构超密集的部署等。在无线传输技术方面,将会着重于提升频谱资源利用效率和挖掘频谱资源使用潜能,比如多天线技术、编码调制技术、多址接入技术等等。

5G 移动通信技术的发展,在移动通信技术领域掀起了新一轮的竞争热潮,加快 5G 技术的研发应用,力求在 5G 通信领域的商业竞争中脱颖而出,已成为各国信息领域发展的重要任务。5G 移动通信技术,必将会得到空前的发展,并给社会的进步带来前所未有的推动力。

8.2 5G 关键技术

1. 滤波组多载波技术(FBMC)

在 OFDM 系统中,各个子载波在时域相互正交,它们的频谱相互重叠,因而具有较高的频谱利用率。OFDM 技术一般应用在无线系统的数据传输中,在 OFDM 系统中,由于无线信道的多径效应,从而使符号间产生干扰。为了消除符号问干扰(ISl),在符号间插入保护间隔。插入保护间隔的一般方法是符号间置零,即发送第一个符号后停留一段时间(不发送任何信息),接下来再发送第二个符号。在 OFDM 系统中,这样虽然减弱或消除了符号间干扰,由于破坏了子载波间的正交性,从而导致了子载波之间的干扰(ICI)。因此,这种方法在 OFDM 系统中不能采用。在 OFDM 系统中,为了既可以消除 ISI 又可以消除 ICI,通常保护间隔是由 CP(Cycle Prefix,循环前缀来)充当。CP 是系统开销,不传输有效数据,从而降低了频谱效率。

而 FBMC 利用一组不交叠的带限子载波实现多载波传输,FBMC 对于频偏引起的载波间干扰非常小,不需要 CP,较大地提高了频率效率。

2. 毫米波(millimetre waves,mm-Waves)

毫米波,即波长为 1～10 mm,频率为 30～300 GHz 的电磁波,我们知道信道容量跟带宽成正比,且频率越高,带宽就越大,正是由于毫米波有足够量的可用带宽,较高的天线增益,毫米波技术可以支持超高速的传输率,且波束窄,灵活可控,可以连接大量设备。

3. 大规模 MIMO 技术(3D/ Massive MIMO)

MIMO 技术已经广泛应用于 WI-FI、LTE 等。理论上,天线越多,频谱效率和传输可靠性就越高。大规模 MIMO 技术可以由一些并不昂贵的低功耗的天线组件来实现,为实现在高频段上进行移动通信提供了广阔的前景,它可以成倍提升无线频谱效率,增强网络覆盖和系统容量,帮助运营商最大限度利用已有站址和频谱资源。

我们以一个 20 cm² 的天线物理平面为例,如果这些天线以半波长的间距排列在一个个方格中,如果工作频段为 3.5 GHz,就可部署 16 副天线;如工作频段为 10 GHz,就可部署 169 根天线。现有 4G 网络的 8 端口多用户 MIMO 不能满足频谱效率和能量效率的数量级提升需求,而大规模 MIMO 系统可以显著提高频谱效率和能量效率。大规模MIMO 技术是 MIMO 技术的扩展和延伸,其基本特征是在基站侧配置大规模的天线阵列(从几十至几千),其中基站天线的数量比每个信令资源的设备数量大得多,利用空分多址原理,同时服务多个用户。

此外,大规模 MIMO 系统中,使用简单的线性预编码和检测方法,噪声和快速衰落对系统的影响将逐渐消失,因此小区内干扰也得到了降低. 这些优势使得大规模 MIMO 系统成为 5G 的一大潜在关键技术。

4. 认知无线电技术(Cognitive Radio Spectrum Sensing Techniques)

认知无线电是指具有自主寻找和使用空闲频谱资源能力的智能无线电技术。认知无线电技术的提出,为解决不断增长的无线通信应用需求与日益紧张的无线频谱资源之间的矛盾提供了一种有效的解决途径。认知无线电技术最大的特点就是能够动态的选择无线信道。在不产生干扰的前提下,手机通过不断感知频率,选择并使用可用的无线频谱。

认知无线电的提出,为从根本上解决日益增长的无线通信需求与有限的无线频谱资源之间的矛盾开辟了一条行之有效的解决途径,是未来无线通信产业的发展方向,正逐渐通过标准化进入产业领域。

5. 超密集组网技术(UDN)

超密集网络能够改善网络覆盖,大幅度提升系统容量,并且对业务进行分流,具有更灵活的网络部署和更高效的频率复用。未来,面向高频段大带宽,将采用更加密集的网络方案,部署小区/扇区将高达 100 个以上。与此同时,愈发密集的网络部署也使得网络拓扑更加复杂,小区间干扰已经成为制约系统容量增长的主要因素,极大地降低了网络能效。干扰消除、小区快速发现、密集小区间协作、基于终端能力提升的移动性增强方案等,都是目前密集网络方面的研究热点。

6. 非正交多址接入技术(Non-Orthogonal Multiple Access,NOMA)

非正交多址技术的基本思想是在发送端采用非正交发送,主动引入干扰信息,在接收端通过串行干扰删除(SIC)接收机实现正确解调。NOMA 的子信道传输依然采用正交频分复用(OFDM)技术,子信道之间是正交的,互不干扰,但是一个子信道上不再只分配给一个用户,而是多个用户共享。同一子信道上不同用户之间是非正交传输,这样就会产生用户间干扰问题,这也就是在接收端要采用 SIC 技术进行多用户检测的目的。

8.3 5G 面临的难题

全面满足 2020 年及以后信息社会对无线移动,5G 网络的发展面临着频率、运营等方面的难题。目前,在技术上还需要解决技术与系统融合问题、频谱效率和容量的问题、物联网和业务灵活性问题、网络能耗与成本问题、终端设备问题、产业生态问题。

1. 技术与系统融合问题

随着芯片技术的更新换代和智能终端的快速发展,无线移动通信业务和技术不断拓展和相互融合,5G 网络将是一个集成多业务、多技术的融合网络,是一个多层次覆盖的通信系统。要将多种接入技术、多种业务网络以及多层次覆盖的系统进行综合集成、有机融合,高效利用等,就目前技术而言,还有许多需要解决的问题。

2. 频谱效率和容量问题

要实现 5G 网络数据流量大、用户规模大、数据速率高、永远在线的需求目标,必须研发扩展频率、提升系统覆盖层次和站点密。例如,超密集网络技术、多天线技术和多址技术、多输入多输出(MIMO)空间传输技术等新型传输技术,将成为未来 5G 技术的重要研究方向。新型传输技术的启用和组网方式的创新,将增加设备的复杂度和研发成本,对网络建设和运营维护带来重大挑战。

3. 物联网和业务灵活性问题

物联网是一个基于互联网、传统电信网等信息的承载体,让所有能够被独立寻址的普通物理对象实现互联互通的网络,实现万物互联将是物联网的发展目标,未来 5G 技术将与物联网相互渗透,为人类提供更加广泛的智能服务。但物联网的应用还面临服务质量(QoS)、传输瓶颈、安全隐患等挑战。5G 的用户应用更加广泛,业务范围和业务灵活性也将极大提升。在信息速率上,5G 既要满足几十个小时甚至更长时间才突发一些小数据包的抄表业务,也要满足 3D 全息实时会议宽带业务。在延迟上,既要满足对延迟不敏感的下载,也要满足延 5 ms 以下的即时控制业务。就应用上,既要满足静止和低速需求,也要满足高铁、航空器等的高速和超高速应用。因此,要想制定统一的通信协议,满足业务灵活性,还面临诸多挑战。

4. 网络能耗与成本问题

5G 目标是提供 1 000 倍数据流量,并且运营成本和用户成本不能增加,这就意味网络总体能耗和整体成本基本不能提升。因此,5G 网络的端到端比特能耗效率就要提升 1 000 倍,并且降低单位比特开销 1 000 倍,这对网络架构、空间传输、内容分发、交换路由、网络管理和优化等技术带来挑战。

5. 终端设备问题

5G 是一个多技术的集成网络,融合了目前 2G、3G、4G 的技术,并将启用和开发多种新兴技术。5G 终端设备将支持 5～10 个,甚至更多不同的无线通信技术,并且要支持1 Gbit/s以上传输速率,待机时间达到现有的 4～5 倍。因此,要实现低成本多模终端的研发,对终端设备的芯片和工艺、射频技术以及器件、电池寿命等技术研发带来了挑战。

6. 产业生态问题

传统的 3G、4G 通信系统是以网络运营商和技术为主体,未来 5G 网络是以用户体验和业务应用为主体,当前的网络架构、管控理念并不适用未来 5G 的产业生态结构和潜在的新兴运营模式。因此,需要发展诸如软件定义网络(SDN)等新技术来满足未来业务应用需求,解决产业生态结构问题。

5G 发展趋势当前,全球关于 5G 的技术研究,还处于早期阶段,将来还要经过技术研究、标准化、外场试验等阶段,并最终实现商用部署。不过,尽管对于 5G 概念和技术仍在探讨,但对于 5G 标准融合的大方向,现在学术界和产业界基本形成了共识。在 2G、3G 时代,不同的通信协议标准之间存在较大的差异。而在 4G 时代,TD-LTE 和 LTE-FDD 在核心网方面已拥有 95% 的相似性,在无线传输方面也有 90% 的相似性。面向 2020 年的 5G 时代,在频谱的使用上将更加高效和灵活,核心技术和系统架构将进一步融合,全球共用一套通信标准将成为 5G 技术的发展趋势。

思考与练习

8-1　相比于 4G 技术,5G 移动通信技术有哪些提升?

8-2　试述 5G 移动通信的关键技术。

8-3　随着技术的发展,未来 5G 将面临哪些问题?

第9章 → 现代通信网概述

当今社会正在经受信息技术迅猛浪潮的冲击,通信技术、计算机技术、控制技术等现代信息技术的发展及相互融合,拓宽了信息的传递和应用范围,使得人们在广域范围内随时随地获取和交换信息成为可能。尤其是随着网络化时代的到来,人们对信息的需求与日俱增,全球范围内IP业务突飞猛进地发展,在给传统电信业务带来巨大冲击的同时,也为现代通信技术的发展提供了新的机遇。通信网技术是规划、设计、建设和维护网络方面的技术。要想把通信网建设好、维护好,必须了解各种类型的通信网的结构、接口、协议和技术指标,了解各类通信网之间的关系和互连,网络技术已经成为一门专门的学科,其内容十分丰富,已成为通信工程领域重要的基础知识。本章主要讲述现代通信网的基本概念、典型现代通信网和现代通信技术的发展趋势。

在信息化社会中,语音、数据、图像等各类信息,从信息源开始,经过搜索、筛选、分类、编辑、整理等一系列信息处理过程,加工成信息产品,最终传输给信息消费者,而信息流动是围绕高速信息通信网进行的,这个高速信息通信网是以光纤通信、微波通信、卫星通信等主干通信网为传输基础,由公众电话网、公众数据网、移动通信网、有线电视网等业务网组成,并通过各类信息应用系统延伸到全社会的每个地方和每个人,从而真正实现信息资源的共享和信息流动的快速与畅通。

9.1 通信网概述

9.1.1 通信网的概念及构成要素

1. 通信网的概念

通信网的定义为:通信网是由一定数量的节点(包括终端节点、交换节点)和连接这些节点的传输系统有机地组织在一起的,按约定的信令或协议完成任意用户间信息交换的通信体系。通信网的功能就是适应用户呼叫的需要,以用户满意的效果传输网内任意两个或多个用户的信息。

在通信网上,信息的交换可以在两个用户间进行,在两个计算机进程间进行,还可以在一个用户和一个设备间进行。交换的信息包括用户信息(如话音、数据、图像等)、控制信息(如信令信息、路由信息等)和网络管理信息三类。由于信息在网上通常以电或光信号的形式进行传输,因而现代通信网又称电信网。

应该强调的一点是,网络不是目的,只是手段。网络只是实现大规模、远距离通信系统的一种手段。与简单的点到点的通信系统相比,它的基本任务并未改变,通信的有效性和可靠性仍然是网络设计时要解决的两个基本问题,只是由于用户规模、业务量、服务区域的扩大.因此使解决这两个基本问题的手段变得复杂了。例如,网络的体系结构、管理、监控、信令、路由、计费、服务质量保证等都是由此而派生出来的。

2. 通信网的构成要素

实际的通信网是由软件和硬件按特定方式构成的一个通信系统,每一次通信都需要软硬件设施的协调配合来完成。从硬件构成来看,通信网由终端节点、交换节点和传输系统构成,它们完成通信网的基本功能:接入、交换和传输。软件设施则包括信令、协议、控制、管理、计费等,它们主要完成通信网的控制、管理、运营和维护,实现通信网的智能化。下面重点介绍构成通信网的硬件设备。

（1）终端设备

终端设备是用户与通信网之间的接口设备,它包括图 9-1 的信源、信宿与变换器、反变换器的一部分。最常见的终端设备有电话机、传真机、计算机、视频终端和 PBX 等。终端设备的功能有三个:

① 将待传送的信息和传输链路上传送的信息进行相互转换。在发送端,将信源产生的信息转换成适合于在传输链路上传送的信号;在接收端则完成相反的交换。

② 将信号与传输链路相匹配,由信号处理设备完成。

③ 信令的产生和识别,即用来产生和识别网内所需的信令,以完成一系列控制作用。

（2）传输链路

传输链路（传输系统）是信息的传输通道,是连接网络节点的媒介。它一般包括图 9-1 中的信道与变换器、反变换器的一部分。信道有狭义和广义之分,狭义信道是单纯的传输媒介（比如电缆等）;广义信道除了传输媒介以外,还包括相应的变换设备。由此可见,我们这里所说的传输链路指的是广义信道。传输链路可以分为不同的类型,其各有不同的实现方式和适用范围。

通常传输系统的硬件组成应包括:线路接口设备、传输媒介、交叉连接设备等。

传输系统一个主要的设计目标就是如何提高物理线路的使用效率,因此通常传输系统都采用了多路复用技术,如频分复用、时分复用、波分复用等。

另外,为保证交换节点能正确接收和识别传输系统的数据流,交换节点必须与传输系统协调一致,这包括保持帧同步和位同步、遵守相同的传输体制（如 PDH、SDH 等）等。

（3）交换设备

交换设备是构成通信网的核心要素,它的基本功能是完成接入交换节点链路的汇集、转接接续和分配,实现一个呼叫终端（用户）和它所要求的另一个或多个用户终端之间的路由选择的连接。

最常见的有电话交换机、分组交换机、路由器、转发器等。交换节点负责集中、转发终端节点产生的用户信息,但它自己并不产生和使用这些信息。其主要功能如下。

① 用户业务的集中和接入功能。通常由各类用户接口和中继接口组成。

② 交换功能。通常由交换矩阵完成任意入线到出线的数据交换。

③ 信令功能。负责呼叫控制和连接的建立、监视、释放等。

④ 其他控制功能。路由信息的更新和维护,计费、话务统计、维护管理等。

图 9-1 描述了一般交换节点的基本功能结构。

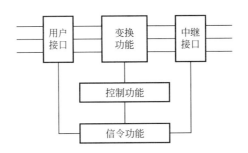

图 9-1　交换节点的基本功能结构

9.1.2　通信网的分层结构

1. 通信网的分类

通信网从不同的角度可分为不同的种类。

（1）按通信的业务类型进行分类：电话通信网、电报通信网、电视网、数据通信网、计算机通信网（局域网、城域网、广域网）、多媒体通信网和综合业务数字网等。

（2）按通信的传输手段进行分类：长波通信网、载波通信网、光纤通信网、无线电通信网、卫星通信网、微波接力网和散射通信网等。

（3）按通信服务的区域进行分类：农话通信网、市话通信网、长话通信网和国际通信网或局域网、城域网和广域网等。

（4）按通信服务的对象进行分类：公用通信网、专用通信网等。

（5）按通信传输信号的形式分：模拟通信网和数字通信网等。

（6）按通信的活动方式分：固定通信网和移动通信网等。

2. 通信网的结构

一般情况下，从信息传送过程看，整个通信网由用户驻地网（CPN），用户接入网（AN）和核心网（CN）三种不同业务类型的网络层构成。不同业务类型的网络，又由许多层构成。不同传输介质，其构成也不尽相同。例如，在全光网的结构中，用户接入网（AN）和核心网（CN）之间，就还存在一个城域网（MAN）。总之，整个通信网就是一个多层结构的互连综合体。其示意结构如图 9-2 所示。

（1）用户驻地网（CPN）

CPN 是指用户终端至网络接口 UNI 间所包含的网络部分。它由完成通信和控制功能的用户驻地布线（有线电或无线电）系统中的机线设备组成。其任务就是将源信号按速率、带宽、业务量透明地传送给接入网。然而，由于源信号的性质差异很大，CPN 必须能够灵活地适应不同性质，广泛用户的需要。有些情况下，CPN 就是一条有线电或无线电链路，非常简单。例如，移动通信的 CPN，就是一条看不见的无线电电波链路。

（2）（用户）接入网（AN）

接入网定义：为将用户驻地网中的用户业务信息传送到核心网，在用户网络接口（UNI）和业务节点接口（SNI）之间，必须提供传送承载能力的实施手段。

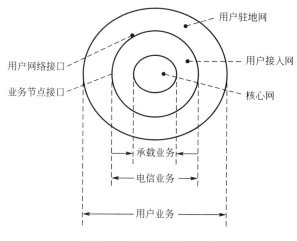

图 9-2　通信网结构示意图

用户网接口(UNI)和业务节点(SN)之间,通过与相关 SN 的协调指配来建立联系。亦通过指配功能来完成分配给 SN 的接入承载能力,这相当于将接入网划分成多个虚网,每个 SN 至少与一个虚接入网相连。具体实施是通过协调功能,在同一物理配置内来完成的,自然应该统一综合管理所有接入网资源。

接入网概念已经完全脱开了一般电话用户环的狭隘定义。SNI 概念较标准网络节点接口(NNI)概念已经大大扩充(可以接入类似业务节点 SN 的租用线业务节点和声像业务节点等),能覆盖多种类型业务的接入。接入网可以接入支持特定业务的单个业务节点,也可接入支持相同业务的多个业务节点。

随着核心网和用户终端的逐步高速宽带化,采用 SDH 和 IPOA(IP over ATM)技术,特别是电信核心网中业务种类的增加,信号频带的加宽,交互性的增强,要求接入网提高其带宽,以克服其所产生的通信瓶颈效应。有线电通信中,以 FTTH 为基础的光纤宽带接入网和无线电通信中,以 CDMA 等蜂窝技术为基础的下一代宽带接入网,将是解决瓶颈效应的良好技术发案。

(3) 核心网(CN)

核心网(CN)是公用电信网的一部分(另一部分为用户接入网),完成信息的远程传输和转接功能。下一代网络的核心网可能就是 Internet 了。

核心网是整个通信网的主体。它是一个庞大的体系结构,用通信协议来保证两两用户之间的可靠通信。按照开放系统互连(OSI)参考模型,实现各种网络的互连。

现在通信网中的核心网,由长途网(长途端局以上区段)、中继网(长途端局与市话之间区段)和本地网(市话局与市话局之间区段)组成。现代通信都是采用多种传输媒介构成的混合实体。而且大多采用卫星或光缆进行远程传输。

3. 通信网的业务

目前各种网络为用户提供了大量的不同业务,业务的分类并无统一的方式,一般会受到实现技术和运营商经营策略的影响。业务应根据所依赖的技术、业务提供的信息类型、用户的业务量特征、对网络资源的需求特征等方面分类,如图 9-3 所示。好的业务分类有助于运营商进行网络规划和运营管理(如对商业用户和个人用户制定不同的价格策略和资源分配策略)。

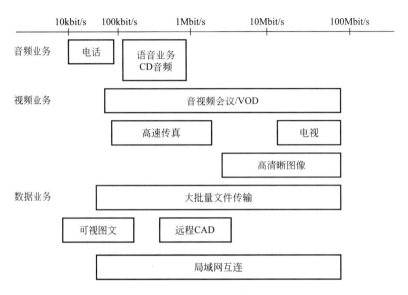

图 9-3　通信业务的带宽需求示意图

　　这里我们借鉴传统 ITU-T 建议的方式,根据信息类型的不同将业务分为四类:语音业务、数据业务、图像业务、视频和多媒体业务。

　　(1) 电话业务

　　目前通信网提供固定电话业务、移动电话业务、VOIP、会议电话业务和电话语音信息服务业务等。该类业务不需要复杂的终端设备,所需带宽 64kbit/s,采用电路或分组方式承载。

　　(2) 数据业务

　　低速数据业务主要包括电报、电子邮件、数据检索、Web 浏览等。该类业务主要通过分组网络承载,所需带宽小于 64 kbit/s。高速数据业务包括局域网互连、文件传输、面向事务的数据处理业务,所需带宽均大于 64 kbit/s,采用电路和分组方式承载。

　　(3) 图像业务

　　图像业务主要包括传真、CAD/CAM 图像传送等。该类业务所需带宽差别较大,G4 类传真需要 2.4～64 kbit/s 带宽,而 CAD/CAM 则需要 64 kbit/s～34 Mbit/s 的带宽。

　　(4) 视频和多媒体业务

　　视频和多媒体业务包括可视电话、视频会议、视频点播、普通电视、高清晰度电视等。该类业务所需的带宽差别很大,例如,会议电视需要 64 kbit/s～2 Mbit/s 的带宽,而高清晰度电视需要 140 Mbit/s 左右的带宽。

　　目前通信网业务存在的主要问题是:大多数业务都是基于旧的技术和现存的网络结构来实现的,因此除了基本的话音和低速数据业务外,大多数业务的服务性能都与用户实际的要求存在不小的差距。

　　(5) 承载业务与终端业务

　　目前,还有另一种广泛使用的业务分类,即按照网络提供业务的方式,将业务分为三类:承载业务、用户终端业务和补充业务。

　　① 承载业务:网络提供的单纯的信息传送业务,具体地说,是在用户网络接口处提供的。网络用电路或分组交换方式将信息从一个用户网络接口透明地传送到另一个用户网络接

口,而不对信息做任何处理和解释,它与终端类型无关。一个承载业务通常用承载方式(分组还是电路交换)、承载速率、承载能力(语言、数据、多媒体)来定义。

② 用户终端业务:所有各种面向用户的业务,它在与终端的接口上提供。它既反映了网络的信息传递能力,又包含了终端设备的能力,终端业务包括电话、传真、数据、多媒体等。一般来讲,用户终端业务都是在承载业务的基础上增加了高层功能而形成的。

③ 补充业务:又叫附加业务,是由网络提供的,在承载业务和用户终端业务的基础上附加的业务性能。补充业务不能单独存在,它必须与基本业务一起提供。常见的补充业务有主叫号码显示、呼叫转移、三方通话、闭合用户群等。

承载业务和用户终端业务的实现位置如图 9-4 所示。

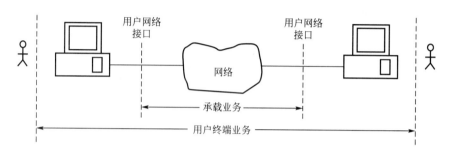

图 9-4　承载业务和用户终端业务

未来通信网提供的业务应呈现以下特征:移动性,包括终端移动性、个人移动性;带宽按需分配;多媒体性;交互性。

4. 通信网的形成

通信网由各种用户终端、交换中心、集中器、连接器及连接它们之间的传输线路(无线电或者有线电)组成。除了这些硬件设备之外,为了保证网络能够正确合理地运行,使用户间快速接续,并有效地相互交换信息,达到通信质量一致,运转可靠和信息透明等要求,还必须有管理网络运行的软件(如标准、信令、协议)。在现代通信网中,协议(Protocal)已成为必不可少的支撑条件,它直接决定了网络的性能。

交换中心、集中器、终端等所有独立的设备,在图论中皆可统称为节点。但通信网中所讲的节点,是指具有交换功能的节点,大多指的是交换中心。

传输线路可以是电缆、光缆、陆地无线电和卫星,乃至太空无线电,在图论中统称为链路。因此,理论上就可以把一个通信网看成由链路和节点组成的"图"。图 9-5 给出了一个五节点通信网的例子。

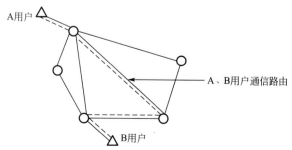

图 9-5　五节点通信(网络交换机)

5. 通信网组网结构

在通信网中,所谓拓扑结构是指构成通信网的节点之间的互连方式。基本的拓扑结构有:网状、星状、复合型、总线、环状、树状和线状。

(1) 网状网

网状网如图 9-6(a)所示,它是一种完全互连的网,网内任意两节点间均有直达线路连接,N 个节点的网络需要 N(N-1/2)条传输链路。其优点是线路冗余度大,稳定性较好任意两点间可以直接通信;缺点是线路利用率低,网络成本高,扩容不方便。图 9-6(b)所示为网孔型网,它是网状网的一种变形,也就是不完全网状网。这种网络的大部分节点相互之间有线路相连。一小部分节点可能与其他节点之间没有线路直接相连。哪些节点间不需直达线路,视具体情况而定(一般是这些节点之间业务量相对少一些)。网孔状网与完全网状网相比,可适当节省一些线路,即线路利用率有所提高,经济性有所改善,但稳定性会稍有降低。

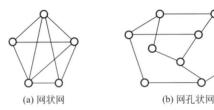

(a) 网状网　　　　　　　　(b) 网孔状网

图 9-6　网状网与网孔型网示意图

(2) 星状网

星状网如图 9-7 所示,又称辐射网。它将一个节点作为一个辐射点,使其与其他节点均有线路相连。具有 N 个节点的星状网至少需要 N-1 条传输链路,辐射点就是转接交换中心,其余 N-1 个节点间的相互通信都需要经过转接交换中心的交换设备,因而交换设备的交换能力和可靠性会影响网内的所有用户。其优点是降低了传输链路的成本,提高了线路的利用率;缺点是网络的可靠性差,一旦中心转接节点发生故障或转接能力不足时,全网的通信都会受到影响。

通常在传输链路费用高于转接设备,可靠性要求又不高的场合,可以采用星状结构,以降低建网成本。

(3) 复合型网

复合型网如图 9-8 所示,它是由网状网和星状网复合而成的。它以星状网为基础,在业务量较大的转接交换中心之间采用网状结构,因而整个网络结构比较经济且稳定性较好。

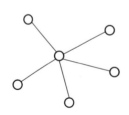

图 9-7　星状网示意图

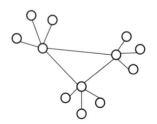

图 9-8　复合型网示意图

由于复合型网具有网状网和星状网的优点,因此目前在规模较大的局域网和电信主干网中广泛采用分级的复合型网络结构,但网络设计应以交换设备和传输链路的总费用最小为原则。

（4）总线网

总线网如图 9-9 所示,它将所有节点都连接在一个公共传输通道——总线上。这种网络结构需要的传输链路少,增加节点比较方便,但稳定性较差,网络范围也受限制。这种网络结构主要用于计算机局域网、电信接入网等网络中。

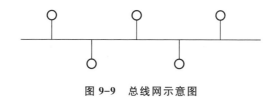

图 9-9　总线网示意图

（5）环状网

环状网如图 9-10 所示。该结构中所有节点首尾相连,组成一个环。N 个节点的环网需要 N 条传输链路,环网可以是单向环也可以是双向环。该网的优点是结构简单,实现容易,双向自愈环结构可以对网络进行自动保护;缺点是转接时延无法控制,并且环状结构不好扩容,每加入一个节点都要破坏。环状结构目前主要用于计算机局域网、光纤接入网、城域网、光传输网等网络中。

另外,还有一种叫线状网的网络结构如图 9-11 所示,它与环状网不同的是首尾不相连。

（6）树状网

树状网如图 9-12 所示,它可以看成是星状拓扑结构的扩展。在树状网中,节点按层次进行连接,信息交换主要在上下节点之间进行。树状结构主要用于用户接入网或用户线路网中,另外,主从网同步方式中的时钟分配网也采用树状结构。此外,还有应用于陆地移动通信网的蜂窝网。

图 9-10　环状网示意图　　　　图 9-11　线状网示意图　　　　图 9-12　树状网示意图

9.2　宽　带　IP　网

9.2.1　IP 网的现状

在宽带数据通信网络技术发展的过程中出现了两种不同的技术,即 ATM 和 IP 技术。这使得宽带数据网络的设计和建设(特别是主干网络)存在两种不同思路。采用这两种技术均可以构建两种宽带数据网络,分别为 ATM 宽带数据网络和 IP 宽带数据网络。ATM 网络的核心节点设备为系列 ATM 交换机,它采用异步时分复用的快速分组交换技术,将信息流分成固定长度的信元,并实现信元的高速交换;IP 网络核心节点为千兆位或太位路由器。

由于 ATM 网络和 IP 网络有着各自的特点和优势,在目前的技术情况和实际条件下,不同的运营商在构建其网络时有着不同的态度和考虑。对于传统的电信业务运营商而言,他们本身有着规模巨大的电话网络 PSTN 和传统的数据网络资源如 X. 25、DDN 和 FR 等,ATM 网络可以最大限度地兼顾其原有的各种语音、数据和视频业务,从而保护现有网络的投资和客户资源,并实现由窄带到宽带网络的平滑过渡。在此基础上,可以通过叠加如 IP over ATM 或集成模式等多种方式来支持绝大多数的 IP 业务。

虽然 ATM 网络投资成本较高、网络层次较多且管理复杂,但在现在的技术条件下,ATM 网络仍然是传统电信运营商建设其宽带数据网络的优先选择。与传统电信运营商不同的是,新兴的运营商没有电话网络等固有的投资,因而其发展不受原有的各种业务束缚,而可以将精力集中于各种极具市场潜力的 IP 新业务的拓展。以此为目的,考虑到网络建设成本、网络管理成本和网络结构复杂程度等诸多因素,构建以千兆位路由器为核心的 IP 网络是其最佳的选择。

9.2.2 宽带 IP 技术

因特网的高速发展带来了对带宽的巨大需求,主要提供话音业务的电路交换网络 PSTN 已远远不能适应 IP(网际协议)业务的需求。为此,各种宽带 IP 技术应运而生。

1. IP over ATM(异步转移模式)

IP 是因特网的基础技术,是一个为高级传输协议提供无连接服务的网络协议。它与传输控制协议(TCP)一起构成因特网协议族的核心单元。IP 有相应的地址和选路功能,在进行任何数据传输之前,必须在两个通信实体之间建立一条端到端的连接。IP 结构简单,容易实现异型网络互连。

ATM 是一种以定长信元为单位进行信息复用和交换的技术,可为不同等级的业务提供相应的服务质量。ATM 面向连接,有自己的地址结构、选路方式和信令。

IP over ATM 工作方式是指将 IP 数据包在 ATM 层全部封装为 ATM 信元,以 ATM 信元形式在信道中传输。当网络中的交换机接收到一个数据包时,先根据 IP 数据包中的 IP 地址通过某种机制进行路由地址处理,随后,按已计算的路由在 ATM 网上建立虚电路(VC),转发数据包。

IP over ATM 的优势是:采用固定长度的短分组,能灵活地综合传输与交换不同速率的业务;采用虚电路,能较细地分配不同速率的逻辑信道,支持多种连接,调度较灵活;保持 ATM 支持多业务、提供服务质量保证的优点;具有良好的流量控制均衡能力以及故障恢复能力,网络可靠性高。其不足之处是:在数据传输时,发送端要将 IP 分组分割成 ATM 信元,接收端再将其恢复为 IP 分组,这样降低了利用率;采用交换式虚电路(SVC)作为 ATM 信元的传输路径;ATM 和 IP 之间存在的差异,使协议变得复杂;随着传输速率的提高,ATM 拆装信元的实现成本增加。

2. IP over SDH(同步数字系列)

IP over SDH 的工作原理是,先将 IP 分组按认证请求(RFC)的要求放入点到点协议(PPP)的分组中,实现差错控制和链路初始化控制,启动和配置链路层和网络层协议,再将 PPP 分组放入高级数据链路控制(HDLC)的帧结构中,最后将 HDLC 帧放入 SDH 的净荷区。

IP over SDH 的优势是:具有较高吞吐量、较低协议开销、较高带宽利用率和较好兼容性;采用同步复接技术,便于从高次群数字流中分离出低次群的数字流;对 IP 路由支持能力强,具有很高的 IP 传输效率,适用于 IP 业务为主的网络环境;SDH 技术本身所具有的环路和网络自愈功能有助于达到纠错的目的。

3. IP over DWDM(密集波分复用)

DWDM 技术由于在一根光纤上可以利用不同的波长传送多路光信号,因此能满足快速增长的数据通信的需求,特别适应大流量 IP 业务对于传输带宽的冲击。IP over DWDM 综合发挥了 IP 技术和基于 DWDM 的光纤网络技术的优势,主要表现在以下几个方面:充分利用光纤的巨大带宽资源,提高了网络传输容量;IP 主干路由器和 DWDM 波长直接相连,降低了对 IP 高速网络控制和管理的复杂度,同时也减少了设备操作、维护和管理费用,降低了成本;对传输码率、数据格式及调制方式透明,可以与现有通信网络兼容,还可以支持未来的宽带业务网,方便网络升级。

4. 宽带 IP 技术比较

在高性能、高宽带的 IP 业务应用方面,IP over ATM 技术充分利用了已经存在的 ATM 网络和技术,适合于提供高性能的综合通信服务,能够避免不必要的重复投资,但相对技术复杂,网络运行和维护成本较高;而 IP over SDH 技术由于去掉了 ATM 设备,因而投资少,见效快,且线路利用率高,但它缺乏带宽管理、服务质量和灵活的网络工程设计能力。因此,当对速度要求较高时,可以选择 IP over SDH,而当灵活的带宽管理、服务质量和网络工程比较重要时,应选择 IP over ATM。IP over DWDM 是一种比较理想的宽带 IP 业务传送技术,能够极大地拓展现有的网络带宽,最大限度地提高线路利用率。在外围网络以千兆位以太网为主的情况下,这种技术能真正地实现无缝接入。

9.3 多媒体通信网

1. 多媒体通信网的组成和特点

多媒体通信网是能提供集声音、文字、图像和数据等多种媒体为一体、并具有交互能力的多媒体信息业务的网。多媒体通信网融合了通信技术、计算机技术以及多种信息科学领域的先进技术。多媒体通信网的主要特点有:

(1)集成性:指能处理、存储、传输和显示各种信息媒体的能力。
(2)同步性:在多媒体通信终端上显现图像、声音、文字等是以同步方式工作的。
(3)交互性:指用户对多媒体通信的全过程具有交互控制的能力。

2. 多媒体通信网的发展历史

20 世纪 80 年代初,美国、日本和欧洲的计算机公司开始致力于多媒体技术的研究,把该技术应用于 PC。首先建立了基于局域网(LAN)的多媒体通信系统,如美国Xerox公司的以太电话(Etherphone),它可以说是最早的多媒体通信系统。

目前,多媒体会议电视和多媒体检索业务基本上达到实用水平。国外宽带多媒体通信仍然处在研究开发、现场试验之中,少数系统已进入了小规模商业应用。

从世界范围看,电话网(PSTN)仍是主要的通信网,并将长期存在。在 PSTN 上提供多媒体业务有相当的市场需求。因此,在 PSTN 网如何实现多媒体通信业务是国际上普遍关注的问题。很多公司都在开发基于 PSTN 的多媒体产品,并扩大各个领域。PSTN 的应用实例有音频图像电话会议、协同计算、共享白板、远程演讲/远程学习、Internet 电话、技术支持/客户服务、交互式游戏和交易、居家办公、远程购物、电子商品目录等。

未来的家庭对多媒体应用需求主要有远程购物、远程医疗、远程教育、游戏等,而商用多媒体应用市场热点是在多媒体会议电视和多媒体检索业务方面。

3. 中国公众多媒体通信网

我国建设运营的多媒体通信网——中国公众多媒体通信网,简称 CNINFO 网,是一个面向公众、具有中国特色、以中文为主的多媒体信息业务网。网内信息及网上应用系统均采用中文,向社会企业、政府、商业、教育、医疗、福利等行业提供多媒体服务,好像是把信息高速公路修建到了用户身旁。

归纳起来,CNINFO 提供的业务分类有:

(1) 社会服务:网上银行、远程医疗、在线教育、网上订票、旅游服务、图书馆、博物馆等。

(2) 企业服务:虚拟专网、虚拟主机、电子商务、ISP 承载等。

(3) 个人服务:个人主页、电子邮件、Internet 电话、聊天室、新闻订阅、文艺娱乐、网络财务等。

4. 基于 IP 的多媒体通信业务

Internet 目前已经家喻户晓了,Internet 的 Web 技术也已广为使用。随着 Web 技术的发展,特别是 Java、Java Script 和 plug-in 技术的不断引入,Web 系统的能力越来越强大,它已经不只是提供简单的文本、图片等的信息检索服务,还可以提供动画、声音乃至实时运动图像的服务。目前的 Internet 是不能提供多媒体服务的,其主要原因是 Internet 无法确保服务质量。

目前,世界各国、各大厂商部在研究基于 IP 寻址的多媒体通信。它与 Internet 的最大区别在于,基于 IP 的多媒体通信前者能从网络的角度保证所提供业务的服务质量和主干网应该是宽带网,以便能向用户提供令人满意的多媒体信息服务。最有代表性的业务之一是点播电视(Video On Demand,VOD),它在 IP 网上已能很好地开放,并已投入商业性运行,其使用方便程度和服务质量都很好。近年来基于 IP 网的多媒体会议业务有了突破性的进展,如H.323 标准的制定,要求图像编码和语音编码尺度可变而提出的 H.263+ 和 G.729 Extension 等的完成,使得在 IP 网上的多媒体会议业务可以很好地开展。

5. 宽带多媒体通信网

宽带多媒体通信网具有其他数据网络所无法比拟的高带宽、高速率,并具有 QoS 服务质量保证,在能够更好地支持现有数据业务的同时,更提供了全新的多媒体通信服务,并实现了对各种业务的智能化管理,使数据业务服务质量产生质的飞跃,从而成为数据通信的发展方向。下面介绍几种宽带多媒体通信网新业务。

（1）可视电话。可视电话是语音和图像传输的完美结合。通过可视电话，通话双方可将本人图像及对方图像进行自由切换，或以画中画方式同时显示本人和对方的图像。可视电话还具备安装使用简单方便、可与普通电话互通等优点。

（2）网上现场直播。网上现场直播是将事件现场的视频、音频信号直接在高速信息网络上实时发布的一种直播方式。用户利用网络特有的交互功能，可以实时地参与到现场中来，这将使直播节目的形式和内容更加丰富多彩。

（3）电话网、电视网、因特网的三网合一。用户仅通过一根电话线，就可同时享受电话、电视、因特网"三网合一"的全面高质量服务。看电视，有多达上百路的视频节目（包括电视节目）任您选看；上网，可以高速率接入因特网；在看电视、上网的同时，还可以打电话，并且不必对现有电话线路进行任何投资改造。

（4）网络电视。网络电视突破了传统的电视模式，它可以将电视台制作的电视节目随时在高速信息网上播出。用户可以不受时间和空间的约束，在网上实现众多频道的电视收看。在网上收看的电视图像质量与传统电视信号质量不相上下。

（5）视频点播。视频点播即 VOD。通过高速信息网络上的视频点播系统，用户只要操作遥控器，主动点播，即可收看和欣赏节目库（存储在网络服务器上）中自己喜爱的任何节目。

（6）网上证券。所谓网上证券，简单地讲，就是通过信息网络炒股。有了网上证券系统，股民们再也不必每天到证券公司看行情，只要在家或办公室时就可进行大盘分析、个股分析、技术分析和网上交易等操作，简便、舒适，真正实现了家庭大户室以及移动大户室。

（7）网上银行。网上银行把银行的业务直接在因特网上推出。网上银行能为客房提供对私、对公的全方位银行业务。通过因特网，还可以为用户提供跨国支付与清算，网上支付及其他贸易、非贸易的银行业务服务。

（8）远程医疗。远程医疗是高速信息网络的主要应用之一。通过网上的实时远程交互功能，医疗机构可为用户提供远程医疗服务，足不出户即可在网上寻医问药。通过远程医疗系统可以实现交互式网上医疗咨询、远程异地专家会、病案点播、远程医疗技能培训、电子病历等应用。

（9）远程教育。远程教育是指通过高速信息网络，进行远程交互式实时教学、广播式教学和点播教学及开办网上学校。教师可运用各类多媒体视频源（电视、录像、VOD 视频按需点播等）及声音、图像等来丰富教学内容。学生可以突破时空的界限，享受名师名校的教育。

（10）多终端上网。用户目前可以通过如下三种终端上网：

● 电话：通过电话拨号方式上网经济实惠，适用于业务量小的单位和个人。用户需具备一台 PC、一台 Modem 和一条电话线，以及相应的软件，到当地电信部门申请一个入网账号，即可使用。

● "一线通"：普通电话用户，借助于 ISDN 用户终端设备，既可通过电脑上网，同时又能打电话或收发传真。

● 机顶盒：借助机顶盒，用户不需要计算机，只通过电视机即可达到上网的目的。

（11）电子商务。电子商务是指在因特网上进行的商务活动，主要包括网上市场调研、广告、订货、付款、客户服务和货物递交等售中、售前和售后服务。电子商务突破时空的限制，给企业提供虚拟的全球性贸易环境，可减少商业流通环节，大大提高商务活动的水平和服务质量。

多媒体通信网络,目前还处于形成和发展阶段,理想的多媒体通信网络的结构框架还不很明朗,但有些基本发展趋势已经可以看出来,未来的多媒体技术将更加完美地与通信技术结合在一起。

9.4 智能网 IN

9.4.1 IN 的概念

1. 智能网的基本思想

随着电话业务的迅速普及,人们对通信的要求不仅仅局限于建立简单的通话功能,而希望得到更多的信息服务,不但要求网络能够迅速准确地提供各种各样的吸引人的新业务,而且试图对电信网有更强的控制能力。如被叫集中付费的 800 号业务,密码记账的 200 号、300号业务,电话投票的 900 号业务,虚拟专用网业务,这些新业务的开展给用户和网络经营者都带来了极大的好处。

传统的电话网中,提供新的电话业务都是在交换系统中完成的。程控交换机由于计算机的控制,可以提供一定的电话新业务。但每提供一种新的业务都要修改交换机软件,显得十分不方便,所需的时间也较长。最好交换机只完成接续功能,而实现新业务功能另由具有业务控制功能的计算机系统完成,即把交换、接续与业务分开。这就引入了智能网 IN(Intelligent Network)的概念。

智能网的基本思想是:在现有程控交换机的电话网上设置一叠加网,以处理各种新业务。新业务的提供、修改及管理等功能全部由智能网来完成,程控交换机则仅提供交换这一基本功能,而与业务提供无直接关联。这样,新业务的设计或原业务的修改等,均与程控交换机无关,交换机的软、硬件可以不作任何改变。这样可大大缩短新业务投入的费用和时间。

2. 智能网的特点

智能网具有如下特点:

(1)结构上的灵活性。智能网的网络结构不是固定不变的。在业务控制点的控制下,它的结构可以随着业务的改变及路由选择程序的改变而改变。在很多情况下,路由选择程序是动态自动确定的。

(2)快速提供业务。智能网大大缩短了新业务从提出到实施的时间。一旦用户需要就能及时、经济地引入新业务,而不必改变原有的交换机。如果能实现由用户自己控制的话,用户甚至可以立即得到自己所需要的业务。

(3)先进的信令系统。采用先进的 7 号共路信令系统,可以连接各种智能部件,迅速准确地传送大量信息,对分布的智能功能进行控制。

(4)网中有大型、集中的数据库。存储全网(包括用户网)信息,各网络节点能迅速访问数据库。大量采用信息处理技术,可有效地利用网络资源。

(5)采用标准接口。网络各节点之间、各功能之间,都有标准接口及其相应的通信协议,这些接口与某种特定业务无关。

(6)呼叫处理模块化。呼叫处理被分成若干最基本的功能单元,并呈现模块化。使用这些基本功能即可生成不同的业务,既有效地利用了网络资源,又可以降低网络成本。

(7) 支持移动通信的漫游功能。移动通信网要实现全国漫游,必须以智能网为基础。从长远来说,智能网是移动通信系统及全球个人通信系统的必要基础条件。

综上所述,智能网的产生,一方面能以较低的成本很快地开辟新业务,另一方面便于电信业务管理部门进行业务管理。

智能网出现之前,网络的智能是由网络节点、交换机和网络终端实现的。社会经济和科学技术的发展,促进了智能网概念的形成与发展。

9.4.2　IN 的构成

智能网的基本结构如图 9-13 所示。它由业务管理和生成、智能业务控制及业务交换三级组成。其中,主要的部分是业务管理系统(Service Management System,SMS)、信令转接点(Signaling Transfer Point,STP)、业务交换点(Service Switching Point,SSP)、业务控制点(Service Control Point,SCP)及智能外设(Intelligent Peripheral,IP)等。

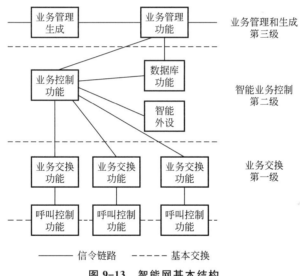

图 9-13　智能网基本结构

智能网的目标是为所有的通信网络服务,这些网络包括公用电话交换网、公用分组交换数据网、移动通信网、窄带综合业务数字网、宽带综合业务数字网、IP 网等。下面以智能网在公用电话交换网 PSTN 上的应用为例来讨论电话智能网的有关情况。

1. 电话智能网的结构

电话智能网由业务交换点(SSP)、业务控制点(SCP)、信令转接点(STP)、业务管理系统(SMS)、业务生成环境(SCE)、智能外设(IP)等几个基本部分组成,其结构如图 9-14 所示。图中 LS 为市内交换电话局,PABX 为用户自动小交换机。

(1) 业务交换点(SSP)

SSP 驻存在交换系统中,其主要功能是从用户接收驱动信息,识别其是否是对智能网的呼叫。若是,则通过 7 号信令网送至 SCP。SSP 是面向用户端的入口,有六种接入形式:①模拟用户线;② 数字用户线;③ R2 多频互控信号;④ N7 TUP 交换网信令;⑤ N7 ISUP 用户端信令;⑥ 十进制脉冲。

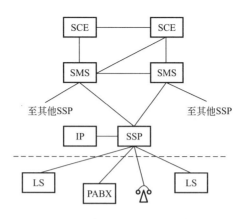

图 9-14　电话智能网结构示意图

（2）业务控制点（SCP）

SCP 是实现智能网业务的控制中心。其主要功能是接收 SSP 送来的查询信息，并查询数据库，验证后进行地址翻译和指派传送信息，最后向相应的 SSP 发出呼叫处理指令。SCP 包括一个实时可容错处理的数据库和逻辑解释程序。SCP 是智能网的中心，要求安全可靠性高，一般都是双备份。

（3）信令转接点（STP）

STP 实质上是分组交换机，转接对象是 7 号信令。

（4）业务管理系统（SMS）

SMS 是一个支持系统，它用于保持网络服务用户的记录。它可以作为语言传送器，把服务需要的公共语言状态转换到 SCP 语言。

（5）业务生成环境 SCE

SCE 根据用户需求提供所需的业务。生成的业务数据与逻辑程序应存入 SCP，并通知 SMS。

（6）智能外设（IP）

就结构而言，IP 是独立的。它是 SSP 的一部分，在 SCP 的控制下，IP 可提供服务逻辑程序所指定的通信能力，如语声合成、播放录音等。

智能网中各个功能部件间全部采用 7 号信令系统，但 SSP 与 IP 可以采用 7 号信令，亦可使用随路信令。当网中 SSP 的数目较多时，就需要通过 STP 来进行信令的转接，其功能与一般 7 号信令系统中的 STP 相同。

2. 电话智能网提供的业务

从理论上说，智能网所能提供的业务种类是无限的。但实际工作中要考虑到实用性和经济效益等原因。几种常用的电话智能网业务有 800 号业务、900 号业务和 200 号（300 号）业务等。这里以 800 号业务为例介绍。

800 号业务是被叫集中付费业务。它是针对那些与公众联系多的企事业单位而开设的。这些单位为了加强与公众的联系，使公众对自己的产品或事业有更多的了解，希望公众多给他们的机构打电话，话费由他们来付。

目前，800 号业务主要有以下的服务：

（1）根据主叫地区和时间的不同，智能网自动将呼叫经不同长途路径送至被叫话机。

（2）遇被叫忙或电路忙时，智能网自动启动录音设施。

（3）付费用户可随时了解呼叫自己的话务量和费用。

下面举一个简单的例子。

假设某一公司公布的 800 号业务号码是 8008289279，当用户拨号码 8008289279 时，连接该用户的 SSP 收到这一号码后，即向 SCP 发出查询，SCP 找出 800 号码的用户记录，将呼叫的有关信息与处理呼叫指令进行比较，最后确定该呼叫应选择的路由，并将该 800 码转换成普通电话号码（4621234 或 3739876），其过程如图 9-15 所示。

图 9-15　800 号业务的工作原理图

9.4.3　IN 的实现方案与关键技术

1. IN 的实现方案

IN 的实现方案一般有智能网方案和交换网方案两种。

（1）智能网方案

智能网方案如图 9-16 所示。该方案适用于大容量、易于管理的通信环境，能增加各种新业务，是公用网优先选择的方案。但该方案需要 7 号共路信令的支持。

（2）交换网方案

交换网方案如图 9-17 所示。该方案是在程控交换机上加译码程序，适用于小容量及处于初期实验阶段的情况，其优点是不需要 7 号信令的支持，但不适于提供新业务。

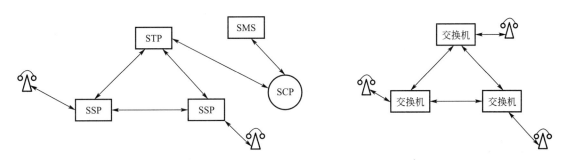

图 9-16　智能网方案示意图　　　　图 9-17　交换网方案示意图

目前，电话网中广泛使用的话音平台实际上就是这种方案的具体应用。话音平台是在建智能网之前的一种过渡性的话音服务系统。它用 2 Mbit/s PCM 接口连接在电信网的末端，作为一种特殊业务的市话终端局向公众提供话音增值业务。话音平台实际上是一个普通的计算机系统,一个电话网上可以设置一个或多个,各自分别独立地开放不同形式的业务,互相之间除信息的交流外,不要求业务上的联网。

话音平台大多可以提供语音信箱、声讯服务、记账电话卡、改号通知、电子投票和欠费通知等业务。在已有话音平台的本地网内引入智能网时,原则上可以由智能网节点(SCP 或 SSP)汇接两者共存的业务,除话音平台独有的业务外,其他业务均由智能网节点汇接,根据被叫号码来判断,属于话音平台的呼叫则转接到相应的平台系统。

2. 实现智能网的关键技术

智能网技术为实现未来移动个人通信系统及全球通信网起着决定的支撑作用,它的研究发展和完善与其他技术紧密相关。由此,随着其他技术的不断发展,IN 技术也有一个逐步完善的过程。目前,IN 中要研究的关键技术有:

(1) 业务的形式描述、描述的理论方法。

(2) 与业务无关的模块 SIB 及软件重用理论的研究。

(3) 业务验证理论与方法。

(4) 业务特征交互作用的机理。

(5) 业务自动生成理论与方法的研究。

(6) 业务自动生成环境的研究

(7) IN 性能分析的理论与方法。

(8) 电信信息网结构(Telecommunication Networking Architecture,TINA)的研究。

(9) IN 在宽带应用中的模型。

9.5 虚拟网专用 VPN

9.5.1 VPN 的概念

1. VPN 的定义

VPN(Virtual Private Network)是指业务提供者(电信运营公司)利用公用网的资源为客户(一个企业或公司的电信管理者)构建的专用网络。它是一个虚拟的网,没有固定的物理连接,网络只在用户需要时才建立,是介于公用网与专用网之间的一种网。

从某种意义上说,只要一个专用网不是由专门的物理链路连接构成,而是利用某种公众网的资源动态组成的,就可以称其为虚拟专用网。VPN 的客户利用公众网的"智能"组成自己的专用网,这些智能都是从存储在网络的各个交换点中的软件程序中得到的。由于业务和性能都是由软件定义的,因此比起以硬件为基础实现的业务来说,客户有更大的灵活性来配置自己的网络。例如,VPN 可以使一个企业或公司利用公众网的资源将分散在各地的机构动态地连接起来。

VPN 所依托的公用网可以是公用电话交换网(PSTN),也可以是公用分组交换数据网(PSPDN)和数字数据网(DDN)以及因特网(Internet)。

2. VPN 的优点

VPN 对电信运营公司和使用者均有好处。对于电信公司,利用 VPN 可以增强自己的竞争能力,将一部分专用网的用户吸引到公用网中,提高网络的利用率,实施全网的管理和操作维护。对于使用者,一方面可利用公用网资源与电信部门共享通信新技术和新业务,不用对网络资源专门进行管理和维护,节省人力和物力,另一方面可以有自己的专用编号方案、拨号方式、路由控制和计费清单,同时还得到资费的优惠。

另外,采用 VPN 还有以下优点:

(1) 为虚拟专用网中所有地点的用户提供标准的性能集合和呼叫处理过程,具有统一的网络功能。

(2) 可以将用户已有的专用网与 VPN 无缝地综合在一起,实施混合的 VPN 方案。

(3) 可以满足各种需要,如交换型话音和数据、电话卡、蜂窝呼叫等。

(4) 可以有多种接入方式,如交换接入、专线接入、电话卡接入等。

(5) 可以为用户提供详细的管理报告,并具有灵活的计费方式。

(6) 用户只需购置终端设备。

3. 应用方式

VPN 的使用者可根据其自身已采用的通信手段的不同,以各种方式来配置 VPN,一般有混合配置、仅 VPN 和专用网补充三种方式。

(1) 混合配置

当用户已在业务量大的地点之间建立了专用网或租用线,但需要将网络扩展到其他业务不是很大的地点时,可以采用这种方式,如图 9-18 所示。

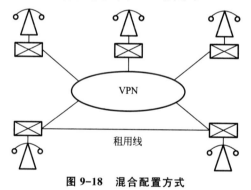

图 9-18　混合配置方式

(2) 仅 VPN

当用户将要连到网上的地点分散在许多地方,但业务量不足以安装专用网来连接各个地点时,可以采用 VPN 将各个地点连接起来,如图 9-19 所示。

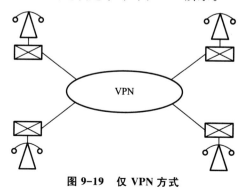

图 9-19　仅 VPN 方式

（3）专用网补充

当专用网中的业务量很大，在高峰时有业务溢出现象，专用网本身不能有效地处理这种情况时，可以利用 VPN 来处理高峰时的溢出业务，如图 9-20 所示。

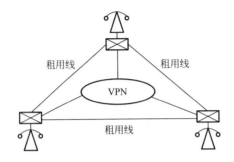

图 9-20　专用网补充方式

9.5.2　VPN 的实现方法和接入方式

1. 实现方法

目前，VPN 的实现方法主要有交换机方式和智能网方式两种。

（1）交换机方式

在智能网实施以前，VPN 是利用交换机方式实现的。这种方式主要是在提供业务的汇接交换机的软件内设定 VPN 业务的逻辑，增加专用模块单元，将用户的 PBX 通过专线接入此交换机。

这种以交换机方式提供的 VPN 比较简单，一般只能利用专线接入 PBX，用户不能从端局接入。网络的性能也比较单一，选路不灵活。

（2）智能网（IN）方式

由于 VPN 的网络应根据用户的实时需要动态地组织，因此非常适合于利用 IN 来实现。IN 业务的特点与用户对 VPN 的要求很相符，利用 IN 来提供 VPN 可以最好地满足用户的需求。

2. 接入方式

用户可以通过交换、专线或电话卡这三种方式接入 VPN，如图 9-21 所示。

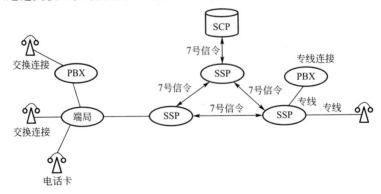

图 9-21　VPN 的接入方式

（1）交换方式接入

用户由用户线或中继线接入端局，由端局交换机识别用户输入的接入码，将呼叫送到 VPN 交换机或 SSP 进行处理。通常当用户是单个用户且业务量不是很大时，采用这种比较简单的接入方式。

（2）专线方式接入

用户通过专用线直接接到 VPN 交换机或 SSP，用户一摘机，交换机就可以通过主叫线路识别判定有 VPN 呼叫发生，由网络建立连接，对呼叫进行处理。当接入 VPN 的单个用户的业务量较大，或者是 PBX 接入 VPN 时，采用专线接入方式较适宜。

（3）电话卡方式接入

当用户离开办公室或到外地出差时，可以利用 VPN 电话卡接入 VPN。用户拨 VPN 卡接入号码、密码和被叫号码，就可进行 VPN 呼叫。

9.5.3　VPN 的业务类型

在智能网的支持下，VPN 可以为用户提供多种业务，这些业务包括基本业务和任选业务两大类，主要有以下几种。

（1）专用编号方案：VPN 客户可以根据自己的具体情况制定专用编号方案，在专线接入方式下，VPN 内部呼叫只需拨专用号码即可。例如，一个公司在几个不同的地点设有办事处，可以将 6 位电话号码中的前 2 位用来区分不同的地点，如上海为 11，南京为 22，广州为 33 等，后 4 位号码分配给不同的部门，如研发部为 4000，市场部为 5000。这样，公司的 VPN 号码就非常容易记忆。

上海办事处：研发部　　11-4000

市场部　　11-5000

南京办事处：研发部　　22-4000

市场部　　22-5000

（2）闭合用户群：VPN 的用户归属于某一个用户群，这个群内的用户只允许在群内进行呼叫，既不允许该闭合用户群的用户呼叫闭合用户群以外的用户，也不允许闭合用户群以外的用户呼叫闭合用户群的用户。

（3）业务话务员：VPN 网中可以设定一个话务员座席，向网内用户提供有关业务信息。

（4）缩位拨号：VPN 用户可以用缩位拨号呼叫 VPN 网外的用户。

（5）呼叫转移：VPN 用户可以把呼叫转移到另一个 VPN 号码或公众网号码。

（6）授权码：可以用于判别用户是否有权进行某种呼叫，也可用于分配不同的业务等级。

（7）呼叫筛选：可以利用这项功能决定哪类呼叫可以在网内或从远端接入进行，如只允许进行国内呼叫。

（8）标准终端通知和用户规定的终端通知：可以选择向用户提供标准和定制的话音通知，如向拨打某个号码的用户发出"欢迎使用××公司的专用网"之类的录音通知。

（9）业务量报告和统计报告：可提供详细的业务量（网内呼叫、网外呼叫、虚拟网内呼叫）报告，包括主叫号码、被叫号码、账单数据等。

9.5.4 VPN 业务的典型应用

VPN 业务的应用包括话音业务和数据业务两方面。

1. 话音业务

VPN 的最基本应用是话音业务,它可用于代替普通的长话业务。另外,利用 VPN 还可以组织临时性的电话会议。

2. 数据业务

(1) 低速数据业务

利用调制解调器拨号上网,在 VPN 上可进行话音频带内低速数据业务,有电子信箱(E-mail)、电子数据交换 EDI、信箱传真、信息服务等。

(2) 高速数据业务

利用交换机上的 ISDN 接口或在分组交换公用数据网 PSPDN 上组建的 VPN,可以提供 LAN 互连、图像传送、视频会议等高速数据业务。

总之,VPN 给用户的感觉是与专用网一样方便,用户可以灵活运用它来进行多种多样的应用。

9.6　个　人　通　信

9.6.1　个人通信的概念

长期以来,人们就有一种美好的愿望:未来总有一天会实现无论何人(Whoever)在任何时候(Whenever)和任何地点(Wherever)都能和任何人(Whomever)以任何方式(Whatever)进行通信。以往人们曾把这种愿望称之为幻想,然而随着当前科学技术的发展,这种愿望已经不是幻想,而是可以实现的。人们把这种向往中的通信称为"个人通信",个人通信通过各种可能的网络技术,实现任何人在任何时间、任何地点与任何人进行任何种类的信息交换。实现个人通信的网络称之为个人通信网(PCN)。

由于通信的主体——人的"移动性"(Mobility),因而决定了个人通信必将以移动通信为核心。"移动性"有两种含义:一是"终端移动性";二是"个人移动性"。基于终端移动性的通信属于"通信到终端";基于个人移动性的通信称为"通信到个人"。终端移动与个人移动的概念示意图如图9-22所示。所谓通信到终端,是指给每个终端分配一个特定的"终端号码"(如电话机的号码),呼叫者只要拨通终端号码,即可与使用该终端的个人进行通信。如果被呼叫者远离其终端,即使拨通其终端号码,也不能和被呼叫者进行适时通信。倘若终端的体积很小,重量很轻,使用者可以随身携带,那么,无论使用者在什么地方,只要不超出通信网络的覆盖区,均可向其发起呼叫并与之建立通信,从而实现了个人通信业务(PCS)。

所谓通信到个人,是指给每一个通信者都分配一个特定的"个人号码",个人号码与终端号码没有必然的联系,也不限制通信者是不是随身携带其终端,通信时,利用当时当地的通信设施(固定的或移动的),按照被呼叫者的个人号码进行呼叫,无论被呼叫者处于什么地方,均可找到被呼叫者并与之通信。这种通信方式取消了必须携带终端的约束,但要求通信系统(或多种网络的综合系统)具有足够大的覆盖范围和智能化很强的管理功能,是个人通信的长远目标和方向。

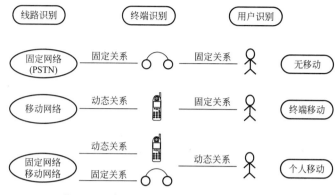

图 9-22　终端移动与个人移动的概念示意图

9.6.2　个人通信的特点

从上面的分析可知个人通信时代网络、终端、用户三者之间的识别关系。最早固定网(如 PSTN)与终端之间及终端与用户之间的对应识别关系是固定的,网络、终端均不支持个人移动。而在移动通信网中,尽管此时终端是可以移动的,并且可通过无线信道与移动网实现动态连接与通信,但仍维持着与用户之间的固定关系。只有在个人通信的环境下,才能使用户与终端之间不再保持固定的关系,用户可通过个人通信号码接入任何通信网络使用预定的通信业务。由此可见,个人通信应具有如下基本特点:

(1) 实现完全个人化的通信方式。即在全球范围内,个人拥有唯一的电话号码,这样用户可以在任何地方、任何时候发出呼叫或接收呼叫。

(2) 具有国际漫游和越区切换能力。由于个人通信中的个人具有移动性,因而要求在任何地方、任何场所进行联络。为保证通信地域的连续性,通信网必须实现连续覆盖,这样才可使个人用户在整个个人通信覆盖范围内,实现自动越区切换、漫游和位置登记,保证随时随地能够建立呼叫和维持通信。

(3) 具有与固定网络业务可比的高质量宽带综合业务。个人通信支持各种通信业务,如话音、数据、图像等各种多媒体信息的通信,因此,个人通信网必须具备宽带、高速传输的能力,以满足不同用户的信息传输速率的要求。

(4) 具有体积小、重量轻、价格低及多模式、多频段的终端和手机,可在各种无线环境下工作。个人通信网是由许多不同种类、不同频段的通信网组合而成的,要求各种终端具备在各种网内通信的能力,例如在蜂窝移动系统、无绳系统、卫星系统和固定无线系统环境中。

(5) 具备高水平的安全和保密能力。无线信道是一个共享介质,任何人具有相同的无线设备都可以在相同的信道上侦听和发射,因而在个人通信中必须解决无线通信的安全和保密问题。这样既可以防止通信内容泄密,又可以防止其他非法用户侵入。

可见,个人通信是通信的最高境界,目前开发的第四代移动通信系统也只是个人通信发展中的一部分。

9.6.3　个人通信的实现

个人通信的设想激发了人们的浓厚兴趣。从 1988 年以来,人们对如何实现个人通信曾

提出过各式各样的方案,发生过一些争论。通常认为,实现个人通信的途径不外乎以下三种:

(1) 规划、设计和开发一种覆盖世界范围的新型个人通信网。

(2) 选择现有的某种移动通信网,进行扩充和改造,实现一个遍及全球、功能齐全和适应各个应用环境的个人通信网。

利用和改造现有通信系统,向个人通信网发展的方案有以下几种:

① 把蜂窝通信系统的小区分为宏小区、微小区和微微小区,组成混合方式以适应城市和乡村、户外和户内的不同需要,从而扩大个人通信的服务范围。

蜂窝系统在城市人口密集的地区使用是适当的,但是要在人烟稀少的边远地区,以及沙漠、森林、山区和海上与空中等特殊环境中应用也是不现实的。

② 把无绳电话系统扩展,由专用系统发展成公用系统,由室内应用扩展到室外应用,通过公用基站(Telepoint)覆盖整个服务地区,并赋予双向呼叫、越区切换和漫游等功能,以提供个人通信业务,如欧洲的 DECT、日本的 PHS、美国的 PACS、我国的"小灵通"等。

③ 利用移动通信卫星覆盖全球以实现个人通信。利用移动卫星来实现个人通信虽然有覆盖范围大和不受地形限制的优点,但当使用者进入室内或其他隐蔽场所时,仍然无法保证通信畅通,而且在人口密集的城市中,单靠卫星通信,即使卫星系统采用多波束天线,实现频率再用,也难满足这种地区对通信容量的要求。对于解决边远地区的通信和形成陆海空联合的立体通信系统而言,使用卫星移动通信系统是最有效的办法。

不难看出,上述任何一种单独的系统,要覆盖世界上所有地区和各个角落都是做不到的,解决问题的办法是多种系统的综合利用。

(3) 综合利用现有各种通信网络,发挥各自的优点,取长补短,在统一要求和统一标准下,逐步加强通信网络的智能化管理功能,以实现全球性的个人通信网。

综合利用现有多种移动通信系统分阶段地逐步向 PCN 过渡,虽然是比较现实的办法,但这并不是轻而易举的,因为统一高效的 PCN 不是分散的多种独立的系统的简单叠加。其中,最重要的也是最关键的前提是必须建立统一的标准,使所有的研制者和生产者都遵循这种标准的要求。

标准的制定是一项复杂而困难的工作,涉及的技术问题很多,有关 PCN 的标准制定工作在 20 世纪 80 年代末期已开始进行,其中具有代表性的是 CCIR 的"未来公用陆地移动通信系统(FPLMTS)"和欧洲通信标准化组织(RACEI)的"通用移动通信系统(UMTS)",目前这些标准经过不断演化、融合,已形成了以个人通信为目标的第三代移动通信标准——IMT-2000,并开始向通信的最高目标——个人通信大步迈进。

思考与练习

9-1　试述传统 IP 网的现状及其面临的问题。

9-2　宽带 IP 传输技术主要有哪几种? 各自有何特点?

9-3　试述 MPLS 的含义及特点。

9-4　IPv6 与 IPv4 相比,主要有哪些改进之处?

9-5　多媒体通信网主要能提供哪些业务? 有何特点?

9-6　试列出 2～3 项宽带多媒体通信网中提供的业务。

参 考 文 献

[1] 樊昌信,曹丽娜[M].通信原理.第 6 版. 北京,国防工业出版社,2010.

[2] 程郏,蒋磊. 现代通信原理与技术概论[M]. 北京,清华大学出版社,北京交通大学出版社,2005.

[3] 张卫钢.通信原理与通信技术[M].西安,西安电子科技大学出版社,2003.

[4] 纪越峰.现代通信技术[M]. 第 3 版,北京,北京邮电大学出版社,2010.

[5] 王士林,陆村乐,初光.现代数字调制技术[M].北京,人民邮电出版社,1987.

[6] 彭林.第三代移动通信技术[M].北京,电子工业出版社,2003.

[7] 查光明,熊贤祚.扩频通信[M].西安,西安电子科技大学出版社,2002.

[8] 谢希仁.计算机网络[M].2 版.北京,电子工业出版社,1999.

[9] 毛京丽,石方文. 数字通信原理[M].3 版.北京,人民邮电出版社,2011.

[10] 王兴亮,高利平. 现代通信系统新技术[M].西安,西安电子科技大学出版社,2012.

[11] 毛京丽,董跃武.现代通信网[M].第 3 版,北京,北京邮电大学出版社,2013.

[12] 陈威兵.移动通信原理[M].北京,清华大学出版社,2016.

[13] 杨峰义,谢伟良,张建敏.5G 无线网络及关键技术[M].北京,人民邮电出版,2017.